W0069159

Das Geheimnis ⟵---
des kürzesten Weges

Springer

Berlin
Heidelberg
New York
Hongkong
London
Mailand
Paris
Tokio

Das Internet wächst mit rasanter Geschwindigkeit. Schätzungen besagen, dass die Zahl der Internet-Benutzer zur Zeit bei mehreren hundert Millionen liegt. Die meisten dieser Nutzer haben eine eigene Homepage. Aber „wie im richtigen Leben" pflegen manche ihre Daten, andere gehen eher lässig damit um. Internet-Seiten kommen und gehen, werden aus dem Netz genommen oder in größere Systeme integriert. Manche sind so erfolgreich, dass sie nach zunächst freier Verfügbarkeit nur noch gegen Gebühr nutzbar sind. Welcome to the real world!

Dieses Buch enthält viele URLs, Internet-Adressen, die für die Routenplanung interessant sind. Zum Zeitpunkt der Drucklegung sind alle gültig, aktiv und frei nutzbar. Aber das mag sich ändern. Schon morgen kann eine Seite andere Inhalte aufweisen oder ganz vom Netz gehen, können Gebühren für die Nutzung erhoben werden, neue, vielleicht anstößige Werbebanner eingeblendet werden, alles gemäß Murphy's Gesetz: If anything can go wrong, it will!

In diesem Buch sind eine Reihe von Verweisen auf Internetseiten enthalten. Es ist uns leider nicht in jedem Fall möglich gewesen zu überprüfen, ob der angebotene Inhalt der Webseiten Urheberrechte Dritter verletzt. Durch das Anklicken einer Webseite mit urheberrechtswidrigen Inhalt könnte eine urheberrechtliche Verletzungshandlung begangen werden. Wir möchten Sie gerne auf diesen Umstand hinweisen.

Springer-Verlag

Peter Gritzmann
René Brandenberg

Das Geheimnis des kürzesten Weges

Ein mathematisches Abenteuer

Mit Illustrationen von Janne Poelz

Zweite Auflage

 Springer

Prof. Dr. Peter Gritzmann
Dr. René Brandenberg

TU München
Zentrum Mathematik
80290 München, Deutschland
gritzman@ma.tum.de
brandenb@ma.tum.de

Bibliografische Information Der Deutschen Bibliothek
Die Deutsche Bibliothek verzeichnet diese Publikation in der Deutschen Nationalbibliografie; detaillierte bibliografische Daten sind im Internet über http://dnb.ddb.de abrufbar.

ISBN 3-540-00045-3　Springer-Verlag Berlin Heidelberg New York

ISBN 3-540-42028-2　1. Auflage, Springer-Verlag Berlin Heidelberg New York

Dieses Werk ist urheberrechtlich geschützt. Die dadurch begründeten Rechte, insbesondere die der Übersetzung, des Nachdrucks, des Vortrags, der Entnahme von Abbildungen und Tabellen, der Funksendung, der Mikroverfilmung oder der Vervielfältigung auf anderen Wegen und der Speicherung in Datenverarbeitungsanlagen, bleiben, auch bei nur auszugsweiser Verwertung, vorbehalten. Eine Vervielfältigung dieses Werkes oder von Teilen dieses Werkes ist auch im Einzelfall nur in den Grenzen der gesetzlichen Bestimmungen des Urheberrechtsgesetzes der Bundesrepublik Deutschland vom 9. September 1965 in der jeweils geltenden Fassung zulässig. Sie ist grundsätzlich vergütungspflichtig. Zuwiderhandlungen unterliegen den Strafbestimmungen des Urheberrechtsgesetzes.

Springer-Verlag Berlin Heidelberg New York
ein Unternehmen der BertelsmannSpringer Science+Business Media GmbH

http://www.springer.de

© Springer-Verlag Berlin Heidelberg 2002, 2003
Printed in Germany

Die Wiedergabe von Gebrauchsnamen, Handelsnamen, Warenbezeichnungen usw. in diesem Werk berechtigt auch ohne besondere Kennzeichnung nicht zu der Annahme, daß solche Namen im Sinne der Warenzeichen- und Markenschutz-Gesetzgebung als frei zu betrachten wären und daher von jedermann benutzt werden dürften.

Umschlaggestaltung: KünkelLopka, Heidelberg
Satz: LE-TeX Jelonek, Schmidt & Vöckler GbR, Leipzig
Druck: Appl, Wemding
Binderei: Fa. Schäffer, Grünstadt

Gedruckt auf säurefreiem Papier　　SPIN: 10815766　　40/3142/CK - 5 4 3 2 1 0

> Peter Gritzmann

Geboren 1954, Professor für Mathematik an der Technischen Universität München arbeitet an Problemen der diskreten Mathematik und angewandten Geometrie, wie sie in den Wirtschaftswissenschaften, der Physik, den Materialwissenschaften, der Linguistik oder der Medizin auftreten. Seine Forschungen wurden u. a. ausgezeichnet mit einem Feodor-Lynen Forschungsstipendium der Alexander von Humboldt-Stiftung und dem Max-Planck Forschungspreis. Peter Gritzmann ist zur Zeit Präsident der Deutschen Mathematiker Vereinigung (DMV).

> René Brandenberg

Geboren 1970, ist wissenschaftlicher Mitarbeiter im Zentrum Mathematik der Technischen Universität München. Nach seinem Studium der angewandten Mathematik an der Universität Trier promovierte er im Bereich der angewandten Geometrie. Daneben leitet er die Entwicklung einer Online-Softwarebibliothek für Probleme der diskreten Mathematik.

Der erste Kontakt

„Hallo Mama."

„Hallo Große."

Seit Ruths fünfzehntem Geburtstag nannte ihre Mutter sie fast nur noch 'Große'. Ruth hatte sich beschwert, sie sei nun nicht mehr die 'Kleine'.

Ruth kam gerade ziemlich schlecht gelaunt von der Schule. In letzter Zeit hatte sie immer ernsthafter darüber nachgedacht, die Schule schon nach der zehnten Klasse zu verlassen. Sie war zwar keine schlechte Schülerin, aber die meisten Fächer machten ihr einfach keinen Spaß mehr. Vor allem fragte sie sich immer häufiger nach dem Sinn dessen, was sie dort lernte. Am schlimmsten war es mit Mathe. Sie war eigentlich immer gut in Mathe gewesen, aber in letzter Zeit interessierte sie sich nicht mehr so recht dafür. Wozu sollte man dieses ganze abstrakte Zeug lernen? Wer rechnet schon mit Buchstaben oder benutzt Pythagoras oder Thales? Sie kannte niemanden außer Papa, der so was brauchte, und selbst der konnte ihr nicht so richtig erklären, wozu das alles wichtig war, und er hatte schließlich Informatik studiert. Sie ging in ihr Zimmer.

„Wow! Ich fasse es nicht. MAMA!"

Ruth stürmte in Mutters Arbeitszimmer.

„Ist *der* für mich?"

„Nein, den haben wir nur vorübergehend bei dir abgestellt, bis … "

Mama war nicht besonders gut im Schwindeln. Sie konnte einfach ihr Schmunzeln nicht unterdrücken.

„Oh prima, danke Mama."

„Bedanke dich bei deinem Vater, wenn er nach Hause kommt. Er hat den Kasten mitgebracht."

Ruth war restlos begeistert: Endlich ihr eigener Computer! Fast alle ihre Klassenkameraden hatten schon einen, vor allem die Jungs. Ständig gaben sie damit an, wie toll ihre Computer doch wären, was sie alles schon wieder nachgerüstet und welche neuen Spiele sie gerade gekauft hätten.

Da stand er nun also. Papa hatte schon alles angeschlossen. Sogar ein Modem war dabei. Internet, E-Mail, Newsgroups, alles war möglich. Eigentlich hätte Ruth ja gerne beim Aufbau des Rechners geholfen, aber nun brauchte sie nur den Power-Button zu drücken und loszulegen. Auch nicht schlecht. Sie hörte, wie der Rechner hochfuhr. Anscheinend war auch schon die ganze Software installiert. Das hätte sie erst recht gerne mitbekommen. Es interessierte sie einfach, wie solche Dinge funktionieren. Vor lauter Aufregung wusste sie gar nicht, was sie zuerst ausprobieren sollte. Bestimmt waren auch schon jede Menge Programme dabei. Sollte sie versuchen, einen Brief zu tippen? Oder lieber gleich eine E-Mail? Ein kleines Spielchen wäre auch nicht übel.

Eine Meldung auf dem Bildschirm teilte ihr mit, dass sie auch die Kommunikationsbox einschalten solle. Stimmt, neben dem Rechner stand noch ein Gerät, das sie bei ihren Freunden noch nie gesehen hatte. Das war bestimmt diese Kommunikationsbox. Ein kleiner Druck auf den Schalter und schon leuchtete die Kontrolllampe.

Ruth versuchte zu erkennen, was die einzelnen Symbole auf dem Bildschirm wohl bedeuteten. Unterhalb eines Icons stand 'nur für junge Frauen ab fünfzehn' – Papa neigte dazu, sie nicht ernst zu nehmen. Sie hasste das. Können Eltern nicht einfach akzeptieren, dass man erwachsen wird? Während sie sich noch über die Zeile ärgerte, klickte sie auf das Icon, und einige weitere Symbole erschienen auf dem Bildschirm. Auf einem war ein Gesicht abgebildet. Ruth klickte es an.

„Hallo Ruth."

„Wie? Was heißt hier 'Hallo Ruth'?"

„Bitte nicht so schnell. Ich muss mich erst an deine Stimme gewöhnen."

„Das gibt's doch gar nicht. Die Kiste spricht nicht nur, sie versteht mich auch noch."

„Kiste? Meinst Du damit mich?"

„Äh, ja, also eigentlich schon."

„Mein Name ist Vim."

„Vim? Und du findest das ganz normal, dass du hier mit mir sprichst? Wer, äh, was bist du, und woher kennst du meinen Namen?"

„Nicht so schnell! Eine Frage nach der anderen. Eigentlich bin ich nur ein Computerprogramm, aber ein ganz neues. Ich bin so programmiert, dass man sich mit mir normal unterhalten kann. Und nun zur zweiten Frage: Ruth ist im System als Benutzer des Rechners eingetragen. Du bist doch Ruth, oder?"

„Ich glaub' dir kein Wort. Eine Software, mit der man sich ganz normal unterhalten kann, gibt es doch gar nicht."

„Ich sagte doch, ich bin ganz neu."

„Aber ein ganz neues Programm kommt doch nicht mal eben so auf meinen Rechner."

„Ich bin aber da, und ich wäre gerne dein Freund!"

„Mein Freund? Du bist doch nur ein Computerprogramm. Wie kannst du dann mein Freund sein?"

„Wieso nicht? Eine wichtige Eigenschaft von Freunden ist doch, dass man mit ihnen über alles sprechen kann. Ich kann gut zuhören und hab' auch einiges zu erzählen."

„Ich glaub', das muss ich erst mal verdauen."

4 Ruth war ziemlich perplex. Sie wusste nicht, wie sie mit diesem Computerprogramm umgehen sollte. Vim, ein Freund? Sie würde am Abend mit Papa darüber reden. Halt! Wieso eigentlich nicht sofort? Sie rannte zum Telefon.

„Hallo Ruth."

„Woher weißt du, dass ich es bin?"

„Wir haben hier so ein schlaues Telefon. Das zeigt mir immer gleich die Nummer des Anrufers an."

„Aber es hätte doch auch Mutti sein können."

„Sie war's aber nicht."

Diese Art von Antworten liebte Ruth über alles. Dafür hätte sie ihrem Vater direkt an den Hals springen können.

„Übrigens: Danke! Das mit dem Rechner ist einfach spitze. Endlich habe ich auch einen. Endlich werde ich in der Schule mitreden können. Aber ein Problem habe ich noch."

„Schieß los."

„Auf dem Rechner ist doch diese Software, du weißt schon, die für junge Frauen ab 15."

„Habe ich mir nicht angeschaut. Scheint ja auch nicht für mich bestimmt zu sein."

„Hör auf! Ich kenn' dich. Die ist doch von dir. Das mit den jungen Frauen hast du dir doch ausgedacht, um mich zu ärgern."

„Ich weiß gar nicht, wovon du sprichst. Ich bin absolut unschuldig. Die Software muss zum Grundpaket gehören. Bei neuen Rechnern ist doch heute immer so ein Haufen Schnickschnack dabei."

Ruth glaubte ihrem Vater kein Wort. Aber sie wusste genau, dass es sinnlos war, ihn weiter zu löchern. Er würde alles abstreiten. Außerdem wusste er vielleicht wirklich nichts von der Software. Das wäre ja noch viel spannender. Vielleicht war die Software versehentlich mit installiert worden, und vielleicht war sie sogar noch ganz geheim. Vim hatte ja selbst gesagt, dass sein Programm ganz neu sei. Sie beschloss, die Sache erst mal auf sich beruhen zu lassen.

„Na gut. Ich muss jetzt sowieso noch Hausaufgaben machen. Danke noch mal für die tolle Überraschung und einen dicken Schmatzer!"

„Ups, angekommen. Also viel Spaß, aber denk' dran, Hausaufgaben machen sich nicht von alleine während du am Computer spielst."

„Klar. Bis später."

Ruth machte eigentlich immer ihre Hausaufgaben; na ja, fast immer. Auch jetzt hatte sie fest vor, sich direkt an ihren Schreibtisch zu setzen. Vielleicht sollte sie nur ganz kurz mal nachsehen, ob mit dem Computer noch alles stimmte. Funktionierte dieses komische Programm noch? Ob es sich das Gespräch von vorhin überhaupt gemerkt hatte?

„Hallo Ruth."

Schon wieder 'Hallo Ruth', woher wissen heute immer alle, dass ich es bin, dachte sie.

„Hallo Vim. Du sagtest vorhin, du könntest gut erzählen."

„Ja, gut zuhören und gut erzählen."

„Prima. Dann erzähl' mir doch etwas. Ich muss nämlich Hausaufgaben machen und habe nicht die geringste Lust dazu."

„Wieso? Macht dir die Schule keinen Spaß?"

„Doch, eigentlich schon, aber irgendwie nicht mehr so richtig. Man lernt dort so viel unnützes Zeug. Ich würde lieber was richtig Spannendes lernen, das man im echten Leben wirklich braucht. Besonders schlimm ist es in Mathematik. Keiner kann mir sagen, wozu das ganze abstrakte Zeug gut sein soll. Alle sagen, das wäre gut für's Denken. Ich will aber lieber was Praktisches lernen."

„Aber Mathematik ist praktisch!"

„Erzähl' mir jetzt nichts vom Dreisatz. Den hatten wir schon in der Sechsten."

„Nein, viel spannender. Wenn du möchtest, erzähle ich dir etwas über ein Teilgebiet der Mathematik, das du richtig gut anwenden kannst, mit leicht verständlichen Problemen. Außerdem wette ich, dass dein Mathelehrer nicht viel darüber weiß."

„Wenn das wirklich nicht nur die üblichen mathematischen Formeln sind, würde es mich nicht wundern, wenn Herr Laurig davon noch nie was gehört hätte. In der Klasse sagen wir immer 'nichts ist so traurig, wie Mathe bei Herrn Laurig', und das stimmt auch. Lieber hätte ich Herrn Pfitze behalten; leider unterrichtet der jetzt nur noch die Parallelklasse. Aber praktisch brauchbare und gleichzeitig einfache Mathematik, gibt's sowas?"

„Ich habe nicht gesagt, dass die Mathematik einfach ist. Ich sagte nur, dass die Probleme leicht zu verstehen sind. Die Mathematik dahinter kann sehr schwierig sein. Glücklicherweise gibt es aber einige Probleme, bei denen auch die Mathematik nicht zu schwierig ist."

„Also gut, worum geht's?"

„Um Routenplanung."

--→ Routenplanung, was ist das?

„Routenplanung, was ist das? Hat das was mit Reisen zu tun?"

„Ja. Stell' dir vor, du möchtest zusammen mit deinen Eltern von München nach Hamburg fahren. Vielleicht überlegt ihr euch zuerst, ob ihr mit dem Auto oder mit dem Zug fahren wollt, und versucht dann, 'optimal' zu reisen. Optimal könnte dabei heißen, dass ihr möglichst schnell oder preisgünstig von München nach Hamburg kommen wollt. Es kann aber auch sein, dass ihr deine Oma zwischendurch besuchen möchtet. Wo wohnt deine Oma?"

„Hier bei München. Aber Tante Lisa wohnt in Rothenburg."

„Prima. Also könntet ihr einen Abstecher zu deiner Tante machen, wenn das kein zu großer Umweg wäre. Die Wahl der möglichen Routen wird dadurch natürlich eingeschränkt. Schau her, ich starte mal einen Browser fürs Internet. Routenplaner gibt's nämlich auch online."

„Du kannst selber andere Programme starten und sogar die Verbindung zum Internet herstellen?"

„Für mich kein Problem. Soll ich loslegen?"

„Ja, klar!"

„Gut. Einen Routenplaner findest du zum Beispiel unter der Internetadresse route.web.de; hier siehst du die Einstiegsseite:"

„Ebbe im Tank? Was soll das denn?"

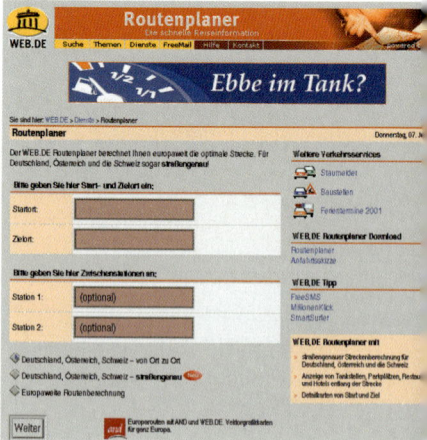

„Ach, das ist bloß eine 'elektronische Bandenwerbung'.
Die Eingabefelder für die Routenplanung sind die rötlich-
grauen Balken in der Mitte der Seite. Wenn wir den
Abstecher nach Rothenburg erst mal weglassen, brauchen
wir nur München als Start- und Hamburg als Zielort ein-
zutippen. Auf der nächsten Seite musst du dich noch
entscheiden, ob du lieber eine Route mit der kürzesten
Fahrzeit oder eine mit der kürzesten Wegstrecke angezeigt
bekommen möchtest."

„Wir können uns ja beide mal anschauen."

„Okay, dann lassen wir uns die beiden Ergebnisse einfach
in verschiedenen Browser-Fenstern anzeigen. Es gibt noch
ein paar weitere Wahlmöglichkeiten, aber die lassen wir
erst mal außer Acht."

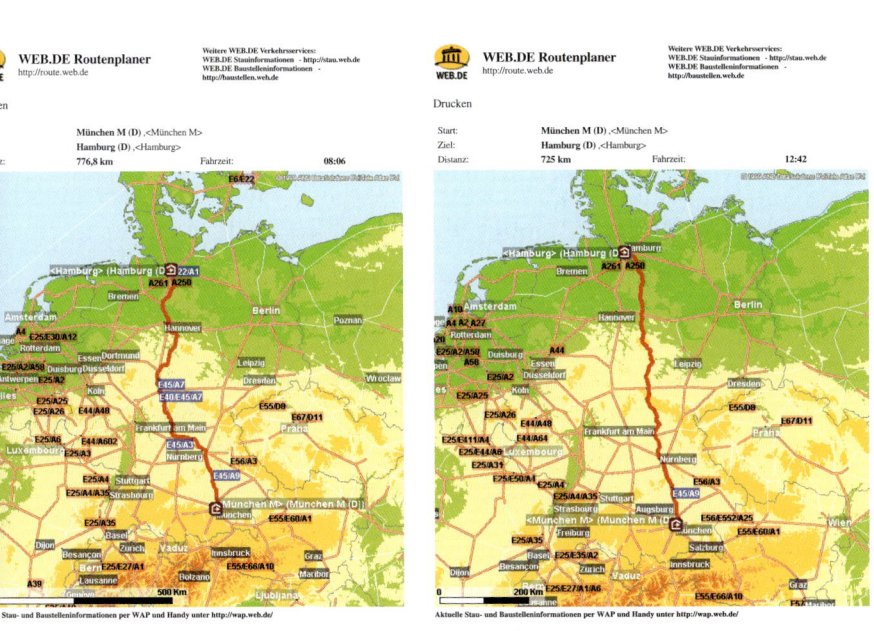

„Wow, das ging aber schnell! Und die Routen sind ja
wirklich verschieden!"

„Sicher. Das Programm berechnet aufgrund bekannter Daten über die einzelnen Straßenlängen und statistischer Schätzwerte über die Fahrzeiten seine Routenvorschläge. Dabei kommt es natürlich vor, dass man auf einer längeren Route schneller unterwegs ist, weil die kürzere weniger über Autobahnen führt oder anfälliger für Staus ist."

„Und was genau wird alles berücksichtigt?"

„Keine Ahnung! Leider verraten die meisten dieser Online-Routenplaner nicht, wie sie ihre Vorschläge berechnen. Vor allem bei der Bestimmung der Route mit der kürzesten Fahrzeit ist unklar, welche Daten verwendet werden. Eigentlich braucht man dazu immer aktuelle Informationen über Staus oder andere Verkehrsbehinderungen. Diese stehen aber normalerweise nicht zur Verfügung. Für dieses Kriterium kann daher nur eine grobe Schätzung vorliegen. Nun haben wir schon ein Problem für die Praxis: Wie gelangt man an die Daten, das heißt an die Parameter, die für die Optimierung benötigt werden? Weiter unten auf der Website steht übrigens eine Feedback E-Mail Adresse. Wenn du Lust hast, kannst du ja mal nachfragen."

„Klar, ich wollte sowieso nachher ein paar E-Mails versenden. Den Begriff Parameter kenne ich übrigens aus dem Matheunterricht. Was genau war das noch mal?"

„Gut, dass du fragst. Wo wir schon einen Browser geöffnet haben, schauen wir doch mal nach, ob wir nicht ein Online-Lexikon finden, in dem wir den Begriff nachschlagen können."

„Meine Klassenkameraden suchen immer mit Google, ich glaube die WWW-Adresse ist www.google.com."

„Stimmt. Also 'Lexikon' als Suchwort eingeben und abschicken. Hier steht schon 'Meyers Lexikon', das wird's wohl sein. Aha, von dort wird man an die Adresse

Jetzt müssen wir nur noch das Stichwort 'Parameter' eingeben, und schon erhalten wir eine Antwort:"

Parameter der,

1) Mathematik:
   in Funktionen und Gleichungen eine neben der eigentlichen Variablen auftretende Hilfsvariable; ...
2) ...

„Und was war noch mal der Grund, warum man Parameter benutzt?"

„Parameter erlauben es, eine ganze Klasse von Problemen gleichzeitig zu formulieren und zu lösen. Im konkreten Beispiel setzt man dann einfach die Werte ein. Die p, q-Formel ist ein schönes Beispiel. Statt jede einzelne quadratische Gleichung zu lösen, formuliert man mit den Parametern p und q die allgemeine Form $x^2 + px + q = 0$. Die Lösung dieser allgemeinen Gleichung ergibt dann die p, q-Formel."

„Diese Form nennen wir in der Schule Normalform, und die Lösung ist $x = -\frac{p}{2} \pm \sqrt{\frac{p^2}{4} - q}$."

„Falls $p^2 \geq 4q$ ist. Im konkreten Fall setzt man einfach p und q in die Formel ein. Dafür, dass du Mathematik in der Schule nicht magst, hast du aber ganz gut aufgepasst. Aber lassen wir die Schulmathematik und kehren zurück zu unserem Reiseplanungsproblem. Wollen wir eine kürzeste Route finden, ist die Bestimmung der benötigten Parameter etwas einfacher. Hier stellt sich nur die Frage, ob man sich auf Autobahnen beschränkt oder auch Bundes- und sogar Landstraßen hinzunimmt."

„Na ja, über Autobahnen ist man oft wesentlich schneller, aber mit einer größeren Auswahl an Straßen findet man bestimmt eine viel kürzere Verbindung."

„Richtig, unser Beispiel von vorhin zeigt das ja auch. Dort wurden alle Straßentypen zugelassen, und so konnte eine sehr kurze Verbindung gefunden werden."

„Aber niemand würde diese Routen nutzen. Die Fahrzeit ist doch viel zu lang, wenn man auch Landstraßen mit einbezieht."

„Wahrscheinlich hast du Recht. Die meisten Leute würden wohl eher eine Mischung aus kurzer Fahrzeit und kurzem Weg wählen. Aber auch das könnte ein solcher Routenplaner berücksichtigen. Wie du siehst, gibt es sehr viele Freiheiten bei der Bestimmung der Parameter."

„Aber dann weiß ich ja gar nicht, ob die empfohlene Route genau so ist, wie ich sie gerne hätte."

„Stimmt. Zumindest dann nicht, wenn die Routenplaner-Software nicht genau angibt, nach welchen Kriterien sie vorgeht."

„Und wie kann ich dann einen kürzesten Weg finden, der meinen Wünschen entspricht? Das ist doch bestimmt sehr schwer, oder? Woher bekommt man die ganzen Daten, und wie berechnet man mit deren Hilfe die jeweils kürzesten Verbindungen?"

„Langsam, die beiden Probleme sind ganz verschiedener Natur. Die Frage nach der Herkunft der Daten ist natürlich wichtig, aber wir nehmen mal an, dass wir die Daten von irgendwoher bekommen, zum Beispiel aus der Entfernungstabelle in einem Autoatlas oder vom ADAC. Routenplanung beschäftigt sich eher mit deiner zweiten Frage: Wie bestimmt man eine optimale Lösung, wenn man die Daten kennt."

„Aber was hat das mit Mathematik zu tun? Braucht man hier nicht vor allem einen guten Programmierer? In Papas

Firma könnten sie sicher eine schöne Software zur Lösung dieses Problems schreiben."

„So einfach ist das nicht. Bei den vielen möglichen Routen braucht man eine gute Idee, um das Problem in annehmbarer Zeit lösen zu können. Wenn man einfach nur versucht, eine Möglichkeit nach der anderen durchzugehen, dauert das viel zu lange. Außerdem ist es die Mathematik, die die Techniken entwickelt, damit man ähnliche Probleme nicht jedes Mal wieder ganz von vorne angehen muss."

„Ähnliche Probleme?"

„Na klar. Dafür gibt es eine Menge Beispiele. Bei einigen erkennst du sofort, dass es sich wieder um Routenplanungsprobleme handelt, aber bei manchen wirst du ganz schön staunen, dass sie eine Verbindung zur Routenplanung besitzen."

„Mach's nicht so spannend."

„Also, das Problem 'finde einen kürzesten Weg von s, wie Start nach z, wie Ziel', nennen die Mathematiker das *Kürzeste-Wege-Problem*. Die Bahn verwendet zur Bestimmung der besten Verbindungen für die Fahrplanauskunft übrigens auch einen Algorithmus zur Lösung des Kürzeste-Wege-Problems."

„Algorithmus? Das ist doch ein Computerprogramm, oder?"

„Nicht ganz. Mit Algorithmus bezeichnet man nur die eigentliche Idee hinter dem Programm. Ein Algorithmus ist unabhängig von der Programmiersprache, in der später das Programm geschrieben wird. Außerdem kümmert man sich im Algorithmus nur um die eigentliche Aufgabe und nicht um die anderen Programmteile wie Ein- und Ausgabe. Hier, unser Online-Lexikon sagt Folgendes zum Stichwort Algorithmus:"

> Algorithmus der,
>
> systemat. Rechenverfahren, das zu einer Eingabe nach endlich vielen Schritten ein Ergebnis liefert.

„Also eine Art Rezept."

„Wenn du so willst."

„Aber das mit der Bahn ist doch eigentlich klar. Es macht ja keinen Unterschied für den Algorithmus, ob ich mit der Bahn oder mit dem Auto fahre."

„Halt, so einfach ist das auch wieder nicht. Da gibt es ganz schöne Unterschiede. Bei der Bahn setzt du dich ja nicht einfach in einen Zug, und dann fährt der, wohin du willst. Die Streckenlinien der einzelnen Züge sind fest vorgegeben."

„Klar, man muss eventuell umsteigen."

„Eben. Und Umsteigen kostet Zeit. Zeit, die nicht von den Abständen zwischen den Orten abhängt. Aber auch hier finden die Routenplaner eine Möglichkeit, die Aufgaben wieder in der Form des Kürzeste-Wege-Problems zu formulieren."

„Okay, aber eigentlich unterscheiden sich deine beiden Beispiele bisher noch nicht wirklich."

„Da hast du Recht! Beide sind vom Typ 'sofort erkennbar'. Was hältst du aber von diesem Beispiel: Mit einem Satelliten ist eine Aufnahme der Erdoberfläche einer bestimmten Region gemacht worden. Nun soll eine Software möglichst automatisch bestimmen, wo auf dem Bild eine Straße zwischen den Punkten s, wie Start, und z, wie Ziel, verläuft. Unter `edc.usgs.gov/glis/graphics/guide/napp/figure2.gif` findet man eine solche Aufnahme der Stadt Charleston in den USA:"

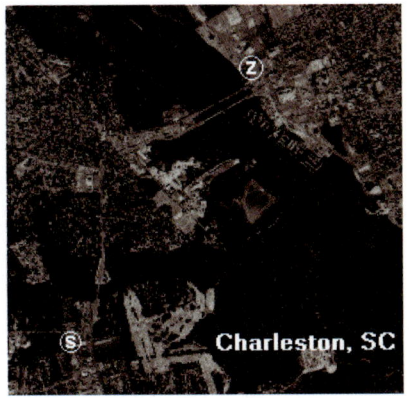 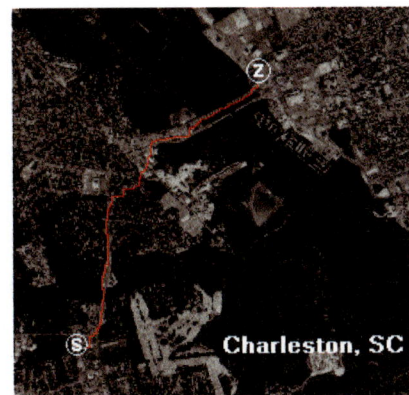

Charleston, SC

Charleston, SC

Data available from U.S. Geological Survey, EROS Data Center, Sioux Falls, SD

„Klar, das Programm soll die 'Routen' zwischen den beiden Orten finden. Aber wieso ist das auch Routen-'planung'? Hier geht es doch gar nicht um eine *kürzeste* Verbindung!"

„In der Mathematik darfst du nicht immer so direkt denken. Manchmal musst du die Problemstellung der neuen Aufgabe erst ein wenig übersetzen. Das Satellitenproblem kann als ein Kürzeste-Wege-Problem formuliert werden, indem man die einzelnen Farbpunkte, die Pixel der Aufnahme, als Orte ansieht und die Farbunterschiede in Abstände umrechnet."

„Das habe ich noch nicht ganz kapiert."

„Am besten erzähle ich dir jetzt erst mal ein wenig über die verschiedenen Beispiele. Wenn dich das interessiert, sollte ich dir dann ein paar einfache Begriffe erklären, die man in der Routenplanung benötigt."

„Einverstanden. Du machst mir das Ganze mit deinen Beispielen schmackhaft, und dann warten wir mal ab, ob mir die Routenplanung so gut gefällt, dass ich mir sogar zu Hause von meinem Computer noch eine Extraportion Mathematik verabreichen lasse. Also, was gibt's noch?"

„Ein weiteres Einsatzgebiet der Routenplanung ist natürlich die Stadt- und Verkehrsplanung. Hier stellt sich die

Frage, wo neue Straßen, Autobahnen oder Bahngleise ge-
baut werden sollen, um den Verkehrsfluss zu verbessern
und um Wegstrecken zu reduzieren, oder Ähnliches."

„Seh' ich ein. Gibt's noch mehr?"

„Jede Menge! Ein weiteres Teilgebiet beschäftigt sich zum
Beispiel der Bestimmung optimaler Routen für Müllabfuhr, Postboten, Straßenreinigung oder Schneeräumdienste."

„Klingt wichtig."

„Es gibt aber auch viele Einsatzgebiete der Routenplanung, die mit Straßen- oder Schienenverkehr nichts zu
tun haben: die Telekommunikation, also Internet, Mobil-
funk, Satellitenübertragungen, zum Beispiel."

„Also, in meinem Freundeskreis haben fast alle ein eigenes
Handy, und einen Internetzugang wollen am liebsten auch
alle. E-Mails zu verschicken ist einfach Klasse und sogar
billiger als telefonieren, und das Surfen im Web macht
einfach höllisch Spaß."

„Hast du dir schon einmal Gedanken gemacht, wie die
Daten im Internet übermittelt werden, oder wie so ein
Handy-Netz aufgebaut sein muss? Und wie dafür gesorgt
wird, dass Nachrichten im Internet oder Telefonnachrich-
ten möglichst effizient von einem Sender zu einem Empfänger geleitet werden?"

„Eigentlich nicht. Aber ist das nicht ein rein technisches
Problem? Was hat das denn mit Routenplanung zu tun?"

„Überleg' dir doch mal, wie eine Nachricht, die du per
E-Mail von deinem Computer in München nach New York
schickst, dort hinkommt. Das geschieht, indem die Da-
tei mit der Nachricht zuerst an deinen Provider geschickt
wird, und der sendet sie dann über viele Zwischenstatio-
nen weiter, bis die Mail beim Empfänger in New York ange-

kommen ist. Unter `www.fmi.uni-passau.de/fakultaet/cip` `/internet_kompakt/internet_kompakt.html` gibt es eine Abbildung der Internet-Vernetzung der USA:"

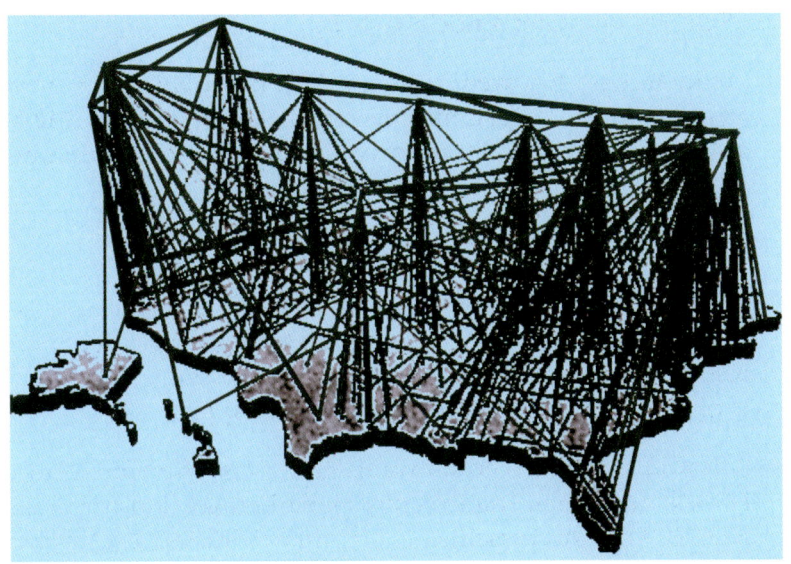

„Verstehe. Das ist natürlich wieder ein Routenplanungsproblem. Allerdings nicht mit Straßen, sondern mit Verbindungen zwischen Computern."

„Oder auch Telefonsendern und -empfängern."

„Gibt's noch mehr Beispiele?"

„Es gibt viele Aufgaben, denen man nicht direkt ansieht, dass sie Routenplanungsprobleme sind. Lass uns mal ein Haus zusammen bauen."

„Was hat das nun wieder mit Routenplanung zu tun?"

„Wenn wir ein Haus bauen wollen, sind natürlich viele Teilarbeiten zu erledigen."

„Klar, Keller ausheben, die Kellerdecke gießen und vieles mehr, bis zum Tapezieren."

„Genau. Und es ist klar, dass man die Reihenfolge nicht beliebig vertauschen darf. Der Keller muss erst fertig ausgehoben sein, bevor die Decke gegossen wird und so weiter. Warte, hier ist ein einfaches Beispiel mit den Zeitdauern und Abhängigkeiten der Bauabschnitte:"

Nr.	Aufgabe	Dauer	vorhergehende Aufgaben
1	Baugrube	5	—
2	Fundamente	5	1
3	Mauerwerk Keller	10	1,2
4	Decke Keller	5	1,2,3
5	Mauerwerk Erdgeschoss	10	1,...,4
6	Decke Erdgeschoss	5	1,...,5
7	Dachstuhl	10	1,...,6
8	Wasserinstallation (roh)	5	1,...,6
9	Elektroinstallation (roh)	5	1,...,6
10	Heizungsinstallation (roh)	5	1,...,6
11	Außeninstallationen	10	1,...,7
12	Dachdecken	20	1,...,7
13	Fenster	5	1,...,7,12
14	Innenputz	10	1,...,10,12,13
15	Estrich	5	1,...,10,12,...,14
16	Estrichtrocknung	10	1,...,10,12,...,15
17	Außenputz	10	1,...,16
18	Garten	10	1,...,17
19	Fliesen	5	1,...,16
20	Maler	10	1,...,16,19
21	Wasserinstallation (fein)	2	1,...,16,19
22	Elektroinstallation (fein)	2	1,...,16,19,20
23	Heizungsinstallation (fein)	5	1,...,16,19,20
24	Oberboden	5	1,...,16,19,...,23
25	Innentüren	2	1,...,16,19,...,24
26	Einzug	5	1,...,25

„Also, Tante Lisa ist damals in ihr neues Haus eingezogen, bevor alles fertig war. Aber sie stöhnt noch heute darüber, wie abenteuerlich das war."

„Probleme dieser Art gehören in den Bereich der *Projektplanung*. Und Projektplanungsprobleme können als Routenplanungsprobleme formuliert werden. Auch bei der Organisation eines Rockkonzerts ergeben sich solche Aufgaben."

„Was? Willst du mir damit sagen, dass Bon Jovi vor jedem Auftritt erst mal Routenplanung betreibt."

„Er selbst sicher nicht, aber seine Tourmanager. Die gesamte organisatorische Vorbereitung von der reinen Planung mit Auswahl und Anmietung einer geeigneten Halle, Werbung und Kartenvorverkauf, Bühnenaufbau, Lichtinstallation und dergleichen bis schließlich zur Erstellung des Ablaufplans des Konzerts selbst, ist ein solches Problem."

„Das ist aber wirklich nicht einfach zu erkennen. Musst du mir später unbedingt genauer erklären."

„Zwei weitere Beispiele sind die Fertigung von Leiterplatten, wie sie in Fernsehern oder Computern, aber auch in Waschmaschinen verwendet werden, und die Chronologisierung archäologischer Funde. Die Fragen, in welcher Reihenfolge ein Roboter Löcher in eine Leiterplatte bohren soll oder wie man Ausgrabungsfunde in eine zeitliche Reihenfolge einordnet, können als Routenplanungsprobleme formuliert werden."

„Okay, ich glaub' das reicht fürs Erste. Die Beispiele sind ja so verschieden, dass man denken könnte, überall ginge es um Routenplanung. Morgen musst du mir mehr erzählen! Jetzt muss ich doch meinen Freunden unbedingt noch E-Mails schreiben, damit sie wissen, dass ich ab heute auch online bin. Bis morgen."

Ruth hatte erst mal genug. Nicht, dass sie das, was Vim erzählt hatte, langweilig fand, ganz im Gegenteil, aber es war doch sehr viel Neues auf einmal. Einen Vorteil hatte die Schulmathematik eben doch: Sie war mit ihren kleinen

Häppchen nie so anstrengend. Leider aber auch nicht so spannend.

Ruth holte sich etwas zu trinken aus der Küche und setzte sich dann wieder an den Rechner, um E-Mails an ihre Freunde zu schreiben. Es kribbelte sie richtig, allen mitzuteilen, dass sie jetzt ihren eigenen Rechner hatte. Die Mail an web.de wollte sie aber auch noch schreiben. Es wäre wirklich interessant zu erfahren, welche Daten dort verwendet werden. Aber eine Mail an eine Firma senden, war fast wie Hausaufgaben. Sie musste sich jedenfalls genau überlegen, was sie schreiben wollte. Ach ja, ihre Hausaufgaben waren auch noch nicht gemacht.

Die E-Mails an die Freunde waren schnell getippt. Sie hatte sogar schon zwei Antworten erhalten und beide gleich wieder beantwortet. Schließlich blieb nur noch die Mail an web.de. Ruth war schon ein bisschen aufgeregt. Also los, dachte sie. Ich schreibe denen einfach meine Frage, und dann wird's schon klappen.

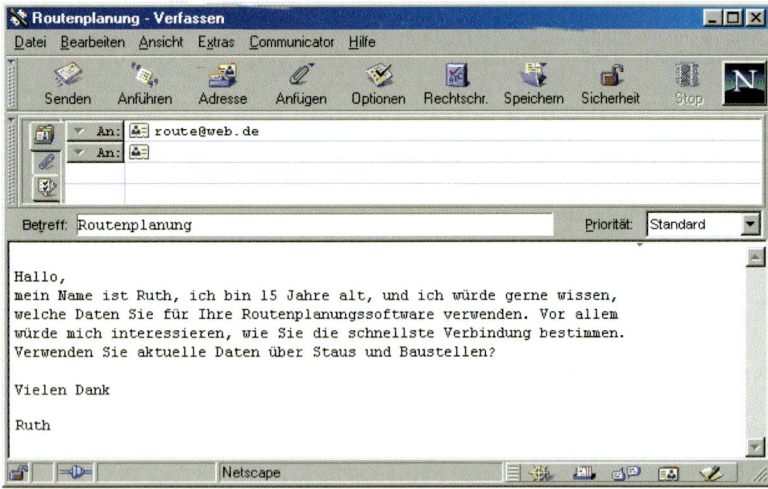

Ruth hatte ihren Vater abends nicht mehr auf das Programm angesprochen. Wenn er es nicht kannte oder nicht kennen wollte, wieso sollte sie ihm dann davon erzählen? Am Ende gab's bestenfalls irgendwelche Vorschriften, wie lange sie am Computer sitzen durfte. Mama war sowieso lange dagegen gewesen, dass sie einen eigenen Computer bekam. Und wenn Vim gar nicht für sie, Ruth, bestimmt war? Dann würde Papa sicherlich irgendwas von Betriebsgeheimnis oder Lizenzrechten erzählen und Vim auf ihrem Rechner löschen.

Auch in der Schule hatte Ruth ihren Freunden zwar von ihrem neuen Computer erzählt, aber es war kein Wort über Vim gefallen. Nicht einmal mit Martina, ihrer besten Freundin, hatte sie darüber gesprochen.

Als der Unterricht endlich vorbei war, lief Ruth schnell nach Hause. Sie wollte unbedingt wissen, wie es weiterging. Trotzdem zwang sie sich, zuerst die Hausaufgaben zu machen. Zum einen hatte sie sich gestern Abend nach all dem, was Vim ihr erzählt hatte, gar nicht mehr so richtig konzentrieren können. Zum anderen wollte sie vermeiden, dass Vim triumphierend feststellte, dass sie es kaum abwarten konnte, mehr von ihm zu erfahren. Das Problem war allerdings, dass sie sich auch jetzt nicht so richtig auf die langweiligen Schularbeiten einlassen konnte. Aber mit ein wenig Mühe ging es dann doch. Zum Glück hatte sie keine großen Schwierigkeiten mit dem Schulstoff. Als sie alles erledigt hatte, schaltete sie sofort den Computer an.

„Hallo Ruth. Schon wieder da? Wie war's in der Schule?"

„Ganz gut. Das übliche halt. Nichts Spannendes. Darf ich dich mal was fragen? Was Persönliches sozusagen?"

„Na klar!"

„Sag' mal, woher hast du eigentlich deinen Namen? Eltern wirst du wohl kaum haben, oder?"

„Na ja, für mich sind meine Programmierer so was wie Eltern. Ich glaube, Vim ist eine Abkürzung für 'Virtual Man'."

„Da gefällt mir Vim aber besser."

„Mir auch!"

„Dann bleibt's bei Vim! Erzählst du mir jetzt wieder etwas über Routenplanung?"

„Gerne. Zuerst möchte ich dir zeigen, wie man Routenplanungsprobleme modelliert. Weißt du, was ein Modell ist?"

„Klar, ein Modell ist eine Nachbildung irgendeiner Sache."

„Genau. In der Mathematik ist das ganz besonders wichtig. Ein schlechtes Modell bildet die Wirklichkeit nämlich nicht gut genug ab. Es kann dann leicht passieren, dass die Aussagen, die man im Modell erzielt, in der Realität nicht verwendbar sind."

„Meinst du, wenn man im Routenplaner nicht berücksichtigt, dass manche Wege auch Einbahnstraßen sind?"

„Ja, denn dann könnte es passieren, dass ein kürzester Weg berechnet wird, den man mit dem Auto gar nicht fahren darf. Ein Modell sollte aber auch nicht zu komplex sein sondern nur das Wesentliche herausfiltern. Sonst kann man keine Ergebnisse mehr erzielen, oder es dauert viel zu lange, bis man Lösungen erhält."

„Klar, wenn ich von München nach Hamburg fahren will, dann brauche ich sicherlich nicht die Frankfurter Innenstadt zu berücksichtigen."

„Stimmt genau. Also, wie modelliert man nun ein Routenplanungsproblem? Im Internet findet sich ein schönes Beispiel unter `http://www.mvv-muenchen.de/mvv_plaene/ images/pdf/sbahn.pdf`:"

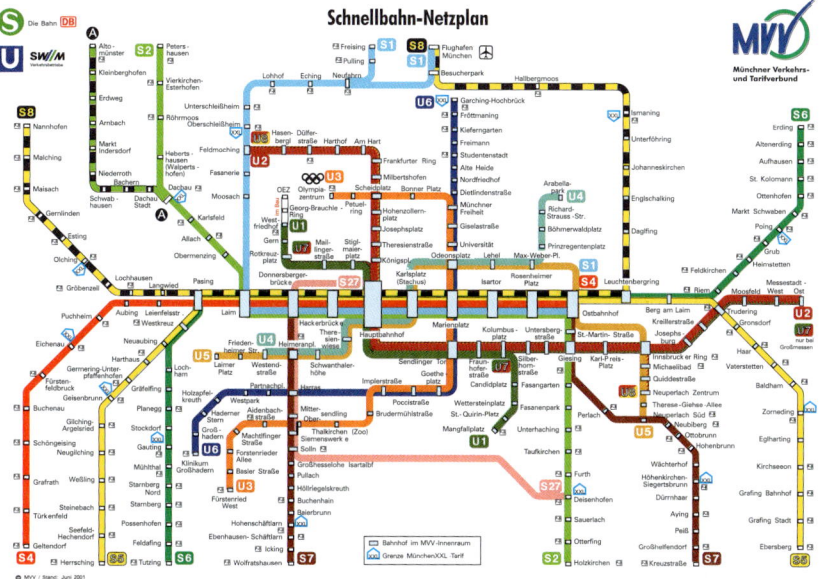

„Der Münchner U-Bahn-Plan? Du willst mir doch nicht erzählen, dass der ein mathematisches Modell ist."

„Doch. Hier ist das U- und S-Bahnsystem skizziert, aber die Abbildung orientiert sich nicht am echten Münchner Stadtbild. In Wirklichkeit gibt es keine gerade Strecke zwischen dem Haupt- und dem Ostbahnhof. Die Darstellung als gerade Strecke ist nur am übersichtlichsten."

„Also nicht ganz wie in echt, aber schön übersichtlich."

„Ja, eine Abstraktion der Wirklichkeit. Die hier gewählte Form der Abstraktion ist für alle Routenplanungsprobleme von großer Bedeutung. In der Mathematik bezeichnet man so etwas als *Graphen*; hier ist eine Definition:"

Graph $G = (V, E)$

G besteht aus

V,   einer endlichen Menge von Knoten, sowie aus

E,   einer Menge 2-elementiger Teilmengen von V, den Kanten.

„Das hört sich aber kompliziert an. Was bedeutet das denn?"

„Also, ein Graph, nennen wir ihn G, besitzt eine Menge V von *Knoten*. Bei den unmittelbaren Routenplanungsproblemen, bei denen eine Route zwischen verschiedenen Orten bestimmt werden soll, stellen die Knoten die Orte dar."

„Also die Haltestellen im U-Bahn-Plan."

„Oder die Autobahnabfahrten und -kreuze für unsere München-Hamburg-Reise. Aber die Knoten können auch die Bohrlöcher auf einer Leiterplatte, die Farbpixel der Satellitenaufnahme oder archäologische Funde sein."

„Wenn aber jedes Pixel der Satellitenaufnahme einen eigenen Knoten bekommt, dann erhält man doch wahnsinnig viele Knoten."

„Das ist nicht außergewöhnlich in der Routenplanung. Wenn du für unsere München-Hamburg-Tour außer den Autobahnen auch die Bundes- und Landstraßen zulässt, dann ergeben sich ebenfalls sehr viele mögliche Kreuzungen und Abfahrten."

„Also auch hier eine Unmenge von Knoten."

„Und zu den Knoten kommt dann noch die Menge E der Kanten. Kanten stellst du dir am besten als Verbindungen zwischen zwei Knoten vor. Aber Vorsicht, diese Verbindungen können sehr abstrakt sein. Kanten können Straßen zwischen zwei Ortsknoten darstellen oder die

Sie können aber auch die Nachbarschaft zweier Farbpixel in der Satellitenaufnahme ausdrücken. In diesem Fall erhält man einen solchen Gittergraphen:"

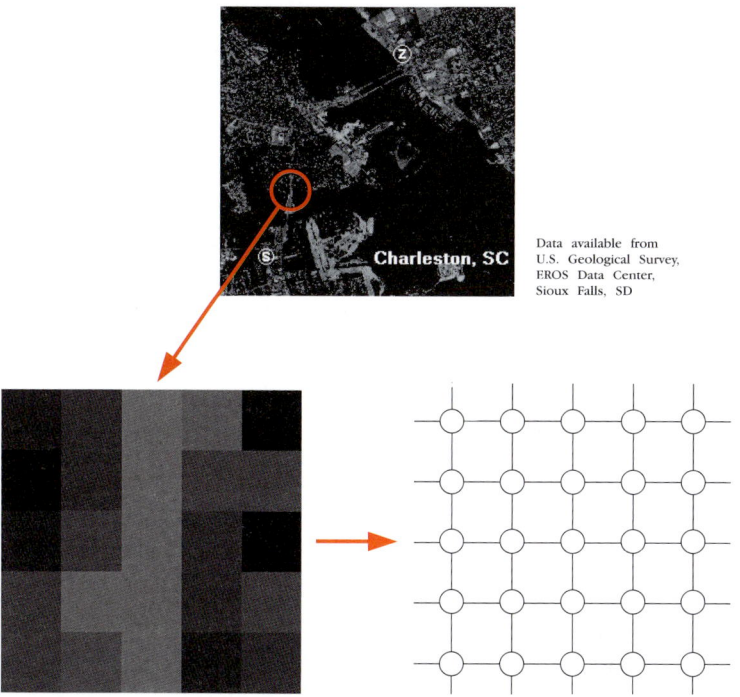

Charleston, SC

Data available from
U.S. Geological Survey,
EROS Data Center,
Sioux Falls, SD

„Wenn ich das richtig verstehe, verbindet man die Knoten, wenn die zugehörigen Pixel nebeneinander liegen?"

„Richtig. Die Mathematiker betrachten nur noch diese abstrakten Graphen, da es für die Algorithmen nicht so wichtig ist, welche praktische Anwendung dahinter verborgen ist."

„Und man kann dann den gleichen Algorithmus für ganz verschiedene Probleme nutzen?! Das ist cool!"

„Lass uns doch einfach mal einen kleinen Beispielgraphen anschauen. Wie wäre es mit diesem:"

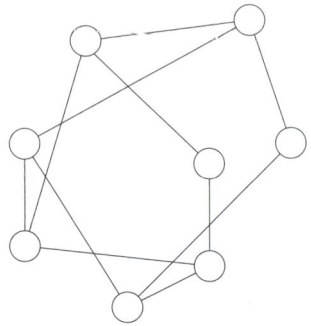

„Okay, die Kringel symbolisieren anscheinend immer die Knoten und die Linien die Kanten. Das war ja eben bei dem Gittergraphen zum Satellitenproblem auch schon so."

„Genau. Aber bitte nie vergessen: Die Knoten und Kanten sind nur abstrakte Symbole für bestimmte Dinge und einen Zusammenhang zwischen Paaren dieser Dinge. Die Knoten müssen nicht unbedingt Orte sein und die Kanten müssen nicht unbedingt einen konkreten Weg zwischen solchen Orten darstellen."

„Das habe ich verstanden. Ich kann mir ja immer wieder das Satellitenbeispiel vorstellen."

„Das ist ein gutes Beispiel, um sich daran zu erinnern, dass Kanten nicht unbedingt Wege sein müssen, aber hier kann man die Knoten immer noch als Ortspunkte interpretieren. Bei der Chronologisierung der archäologischen Funde symbolisieren die Knoten aber die Funde, unabhängig von irgendeiner Örtlichkeit."

„Ist gut, ich werde versuchen, daran zu denken. Nun erzähl' mir doch lieber, wie es weiter geht."

„Zunächst sollten wir der Einfachheit halber voraussetzen, dass unsere Graphen immer *zusammenhängend* sind. Das heißt, dass es möglich ist, über die vorhandenen Kanten von jedem Knoten zu jedem anderen zu gelangen."

„Na, der Begriff erklärt sich ja fast von selbst. Aber gilt das nicht immer?"

„Nein, schau her, hier ist ein Graph der nicht zusammenhängend ist:"

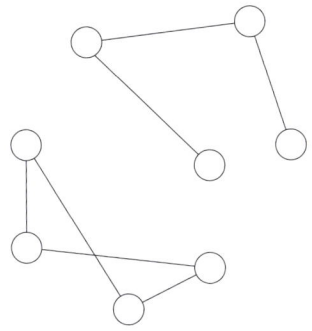

„Ja, aber kommt denn so was überhaupt vor? Im Straßennetz gibt es doch immer eine Verbindung zwischen
den Orten. Auch bei den anderen Beispielen, die du mir
genannt hast, erinnere ich mich nicht an eines, das nicht
zusammenhängend gewesen wäre."

„Die Graphen in unseren Beispielen sind normalerweise
zusammenhängend, sonst würde ich das nicht voraussetzen. Andererseits gibt es aber auch Fälle, in denen die
Graphen nicht zusammenhängend sind. Kürzeste Straßen-
verbindungen zwischen Orten auf einer Inselgruppe zum
Beispiel."

„Dann geht es nicht ohne Fähre!"

„Genau. Man löst zwei getrennte Probleme: Einmal vom
Ausgangspunkt zum Hafen der Autofähre und dann, auf
der anderen Insel, vom Hafen zum Zielort."

„Na gut, aber irgendwie gefällt mir dein Beispiel nicht.
Könnte man denn nicht einfach die Fährverbindung als
Kante in den Graphen einfügen? Dann hätte man doch
wieder einen zusammenhängenden Graphen."

„Ja, das ist noch ein Grund, warum wir davon ausgehen, dass unsere Graphen zusammenhängend sind. Es

gibt aber interessante Probleme, bei denen gerade der Zusammenhang die entscheidende Rolle spielt."

„Und was sind das für welche?"

„Zum Beispiel die 'Ausfallsicherheit' von Netzwerken. Dabei können das alle die Netzwerke sein, die wir schon in den anderen Beispielen hatten: Computernetzwerke, ein Handy-Netz, ja sogar unsere Verkehrssysteme."

„Und was bedeutet nun 'ausfallsicher'?"

„In all diesen Netzwerken geht es doch immer darum, etwas zu verbinden. Bei der Untersuchung nach Ausfallsicherheit stellt sich die Frage, ob die Verbindung zwischen je zwei Knoten des Netzwerks auch dann noch gewährleistet ist, wenn eine Leitung ausfällt. In der Nacht vom 9. auf den 10. November 1965 kam es fast im gesamten Nordosten der USA zu einem dreizehnstündigen Stromausfall und das nur, weil eine einzige Übertragungsleitung eines der großen Kraftwerke an den Niagarafällen ausgefallen war. Die Überlastung der verbliebenen Leitungen bewirkte den Zusammenbruch des gesamten Kraftwerks und danach eine Kettenreaktion im gesamten Stromnetz der Region."

Sieben Millionenstädte sitzen im Dunkeln

Eine Elektrizitätskatastrophe im Osten der USA: Hunderttausende bleiben in U-Bahnen und Lifts stecken

Von unserem Korrespondenten Wolf Schneider

Washington, 10. November

Der Nordosten der Vereinigten Staaten erlebte am Dienstagabend einen Zusammenbruch der Stromversorgung, wie er sich so umfassend und mit so verheerenden Folgen noch niemals seit Einführung der Elektrizität ereignet hat. Über New York und sechs weitere Millionenstädte, über den Staaten der USA und zwei kanadische Provinzen zusammen, über einen Bereich fast von der Größe der Bundesrepublik mit dreißig Millionen Einwohnern brach um 17.30 Uhr mitten in der Stoßzeit des Berufsverkehrs die Dunkelheit und die völlige Lahmlegung von Verkehr und Versorgung herein. Präsident Johnson setzte sich von seiner Ranch in Texas aus sofort mit dem Verteidigungsministerium in Washington in Verbindung. Später am Abend ordnete er an, daß das Verteidigungsministerium, die Bundeskriminalpolizei und das Bundesamt für Energie die Ursachen und die Konsequenzen der Katastrophe umgehend und gründlich untersuchen.

Das betroffene Gebiet erhält seine Elektrizität überwiegend von einem Netz, zu dem das erst 1963 in Betrieb genommene Niagara-Kraftwerk bei Buffalo im Staat New York gehört, das größte der Welt. Als mutmaßliche Ursache wurde ein Kurzschluß in der Schaltstelle in der Nähe dieses Kraftwerks angegeben; er betraf den am dichtesten mit Millionenstädten übersäten, am höchsten elektrifizierten und damit stromabhängigsten Winkel der Erde.

In den U-Bahnen von New York befanden sich zur Zeit des Stromausfalls rund achthunderttausend Fahrgäste; viele von ihnen kämpften sich in der Finsternis kilometerweit zur nächsten Station durch, andere warteten stundenlang auf das Eintreffen der Polizei oder der Gouverneur Rockefeller mobilisierten Nationalgarde, deren wichtigste Aufgabe die Rettung der Eingeschlossenen aus den U-Bahn-Schächten durch Notausstiege war. Zehntausende von New Yorkern fanden sich in den Fahrstühlen der Wolkenkratzer eingesperrt. Der Luftmangel diese Lage lebensgefährlich machte, verruchten sie, durch den Notausstieg auf das Dach der Kabine zu klettern und von dort aus die nächste Stock-

tief auf die Straße hinab, um zu frischer Luft zu kommen.

Die dunklen Straßen waren überfüllt mit Büroangestellten, die den Versuch aufgegeben

aus: Wolf Schneider, Süddeutsche Zeitung, 11.11.1965

„Oh, diese Schlagzeile hört sich ja dramatisch an. Wenn ich mir vorstelle, stundenlang im Dunkeln in einer vielleicht noch überfüllten U-Bahn zu stehen! Da bricht sicher Panik aus."

„Die Ausmaße der Katastrophe waren so groß, dass sich sogar der Präsident der Vereinigten Staaten, Lyndon B. Johnson, persönlich einschaltete. Unter `www.cmpco.com/about/system/blackout.html` gibt es den Originaltext seines Briefs an den Chairman der Federal Power Commission. Englisch ist doch kein Problem für dich, oder?"

„Nein, Englisch habe ich schon seit der fünften Klasse."

> Today's failure is a dramatic reminder of the importance of the uninterrupted flow of power to the health, safety, and well being of our citizens and the defense of our country.
>
> This failure should be immediately and carefully investigated in order to prevent a recurrence ...

„Besonders schlimm waren die nächtlichen Einbrüche und Plünderungen in New York. Eine 'Spätfolge' kam übrigens erst im Juli 1966, neun Monate nach dem Stromausfall, ans Licht."

„Na ja, wenn's der Fernseher nicht tut ... Aber was hat das alles damit zu tun, ob ein Graph zusammenhängend ist oder nicht?"

„Das ist einfach. Nehmen wir zum Beispiel das Stromnetz. Das können wir wieder als Graphen modellieren. Die Knoten entsprechen dann den Relaisstationen und die Kanten den Verbindungen zwischen den Stationen. Ausfallsicher gegen den Verlust irgendeines Teilstücks ist so ein Stromnetz aber nur dann, wenn der zugehörige Graph auch bei Entfernung einer beliebigen Kante zusammenhängend bleibt. Unser Beispielgraph von eben ist ausfallsicher. Hier, ich zeig ihn dir noch mal. Gleich daneben siehst du einen nicht ausfallsicheren Graphen. Wenn nämlich die rote Kante entfernt wird, ist der Graph nicht mehr zusammenhängend."

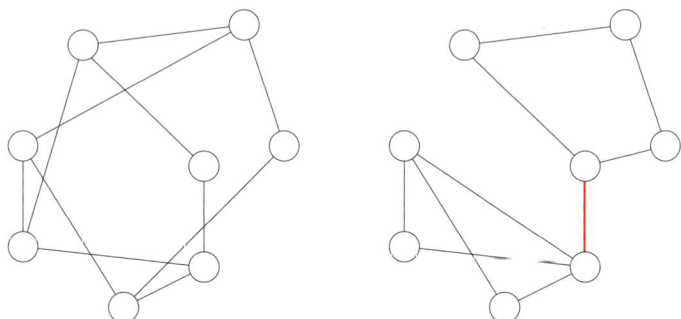

„Du hast wirklich für jeden Topf 'nen Deckel. Jetzt ist mir klar, dass man dann auch den Zusammenhang von Graphen untersuchen muss."

„Für unsere Probleme können wir im Folgenden aber davon ausgehen, dass die Graphen zusammenhängend sind."

„Also gut, du wirst es wissen."

„Bisher haben wir erst eine mögliche Definition eines Graphen kennen gelernt. Je nach Fragestellung, die modelliert werden soll, können Graphen sehr verschiedene Strukturen haben. Manchmal kann es sinnvoll sein, so genannte *Multigraphen* zu betrachten. Diese sehen dann etwa so aus:"

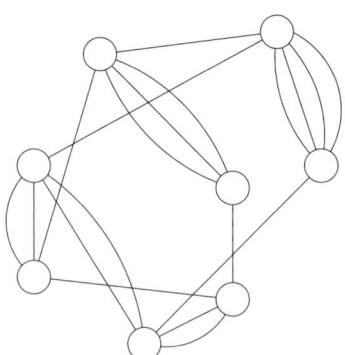

„Dann bedeutet das 'multi' nichts anderes, als dass ein Knotenpaar auch durch mehr als eine Kante verbunden sein kann?"

„Genau. Der U-Bahn-Plan ist so ein Multigraph. So kann symbolisiert werden, dass man auf zwei verschiedene Weisen von einem Knoten zum anderen gelangen kann."

„Du meinst, um zu unterscheiden, ob man mit der U3 oder der U6 vom Odeonsplatz zur Münchner Freiheit fährt?"

„Ja, dazu kann man Multigraphen benutzen. Oft ist es auch sinnvoll, den Kanten eine Richtung zu geben. Dann spricht man aber nicht mehr von einer Kante, sondern von einem *Bogen* und symbolisiert die Richtung des Bogens durch eine kleine Pfeilspitze. Das bedeutet auch, dass es zwei Bögen zwischen dem gleichen Knotenpaar geben kann, ohne dass es sich schon um einen Multigraphen handelt; dann nämlich, wenn die Bögen in entgegengesetzte Richtungen zeigen:"

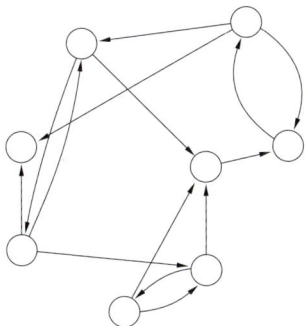

„Die Bögen stellen also sowas wie Einbahnstraßen dar?"

„Ja, für Straßennetze kannst du dir das so vorstellen. In anderen Anwendungen kann das eine ganz andere Bedeutung haben. Erinnerst du dich noch an unser Hausbau-Beispiel?"

„Natürlich."

„Um solche Fragen der Projektplanung als Routenplanungsprobleme aufzufassen, müssen wir sie erst in die Sprache der Graphen übersetzen. Dazu symbolisiert man die verschiedenen Teilprojekte durch Knoten – beim Hausbau sind das die Bauabschnitte – und die 'Vorher-Nachher-Beziehungen' zwischen diesen Teilprojekten werden zu Bögen. Wenn wir die Projektnummern aus unserer Hausbautabelle in die Knoten schreiben, ergibt sich dieser Graph:"

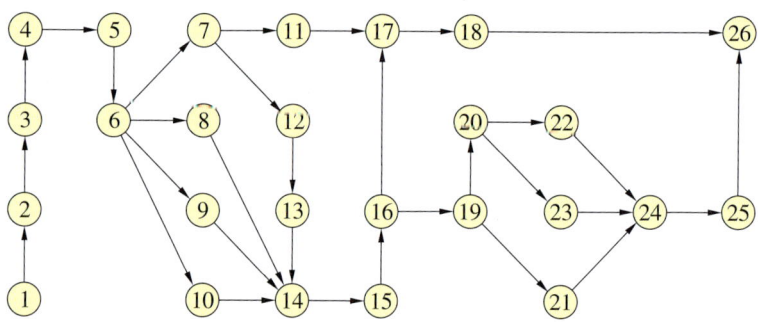

„Dann gibt es den Bogen von Nummer 1 'Baugrube' zu Nummer 2 'Fundamente', weil die Grube ausgehoben sein muss, bevor mit den Fundamenten angefangen werden kann?"

„Ja. Eine Kante kann ja gar nicht ausdrücken, welcher der beiden Bauabschnitte zuerst dran ist."

„Aber da fehlen doch jede Menge Bögen. Müsste nicht von jedem anderen Knoten ein Bogen zu Knoten 26 gehen? Ins Haus einziehen will man doch erst, wenn alles fertig ist."

„Gut beobachtet! Ja, die Skizze ist eigentlich nicht vollständig. Sie enthält aber alles Wesentliche. Der Bogen von 1 nach 2 bedeutet, dass Bauabschnitt 1 vor Abschnitt 2 ausgeführt werden muss, und der Bogen von 2 nach 3, dass Abschnitt 2 vor Abschnitt 3 fertig zu stellen ist. Dadurch ist klar, dass auch Abschnitt 1 vor Abschnitt 3 beendet sein muss, obwohl hier kein Bogen von 1 nach 3 eingezeichnet wurde."

„Das ist clever. Man kann also alle Bögen zwischen den Knoten weglassen, zwischen denen es sowieso schon einen Weg gibt."

„Genau. Und der Graph wird dadurch viel übersichtlicher. Ein anderes Beispiel für einen *gerichteten* Graphen, also für einen mit Bögen statt Kanten, sind die archäologischen Funde. Hier sind es die zeitlichen Abfolgen, die durch Bögen dargestellt werden."

„Und sicher gibt es auch gerichtete Multigraphen, oder?"

„Natürlich! Manchmal kann es sogar vorteilhaft sein, *Schleifen* einzuführen. Das sind Kanten oder Bögen von einem Knoten zu sich selbst zurück, ohne über andere Knoten zu laufen. Alles zusammen könnte dann ungefähr so aussehen:"

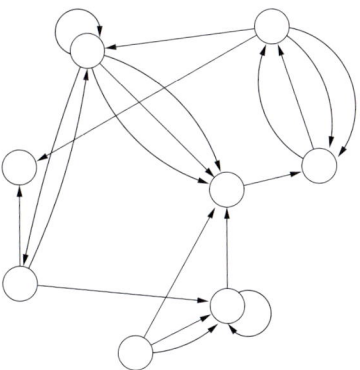

Es klopfte an die Tür und Ruth zuckte zusammen. Es war Mama. Hoffentlich hat sie nicht mitbekommen, wie ich gerade mit meinem Computer geredet habe, schoss es Ruth durch den Kopf.

„Ich habe Sahnetorte mitgebracht. Möchtest du ein Stück?"

„Gerne, ich komme sofort!"

Ruth wartete, bis Mamas Schritte sich entfernt hatten. Dann wandte sie sich kurz Vim zu.

„Ich mach' mal 'ne Pause. Auf Kuchen habe ich gerade richtigen Heißhunger."

„Klar doch, die Graphen laufen uns ja nicht weg."

Gewicht ist Pflicht

„Da bin ich wieder! Der Kuchen war einfach wunderbar. Der hätte dir bestimmt auch gut geschmeckt, aber du isst sicherlich lieber Bytes. Sag mal, irgendwas fehlte doch noch."

„Kaffee, Tee, Sahne?"

„Witzbold! Ich meine bei den Graphen. Wenn wir einen kürzesten Weg finden wollen, das hatten wir gestern doch schon festgestellt, sind das wichtigste die Entfernungs-werte, die wir den einzelnen Straßen zuordnen."

„Richtig. Wir brauchen noch 'Abstände'. Man spricht von *Kantengewichten* oder *Bogengewichten*, je nachdem, ob der Graph ungerichtet oder gerichtet ist. Diese Gewichte können die Länge der Wege in Kilometern oder Stunden ausdrücken oder die Farbunterschiede der benachbarten Pixel in der Satellitenaufnahme sein. Oft sind es auch Kosten oder Kapazitäten der Verbindungen. Unser Graph von vorhin würde dann etwa so aussehen:"

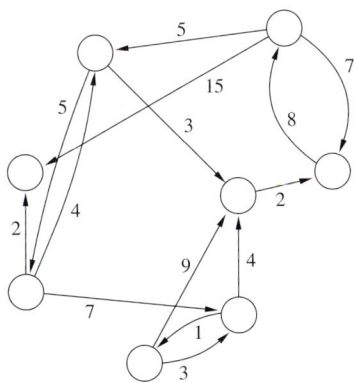

„Du schreibst die Werte also direkt an die Bögen?"

„Ja, das ist für unsere kleinen Beispiele am übersichtlichsten. Der Einfachheit halber nehmen wir übrigens an, dass unsere Gewichte positiv und ganzzahlig sind."

„Herr Laurig würde sagen, dass die Gewichte natürliche Zahlen sein sollen."

„Womit er Recht hätte. Gerichtete Graphen ohne Schleifen und Multikanten, wie der in unserer Skizze, sind für Kürzeste-Wege-Probleme der typische Fall."

„Gewichtete gerichtete Graphen? Das klingt ja abscheulich. Führt das nicht oft zu Verwechslungen?"

„Darum verwenden die Routenplaner für gerichtete Graphen auch das Wort *Digraph*. Das kommt aus dem Englischen: 'di', wie in 'directed', und bedeutet nichts anderes als gerichtet. Es wundert mich übrigens, dass du gar nichts gegen die Einschränkung auf natürliche Zahlen hast."

„Ich weiß, worauf du hinaus willst. Der Abstand zwischen zwei Orten könnte ja auch 2,5 km sein. Aber so leicht führst du mich nicht aufs Glatteis. Die Angabe in Kilometern ist kein Muss und man kann die Einheit sicherlich immer so wählen, dass ganze Zahlen herauskommen. 2,5 km sind ja auch 2.500 Meter."

„Ja, für unsere Anwendungen macht die Voraussetzung der Ganzzahligkeit keine Schwierigkeiten. Aber wundert es dich nicht, dass wir nur positive Zahlen zulassen?"

„Wieso? Entfernungen sind doch positiv. Und auch bei den anderen Beispielen sehe ich nicht, wozu negative Werte gut wären."

„Du erinnerst dich doch an die München-Hamburg-Tour mit deinen Eltern. Da hatte uns der Routenplaner von web.de eine Fahrzeit von 8 Stunden und 6 Minuten berechnet. Wenn ihr euch nun wirklich entscheiden müsst, ob ihr Zwischenstation bei eurer Tante in Rothenburg macht, werden sich deine Eltern sicher überlegen, ob die Reise dann nicht zu lang wird."

„Klar, Mama mag es überhaupt nicht, wenn unsere Autoreisen länger als 12 Stunden dauern."

„Der Zwischenstopp bei deiner Tante lohnt sich aber nur, wenn genügend Zeit zum Plaudern bleibt."

„Unter 3 Stunden kommen wir von Tante Lisa bestimmt nicht weg."

„Das bedeutet bei einer maximalen Reisezeit von 12 Stunden und einem Mindestaufenthalt von gut 3 Stunden, dass der Umweg über Rothenburg nicht mehr als, sagen wir, 30 Minuten Fahrzeit dauern darf."

„Okay, aber was hat das mit negativen Bogengewichten zu tun? Ich kann doch Rothenburg einfach als Zwischenstation in den Routenplaner eingeben und nachsehen, ob die neu berechnete Gesamtfahrzeit unter 9 Stunden liegt."

„Und wie macht die Software von web.de das? Was meinst du?"

„Wahrscheinlich, indem sie erst eine optimale Route von München nach Rothenburg berechnet und dann eine von Rothenburg nach Hamburg."

„Schön. Das sind dann zusammen mit der Berechnung der kürzesten direkten Route von München nach Hamburg drei Kürzeste-Wege-Probleme, die wir lösen müssen, bevor wir entscheiden können, ob wir den Abstecher nach Rothenburg machen. Was würdest du sagen, wenn wir diese Frage durch die Lösung eines einzigen Routenplanungsproblems beantworten könnten?"

„Super, aber wie soll das denn gehen?"

„Dazu benutzen wir ein negatives *Knotengewicht*, und zwar eines von 30 Minuten am Knoten von Rothenburg. Damit können wir einmal einen 'Bonus' von 30 Minuten vergeben, wenn ihr über Rothenburg fahrt."

„Knotengewichte gibt es auch?"

„Ja, das sind halt Gewichte, die den Knoten statt den Kanten zugeordnet sind, aber die können wir mit einem kleinen Trick wieder beseitigen. Dafür denken wir uns für Rothenburg einfach zwei Knoten, einen Ankunfts- und einen Abfahrtsknoten und einen Verbindungsbogen, der das Gewicht des Knotens erhält."

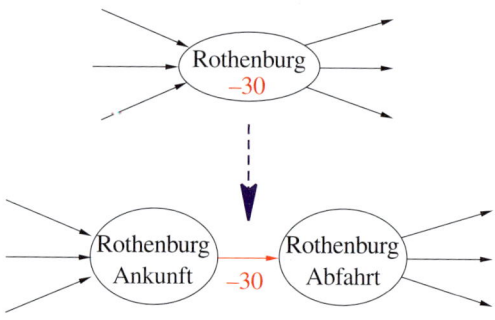

„Und was bringt uns jetzt diese −30?"

„Angenommen, der Umweg über Rothenburg dauert keine 30 Minuten. Dann hätte die direkte Verbindung München-Hamburg immer noch eine Länge von 8 Stunden und 6 Minuten, wogegen die Verbindung über Rothenburg ja wegen der Kante mit der −30 auf eine kleinere Gesamtlänge käme, und damit die Lösung unseres Routenplanungsproblems wäre."

„Ach so. Ist aber der Umweg länger als 30 Minuten, dann ändert auch der −30 Bogen nichts: Die direkte Verbindung bleibt die kürzeste Route, und Tante Lisa würde vergeblich auf uns warten."

„Wir könnten also durch Lösung eines einzigen Routenplanungsproblems entscheiden, welche Strecke ihr nehmen solltet."

„Toll, statt drei getrennter Probleme, gibt's jetzt nur noch eins."

„Negative Bogengewichte machen übrigens auch bei unseren Planungsaufgaben Sinn. Stell' dir vor, wir würden im Hausbaubeispiel die Zeiten, die ein Teilprojekt benötigt, bevor das Nachfolgeprojekt gestartet werden kann, als Gewicht an die Bögen schreiben."

„Dann erhalten wir aber an jedem Bogen ein positives Gewicht!"

„Ja, und wenn wir wissen wollen, wie lange der Hausbau insgesamt mindestens dauert, müssen wir in diesem Graphen den maximalen Abstand zwischen dem Startknoten und dem Endknoten, also zwischen dem Ausheben der Baugrube und dem Einzug, bestimmen. Es muss ja genügend Zeit bleiben, um alle vorherigen Tätigkeiten auszuführen."

„Also einen 'längsten Weg'."

„Ja. Damit wir dadurch aber kein neues *Längste-Wege-Problem* erhalten, multiplizieren wir alle Bogengewichte mit -1."

„Wir hängen einfach überall ein Minus vorne dran? Dann ergeben sich natürlich negative Gewichte. Aber wozu das Ganze?"

„Weil wir jetzt in unserem Graphen einen kürzesten Weg suchen können, statt einen längsten. Die Länge jedes einzelnen Weges für die mit -1 multiplizierten Bogengewichte ist ja genau das Negative der Länge, die er vorher hatte, und der vorher längste ist jetzt der mit dem größten negativen Wert, also der kürzeste."

„Toll, damit braucht man keinen neuen Algorithmus für das Längste-Wege-Problem. Aber wenn negative Gewichte nun mal vorkommen, wieso kannst du dann annehmen, dass die Bogengewichte immer positiv sind?"

„Das ist tatsächlich eine Einschränkung, und genau das wollte ich dir mit den beiden Beispielen zeigen. Ob die Gewichte nun aber positiv oder negativ sind, die für die Routenplanung grundlegende Modellierung kennst du jetzt jedenfalls."

„Prima, ich muss sowieso gleich weg. Ich habe nämlich noch eine Verabredung. Ein Schulfreund will mir ein paar neue CDs vorspielen. Bis morgen!"

„Verstehe. Viel Spaß!"

Langsam begann Ruth, sich richtig für diese Sache zu begeistern. Die Vorstellung, alle Probleme, die Vim ihr beschrieben hatte, mit diesen Graphen behandeln zu können, gefiel ihr. Vor allem, weil die Idee so einfach war, die hinter den Graphen mit ihren Knoten, Kanten und Gewichten steckte. So was könnte man auch prima in der Schule machen. Das mit den Graphen würde sie ihren Freunden bestimmt erklären können. Von Vim allerdings wollte Ruth jetzt noch niemandem erzählen. Der sollte ihr kleines Geheimnis bleiben.

Jetzt musste sie aber los. In einer Viertelstunde sollte sie bei Jan sein, und zu dieser Verabredung wollte sie auf keinen Fall zu spät kommen. Jan war nämlich ein echt cooler Typ.

Eine ungefährliche Explosion

Am Abend saß Ruth mit ihren Eltern vor dem Fernseher. Über ihren Computer fiel kein Wort. Ruth wollte das Thema nicht anschneiden, und ihre Eltern schienen desinteressiert. Normalerweise wollten sie immer alles bis ins kleinste Detail erfahren. Nach der Klassenfahrt im letzten Sommer hatten Mama und Papa sie regelrecht gelöchert, und jetzt wollten sie noch nicht mal wissen, ob sie mit dem Computer zurecht kam. Das war allerdings auch gut so, weil Ruth das nämlich selber nicht wusste. Bisher hatte sie, von einigen E-Mails abgesehen, noch nicht mehr als Vim kennen gelernt. Das mangelnde Interesse ihrer Eltern kam Ruth allerdings merk-würdig vor. Vielleicht lag es einfach an Jan. Über ihn wollten sie nämlich so ziemlich alles wissen. Und Ruth erzählte ihnen alles, na ja alles, was man Eltern halt so erzählt.

Danach ging Ruth ins Bad. Es war schon spät. Morgen früh würde der Wecker sie erbarmungslos aus ihren Träumen reißen. Doch die Verlockung, noch mal nach Vim zu sehen, war zu groß. Nur ein viertel Stündchen, sagte sie zu sich selbst.

„Nanu, du? Ist es nicht Zeit, schlafen zu gehen?"

„Was geht denn dich das an. Du hörst dich ja an wie meine Eltern."

„Soll nicht wieder vorkommen. Ich befürchte nur, dass deine Eltern mir den Strom abstellen, wenn sie mitbe-kommen, dass du um diese Zeit noch vor dem Bildschirm sitzt."

„Keine Angst. Das kriegen sie nicht mit."

„Und jetzt möchtest du dich vor dem Schlafen noch ein wenig über Mathematik unterhalten?"

„Über Routenplanung! Du wolltest mir erklären, wie man ein Kürzeste-Wege-Problem löst."

„Das werden wir heute wohl nicht mehr schaffen, aber wir können vielleicht überlegen, worauf es bei solchen Verfahren eigentlich ankommt."

„Das ist doch klar! Die kürzesten Wege sollen berechnet werden. Was gibt's da zu überlegen?"

„Das wirst du gleich sehen. Eines will ich aber vorausschicken. Ich werde versuchen, dir alles an einfachen, kleinen Beispielen zu veranschaulichen. Bei diesen Beispielen kannst du meistens alle möglichen Routen durchtesten und so die kürzeste bestimmen. Bei realen Problemen wird man aber Hunderte, Tausende, ja manchmal viele Tausende von Knoten haben. Dann ist die Anzahl der möglichen Wege so groß, dass selbst die schnellsten Computer der Welt nicht mehr alle durchrechnen können."

„Wieso? Ein Computer kann doch Tausende von Rechnungen pro Sekunde durchführen."

„Okay, nehmen wir an, wir haben folgenden Graphen, in dem wir einen kürzesten Weg bestimmen wollen:"

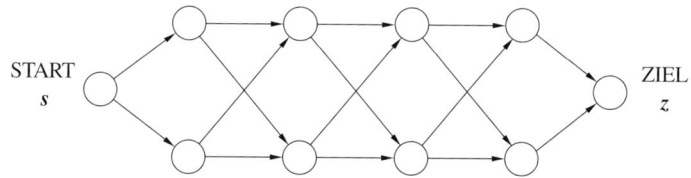

„Der ist aber wirklich nicht besonders groß."

„Er ist auch nicht besonders kompliziert, und wenn man die Bogengewichte gegeben hat, ist es sicherlich nicht schwierig, kürzeste Wege zu finden. Aber der Graph genügt, um die Problematik der Weganzahl zu verstehen. Stell' dir vor, wir wollen von dem Knoten, den ich mit s wie Start bezeichnet habe, zum Knoten z wie Ziel. Wie viele verschiedene s, z-Wege, also Wege von s nach z, gibt es?"

„Oh, das sind einige. Wenn ich versuche, alle zu zählen, mache ich bestimmt zwischendurch einen Fehler."

„Keine Angst, es ist gar nicht so schwierig. Ich habe extra einen so überschaubaren Graphen gewählt. Du musst nur systematisch an die Sache herangehen. Dabei hilft dir, dass die Knoten in verschiedenen Schichten angeordnet sind. Also wie viele Möglichkeiten gibt es, von s loszugehen?"

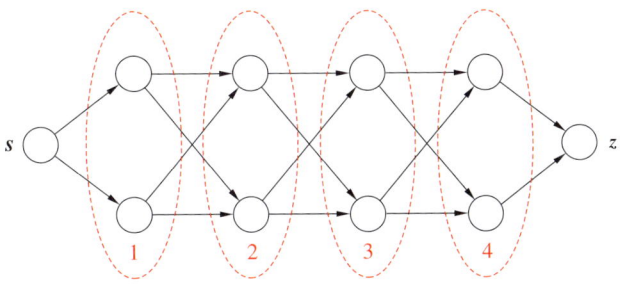

„Zwei."

„Und wie viele Möglichkeiten hast du, von dem Knoten in Schicht 1, an dem du nun angelangt bist, weiterzulaufen?"

„Oh ja, jetzt sehe ich, was du meinst. Es gibt 2 Möglichkeiten, von s loszugehen, entweder nach unten oder nach oben, und egal, wo man dann hinkommt, hat man wieder 2 Möglichkeiten, weiterzugehen, geradeaus in die nächste Schicht oder schräg."

„ . . . bis man in einem der Knoten direkt vor z angelangt ist. Von dort kann man nur noch nach z weiter. Wie viele verschiedene Wege gibt es nun?"

„Es gibt 2 Wege, die von s in die erste Schicht führen, und dann hat man wieder je 2 Möglichkeiten. Das heißt, es gibt 4 verschiedene Wege, in die zweite Schicht zu kommen . . . "

„ . . . und da man dann wieder jeden Weg auf zwei Arten fortsetzen kann, sind es 8 bis in die dritte Schicht, 16 bis in die vierte, und dann kann man nur noch direkt nach z gehen. Insgesamt kommen wir also auf 16 Wege."

„Du willst mir doch nicht erzählen, dass ein Computer damit Schwierigkeiten bekommt?"

„Nein, natürlich nicht. Aber stell' dir mal vor, wir vergrößern den Graphen um 2 Knoten. Wie viele Wege gibt es dann?"

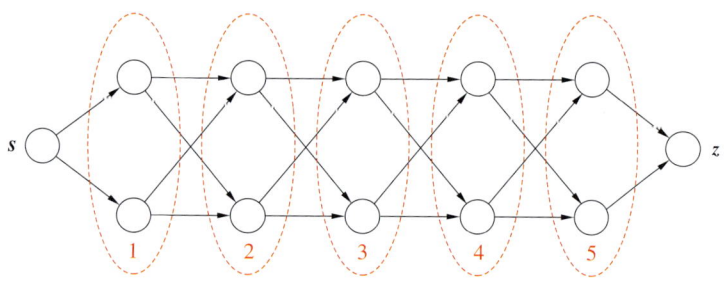

„Doppelt so viele wie vorher: 32."

„Prima. Kennst du die Potenzschreibweise 2^5?"

„Klar, $2^5 = 2 \cdot 2 \cdot 2 \cdot 2 \cdot 2 = 32$. Mir scheint, dass man manchmal doch was Brauchbares in der Schule lernt."

„Und wenn du jetzt nur die Anzahl der Schichten zwischen s und z zählst, wie viele sind das?"

„Fünf. Das heißt die Anzahl der Wege ist 2 *hoch* der Anzahl der Schichten?"

„Ja, und die Anzahl der Knoten ist 2 – für s und z – plus 2 *mal* der Anzahl der Schichten."

„Oh ja, im ersten Fall $2+2\cdot4 = 10$, im größeren $2+2\cdot5 = 12$; aber $2^4 = 16$ und $2^5 = 32$ Wege. Jetzt verstehe ich auch, wieso du das als Potenz schreiben wolltest."

„Damit du siehst, dass es für n Schichten, welche Zahl n auch immer sein mag, 2^n Wege gibt, aber nur $2 + 2 \cdot n$ Knoten."

„Aber wozu das Ganze?"

„Wenn der Graph nun 50 solche Schichten hat, also insgesamt 102 Knoten, dann würdest du ihn sicherlich nicht als außergewöhnlich groß bezeichnen, oder?"

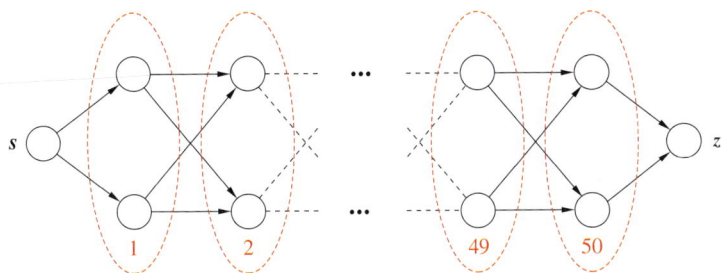

„Nachdem du mir von Beispielen mit Tausenden von Knoten erzählt hast, eigentlich nicht."

„Aber nach unserer Formel wären das

$$2^{50} = 1.125.899.906.842.624,$$

also mehr als eine Billiarde Wege!"

„Mann! Was für eine riesige Zahl! Aber für meinen neuen Gigahertz-Computer kein Problem, oder?"

„Lass uns das mal anders ausdrücken. Stell' dir vor, dein Computer kann in jeder Sekunde eine Million Wege durchtesten. Dann würde er eine Milliarde Sekunden brauchen. 60 Sekunden sind eine Minute, 60 Minuten eine Stunde und 24 Stunden ein Tag. Das heißt, jeder Tag hat $60 \cdot 60 \cdot 24 = 86.400$ Sekunden, und damit hat ein Jahr $86.400 \cdot 365 = 31.536.000$ Sekunden. Dein Computer würde somit
$$\frac{1.125.899.906, 8}{31.536.000},$$
also fast 36 Jahre benötigen, um alle Wege durchzutesten."

„Das dauert ja ewig!"

„Und wenn man noch ein paar Schichten mehr hat, wird's gleich noch extremer. Ich habe dir hier eine kleine Tabelle zusammengestellt, in der du für verschiedene Schichtzahlen ablesen kannst, wie viele Knoten und ungefähr wie viele Wege unser Graph dann enthält und wie lange unser fiktiver Rechner etwa brauchen würde, um alle Weglängen zu berechnen."

Schichten	Knoten	s-z-Wege	Rechenzeit
5	12	32	0,000032 Sek.
10	22	1.024	0,001024 Sek.
20	42	1,0 Million	1 Sek.
30	62	1,1 Milliarde	18 Min.
40	82	1,1 Billion	13 Tage
50	102	1,1 Billiarde	36 Jahre
60	122	1,2 Trillion	37 Tausend Jahre
70	142	1,2 Trilliarde	37 Mio. Jahre
80	162	1,2 Quadrillion	2,6 Au
90	182	1,2 Quadrilliarde	2,6 Tausend Au
100	202	1,3 Quintillion	2,7 Mio. Au
260	522	1,9 Aau	*

„Hui! Bei solchen Zahlen wird mir ganz schwindelig. Was bedeuten denn 'Au', 'Aau' und der Stern?"

„*Au* habe ich das natürlich nur zum Spaß genannt. Es steht für 15 Milliarden Jahre. Das ist so ungefähr das geschätzte Alter des Universums. Ein *Aau* ist die geschätzte Anzahl der Atome im Universum. Stell' dir vor, auf jedem Atom der Erde befände sich einer unserer Computer. Dann würden alle diese Rechner zusammen bei dem Graphen mit 260 Schichten immer noch etwa 65.000 Jahre benötigen, um alle Wege durchzurechnen. Ein einziger Computer würde dazu etwa $4 \cdot 10^{54}$ Jahre brauchen. Da sich darunter niemand etwas vorstellen kann, habe ich das einfach durch einen '*' ersetzt."

„*Au*-weia, sozusagen. Ab 50 Schichten dauert das wirklich ein bisschen lange. Aber wenn ich nun einen viel besseren Computer hätte, der 1 Billiarde Wege pro Sekunde testen könnte, würde der nur etwa eine Sekunde für den 50-Schichten Graphen benötigen."

„Einverstanden. Aber auch dieser Super-Rechner würde bei 80 Schichten schon wieder 38 Jahre und bei 100 Schichten sogar 40 Mio. Jahre brauchen. Und ich will erst gar nicht wieder mit den 260 Schichten anfangen."

„Und so richtig groß sind diese Graphen eigentlich immer noch nicht."

„In der Mathematik nennen wir so etwas *kombinatorische Explosion*, da für nur wenige neue Knoten die Anzahl der Wege regelrecht 'explodiert'."

„Wahnsinn! Dann brauchen wir tatsächlich eine bessere Idee, als alle durchzuchecken."

„Ja, aber jetzt musst du wirklich ins Bett. Ups, ich spiele schon wieder 'Eltern' – entschuldige!"

„Ist okay, du hast ja Recht. Aber verrätst du mir noch schnell, wie man die Zahl der Atome der Erde oder des Universums schätzen kann?"

„Das kannst du dir selber unter `www.harri-deutsch.de/verlag/hades/clp/kap09/cd236b.htm` anschauen."

„Na gut. Also dann bis Morgen."

„Schlaf gut."

Ruth war tief beeindruckt. Dieses enorme Wachstum in der Anzahl der möglichen Routen bei nur wenigen neuen Knoten ging ihr noch eine ganze Zeit durch den Kopf. Natürlich musste man sich da etwas Schlaueres einfallen lassen, als alle Lösungen durchzuprobieren, aber was? Ruth grübelte und grübelte und schlief dabei ein.

---> Kurzstrecke oder nicht?
Das ist hier die Frage!

Natürlich war Ruth am nächsten Morgen ziemlich müde. Einfach zusammenreißen, hatte sie sich beim Frühstück gesagt. Mama und Papa sollten nicht mitbekommen, dass sie gestern nicht sofort ins Bett gegangen war.

In der Schule hatte sie Glück. Die ersten beiden Stunden überstand sie leidlich. Die dritte fiel aus, weil Frau Glatt, ihre Erdkundelehrerin, mal wieder krank war. Und dann hatte sie nur noch Sport in der vierten und fünften.

Direkt nach Schulschluss traf sie sich mit Martina zu einem kleinen Stadtbummel mit 'integriertem Döner'. Martina wollte sich ein neues Sweatshirt kaufen, fand aber keins, das ihr gefiel. Ruth hatte mehr Glück, sie kaufte sich ein paar schicke T-Shirts, die sie gut im Sommerurlaub gebrauchen konnte.

Zu Hause angekommen, wollte Ruth sich eigentlich gleich mit Vim unterhalten, überlegte sich aber dann, dass es besser wäre, zuerst wenigstens einen Teil der Hausaufgaben zu erledigen. Wenn Mama später fragen würde, könnte Ruth sagen, dass sie schon fast fertig wäre und nur zwischendurch ein kleines Computerpäuschen eingelegt hätte. Mit den Hausaufgaben kam sie allerdings nicht weit. Die Verlockung war zu groß.

„Hallo Ruth. Wie war dein Vormittag?"

„Na ja, ganz nett. Ich bin aber ziemlich müde. Es war wohl gestern doch etwas spät."

„Warum legst du dich nicht ein bisschen hin?"

„Auf keinen Fall. Erst will ich wissen, wie man kürzeste Wege findet. Fang' einfach mal an, aber wundere dich nicht, wenn es bei mir heute etwas länger dauert."

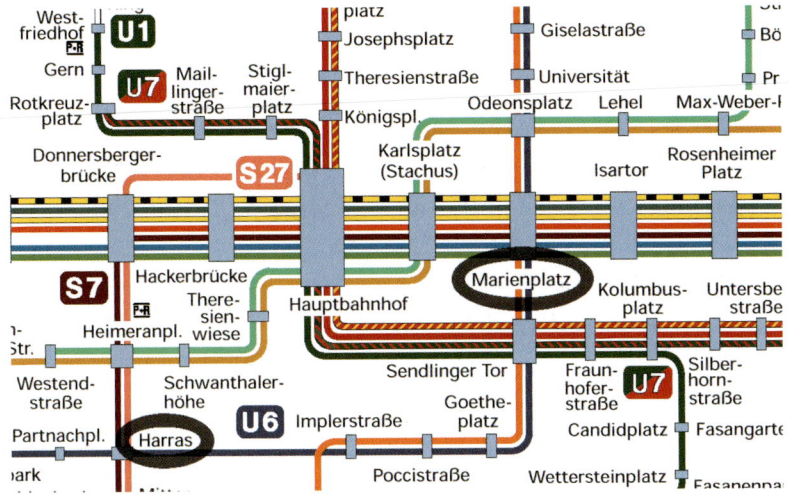

„Wollen wir die beste Verbindung vom Marienplatz zum Harras bestimmen? Dazu brauchen wir doch Fahrzeiten zwischen den Stationen."

„Ja, aber du weißt doch, dass es für die Münchner Verkehrsmittel einen Kurzstreckentarif gibt."

„Klar, wenn man höchstens vier Stationen fährt, und maximal zwei davon mit S- oder U-Bahn, zahlt man nur die Hälfte."

„Und du versuchst doch sicherlich zum Kurzstreckentarif zu fahren, wann immer es möglich ist, oder?"

„Da ich meistens knapp bei Kasse bin, würde ich ganz bestimmt keinen Pfennig zu viel bezahlen. Ich habe aber sowieso eine Monatskarte und brauche auf Kurzstrecken nicht zu achten."

„Na ja, nehmen wir eben an, du hättest keine Monatskarte, und, um es einfacher zu machen, dass man vier beliebige Stationen zum halben Preis fahren dürfte, ohne

Einschränkungen. Wenn du dann vom Marienplatz zum Harras wolltest, wie würdest du fahren?"

„Einen Moment – am besten mit dem Fahrrad. Zum halben Preis geht es nämlich nicht. Die kürzeste Verbindung ist die mit der U6, und die hat 5 Stationen."

„Warum bist du dir so sicher, dass das die kürzeste Verbindung ist?"

„Weil es mit der S7 oder der S27 jeweils 6 Stationen sind."

„Vorsicht! Die S27 hält nicht an der Hackerbrücke. Es sind also auch mit der S-Bahn nur 5 Stationen. Wieso kannst du dir ganz sicher sein, dass es nicht doch noch kürzer geht, vielleicht mit ein- oder zweimal umsteigen?"

„Das sieht man doch."

„Wie schnell man sich beim 'Hinsehen' vertut, haben wir ja gerade bei der S27 festgestellt. Und vergiss bitte nicht, dass wir ein Verfahren finden wollen, das auch für sehr viele Knoten eine optimale Lösung bietet. Außerdem müssen wir Algorithmen so präzise formulieren, dass sie ein Computer ausführen kann."

„Sehe ich ein, aber in unserem Beispiel ist es trotzdem offensichtlich, dass es keine Alternativen gibt."

„Wieso?"

„Na, schau doch mal auf den Plan. Es gibt nur 2 Möglichkeiten, vom Marienplatz aus loszufahren, entweder zum Stachus oder zum Sendlinger Tor. Und daraus ergeben sich die beiden einzigen sinnvollen Alternativen."

„Aber woher weißt du, dass du *nicht* in Richtung Odeonsplatz oder Isartor fahren musst?"

„Eigentlich sieht man das, aber das reicht dir ja nicht. Man muss halt irgendwie begründen, dass man sich dann immer weiter vom Ziel entfernen würde."

„Aber so ein richtig gutes Argument fällt dir noch nicht ein?"

„Nein, aber von mir aus können wir die beiden Richtungen ja erst mal mitschleppen."

„Also gibt es genau diese vier Stationen, die Entfernung 1 vom Marienplatz haben:"

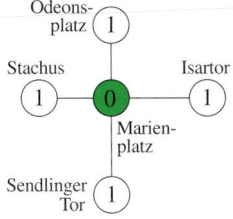

„Und jetzt kann ich mir die Stationen anschauen, die Abstand 2 haben, also Hauptbahnhof, Goetheplatz und, weil du darauf bestehst, Universität, Lehel, Rosenheimer Platz und Fraunhoferstraße."

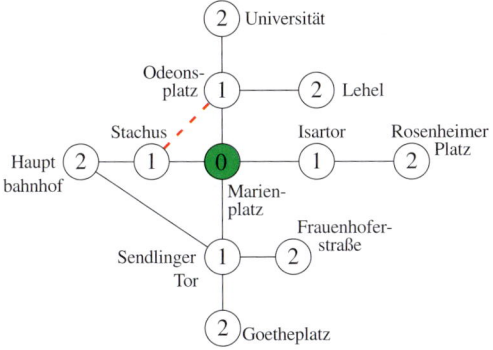

„Du hast den Stachus weggelassen. Wenn ich vom Marienplatz zunächst zum Odeonsplatz fahre, dann kann ich von dort im zweiten Schritt zum Stachus fahren."

„Ja, aber das macht nun wirklich keinen Sinn. Ich konnte den Stachus doch schon in einem Schritt erreichen. Wieso sollte ich dann den Umweg über den Odeonsplatz machen?"

„Gut. Das ist ein Argument. Immer dann, wenn wir eine Haltestelle erreichen, die wir schon zuvor mit weniger

Schritten erreicht haben, brauchen wir diesen Weg nicht weiterzuverfolgen. Diese Art des Ausschließens bestimmter Wege ist eine Grundlage des Algorithmus', den ich dir beschreiben möchte. Machen wir so weiter wie bisher, so können wir im nächsten Schritt alle Knoten mit Abstand 3 zum Marienplatz auflisten und danach alle mit Abstand 4. Da wir den Harras dann immer noch nicht erreicht haben … "

„ … wissen wir, dass die Verbindung der Länge 5 mit der U6 am kürzesten ist. Wie ich's gesagt habe!"

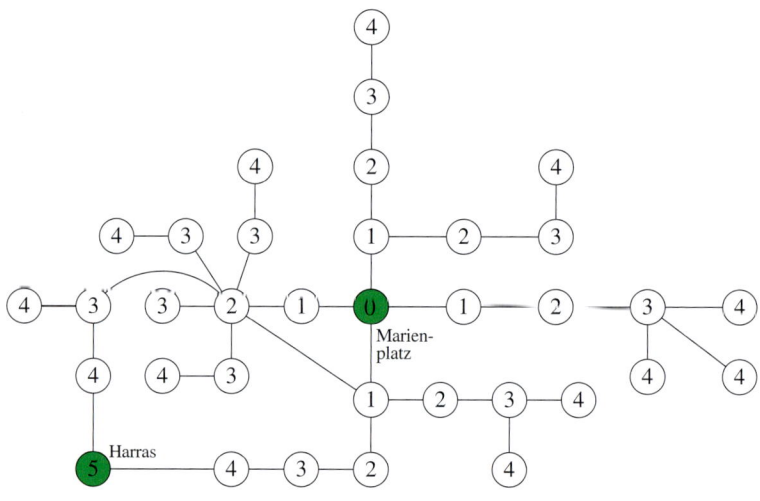

„Ja, aber jetzt haben wir einen Beweis! Allerdings müssen wir diese Vorgehensweise noch so verbessern, dass sie auch für allgemeine gewichtete Graphen funktioniert."

„Und wir müssen aufpassen, dass der Algorithmus nicht zu langsam ist! Immer alle Knoten aufzulisten, dauert bestimmt zu lange."

„Na ja, wir sollten uns die Laufzeit des Algorithmus am Ende schon genau anschauen. Wir wollen ja vermeiden, dass wir das gleiche Problem wie gestern mit der Gesamtzahl der Wege bekommen. Eine kombinatorische Explosion würde den Algorithmus für große Probleme unbrauchbar machen."

„Auweia, schon kurz nach halb fünf, ich muss zum Schwimmen!"

„Bist du in einem Verein?"

„Ja, schon seit 6 Jahren. Jetzt muss ich aber los, sonst komme ich zu spät!"

„Wir sind mit dem kleinen Beispiel sowieso gerade fertig. Viel Spaß!"

„Danke. Bis später!"

Ruth hätte am liebsten gleich gewusst, wie es weiterging. Aber das Schwimmtraining wollte sie auf keinen Fall verpassen.

Als sie wieder zu Hause war, machte sie sich ein paar belegte Brote und erledigte dann den Rest der Hausaufgaben. Warum war es ausgerechnet heute so viel!

Zuletzt musste Ruth noch einen Text für Geschichte durcharbeiten. Zum Lesen legte sie sich wie immer mit dem Buch auf ihr Bett. Aber das U-Bahn-Beispiel ging ihr nicht aus dem Kopf. Alle Knoten aufzulisten, schien ihr zwar immer noch unnötige Arbeit, aber die Anzahl der Knoten war viel kleiner als die Anzahl der Wege in den Beispielen von gestern. Die Knoten werden ja bei der Beschreibung des Graphen einzeln eingegeben, und wenn man sie einzeln eingeben kann, dann können es auch nicht zu viele werden. Außerdem hatte sie das Gefühl, dass man das mit dem Weglassen der falschen Richtungen noch besser hinkriegen könnte. Vim würde ihr bestimmt später dabei helfen.

Ruth fing zum vierten Mal an, den ersten Abschnitt in ihrem Buch zu lesen und schlief darüber ein. Als sie am nächsten Morgen aufwachte, lag sie mit dem Kopf mitten auf dem Buch. Eine Schulkameradin hatte ihr mal erzählt, dass sie abends im Bett am besten Vokabeln lernen könnte, besonders, wenn sie nachher das Buch unters Kopfkissen legte. Ruth war sich sicher, dass diese Methode mit dem Geschichtsbuch letzte Nacht nicht funktioniert hatte. Aber ihr Schlafdefizit hatte sie ausgeglichen.

→ Lokal entscheiden, global optimieren

Glücklicherweise wurde Ruth in Geschichte nicht abgefragt. Der Schultag verlief ereignislos bis auf die Einladungskarten, die Martina verteilte. Sie hatte am kommenden Freitag Geburtstag und veranstaltete eine große Party. Ruth, als ihre beste Freundin, war natürlich eingeladen. Sie freute sich schon sehr und machte sich Gedanken, was sie Martina schenken könnte.

Nach dem Mittagessen ging Ruth in ihr Zimmer. Höchste Zeit, mal wieder nach Vim zu schauen.

„Hast du's gestern noch rechtzeitig zum Schwimmen geschafft?"

„Ja, aber danach war ich total kaputt. Über meinen Hausaufgaben bin ich sogar eingeschlafen. Aber jetzt können wir wieder loslegen."

„Schön. Dann sehen wir uns doch mal einen kleinen Beispielgraphen mit positiven Bogengewichten an, sagen wir Fahrzeiten. Wir wollen von Knoten s zu Knoten z gelangen, und das auf einem kürzesten Weg bezüglich der gegebenen Gewichte. Hast du eine Idee, wie wir da vorgehen könnten?"

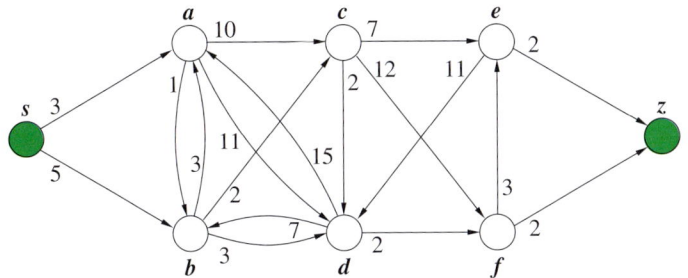

„Jedenfalls sollten wir nicht alle möglichen Wege durchprobieren, das hast du mir ja vorgestern klargemacht."

„Stimmt. Was uns das Leben schwer macht, ist diese kombinatorische Explosion der Anzahl der Wege. Aber die kombinatorische Explosion findet sozusagen 'global' statt. Damit meine ich, dass sie eine Eigenschaft des gesamten Graphen ist. Die Anzahl der möglichen Alternativen, die wir dagegen in jedem einzelnen Knoten haben, ist nicht sehr groß."

„In unserem Beispiel sind es nie mehr als drei Richtungen, in die wir einen Knoten wieder verlassen können."

„In anderen Graphen, etwa beim U-Bahn-Plan, können es natürlich auch mehr Bögen sein, die einen Knoten verlassen. Aber es sind immer weniger als die Anzahl der Knoten des Graphen. Wir können ja höchstens zu jedem anderen Knoten gehen. Und durch jede einzelne Entscheidung, in welche Richtung wir einen Knoten verlassen, wird die Anzahl der dann noch möglichen Teilwege zu z verringert."

„Und wieso hilft uns das? Wir wissen doch gar nicht, in welche Richtung wir von s loslaufen müssen, um den kürzesten Weg nach z zu finden."

„Da hast du Recht. Deshalb müssen wir z erst mal vergessen. Anstatt einen kürzesten s-z-Weg zu konstruieren, werden wir kürzeste Wege von s zu vielen Knoten angeben."

„Aber dann wird es doch noch komplizierter!"

„Im Gegenteil. Obwohl es so scheint, als ob diese Aufgabe noch viel schwieriger wäre, wird letztlich alles einfacher."

„Klingt ziemlich abgefahren."

„Etwas zunächst scheinbar komplizierter zu machen, um dann aber eine bessere Lösungsstrategie zu finden, ist in der Mathematik eine ganz beliebte Methode."

„Ich seh' zwar nicht ein, wie ein Problem dadurch einfacher werden soll, dass man es noch schwieriger macht, aber erzähl erst mal weiter."

„Erinnerst du dich, wie wir gestern bei unserem U-Bahn-Beispiel vorgegangen sind? Wir haben uns gar nicht darum gekümmert, in welche Richtung man losfahren muss, um zum Harras zu kommen."

„Ja, daran erinnere ich mich gut! Du hattest ja so lange nachgehakt, bis ich alle möglichen Nachbarbahnhöfe vom Marienplatz einbezogen habe."

„Und genau diese Vorgehensweise wollen wir jetzt so verallgemeinern, dass wir einen brauchbaren Algorithmus erhalten. Dabei nutzen wir aus, dass alle Gewichte positiv sind. Die Anzahl der Wege von s nach z kann zu groß werden, aber die Anzahl der Nachbarn eines Knotens kann das nicht. Wenn wir es schaffen, einen kürzesten Weg zu finden, indem wir uns immer nur 'lokal' in den einzelnen Knoten entscheiden, wie wir weitergehen wollen … "

„ … dann haben wir gewonnen. Aber wie erreichen wir, dass dann auch wirklich immer der kürzeste Weg herauskommt?"

„*Ein* kürzester Weg! Davon kann es ja auch mehrere geben."

„Du nimmst es aber genau. Also gut: Wie finden wir *einen* kürzesten Weg?"

„Werfen wir noch mal einen Blick auf unser Beispiel. Wenn wir in s starten, haben wir zwei Möglichkeiten: Wir können nach a oder nach b. Angenommen, wir kennen nur den Teil des Graphen, der von s aus direkt erreichbar ist. Können wir dann sicher sein, dass es keine kürzeren Wege von s nach a oder von s nach b gibt, als die direkten? Können wir garantieren, dass wir nicht später doch noch eine Abkürzung entdecken?"

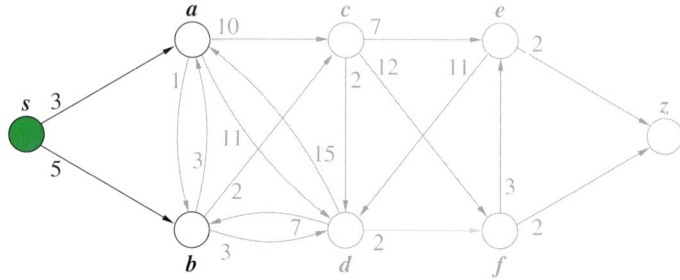

„Hm, Moment. Nein, der direkte Weg von *s* nach *b* ist ja gar nicht der kürzeste. Geht man zuerst nach *a*, und von dort nach *b*, ist es kürzer. Aber das weiß man ja noch nicht, wenn man nur die Bögen kennt, die direkt von *s* ausgehen."

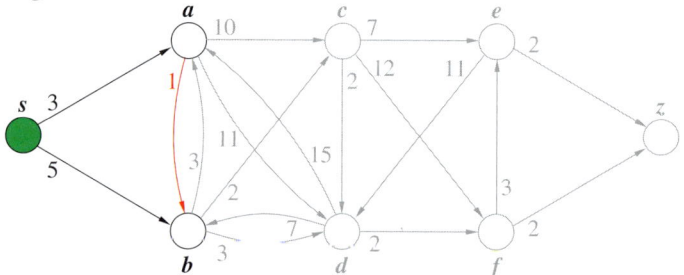

„Ja, der 'Umweg' von *s* über *a* nach *b* ist in unserem Graphen kürzer als der Bogen von *s* nach *b*. Aber kann so was auch für *a* passieren?"

„Ich wüsste nicht wie. Wenn man von *s* zuerst nach *b* läuft, dann hat man doch schon mehr, als von *s* nach *a*."

„Stimmt. Aber Vorsicht! Hätte der Bogen von *b* nach *a* ein Gewicht von −3, dann wäre dein Argument nicht richtig."

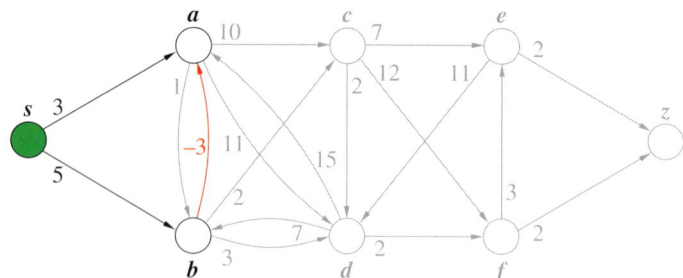

„Aber wir haben doch vorausgesetzt, dass es keine negativen Gewichte gibt!"

„Ich wollte dich nur darauf hinweisen, dass diese Voraussetzung wirklich wichtig ist. Wenn wir das nicht festlegten, würde unser Verfahren schon hier scheitern. Mit ausschließlich positiven Bogengewichten ist die kürzeste Verbindung von s nach a aber ganz sicher die direkte, da a unter allen Knoten derjenige ist, der von s den kleinsten Abstand hat. Kein 'Umweg' kann mehr zu einer 'Abkürzung' führen. Lass uns das in unseren Graphen festhalten: In den Kreis bei a tragen wir den Abstand 3 von s nach a ein. Dann färben wir a rot, um zu kennzeichnen, dass wir einen kürzesten Weg von s nach a bereits gefunden haben. Den Bogen von s nach a lassen wir schwarz, aber alle anderen Bögen, die von s oder a ausgehen, färben wir grün, um anzudeuten, dass diese unsere nächsten Alternativen zum Weiterlaufen sind. Zuletzt notieren wir in den Knoten, die wir über grüne Bögen neu erreichen, die Länge der bisher bekannten kürzesten Wege zu diesen Knoten als Abstandsmarke."

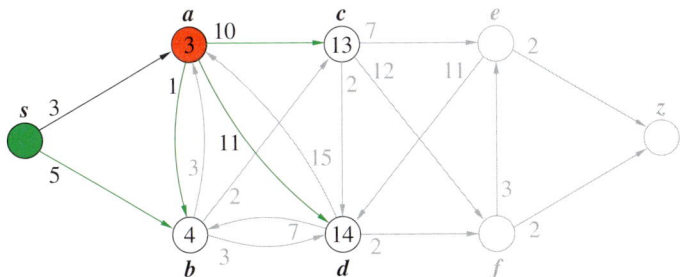

„Klingt zwar kompliziert, aber mit Hilfe deiner Skizze wird mir klar, was du meinst."

„Dann siehst du bestimmt auch, dass wir jetzt sicher sein können, dass es keinen kürzeren Weg von s nach b gibt, als den über a."

„Klar. Der direkte Weg von s aus ist nicht kürzer, und alle anderen führen über d und sind viel länger. Aber das wissen wir ja eigentlich noch gar nicht. Wir kennen doch nur den Teil des Graphen um *s* und *a*.“

„Trotzdem kann man auf keinem Weg schneller zu *b* gelangen, auch wenn über bisher nicht gefärbte Zwischenknoten noch viele weitere existieren würden. Die gefärbten Knoten können wir ja nur über die grünen Bögen verlassen. Könnten wir also irgendwie noch schneller zu *b* gelangen, so nur über *c* oder *d*. Es ist aber egal, zu welchem der beiden Knoten wir als Nächstes laufen. Da deren Abstandsmarken größer als die von *b* sind, ist der Weg von *s* zu diesen Knoten schon länger als der direkte über *a* nach *b*. Und da keine negativen Gewichte auftreten, die danach zu Einsparungen führen könnten, kann keiner dieser anderen Wege kürzer sein.“

„Weil die Abstandsmarke 4 von *b* unter allen Knoten minimal ist, die wir mit grünen Bögen erreichen können, dürfen wir *b* jetzt also rot färben.“

„Genau, und die von *b* ausgehenden Bögen nehmen wir als neue Alternativen zum Weiterlaufen dazu. Außerdem färben wir den Bogen von *a* nach *b* wieder schwarz, da dieser zum kürzesten Weg von *s* nach *b* gehört. Den direkten Bogen von *s* nach *b* und den Rückbogen von *b* nach *a* können wir dagegen entfernen. Über diese kann kein kürzester Weg zu irgendeinem Knoten laufen.“

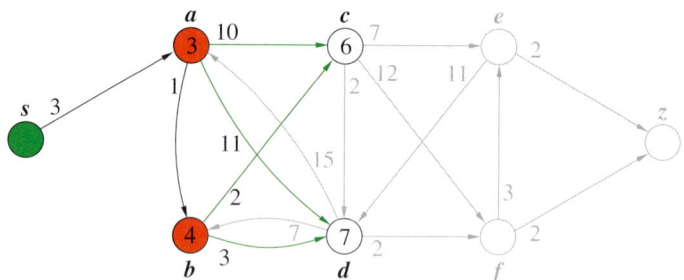

„Gut, aber wieso hast du die Abstandsmarken in *c* und *d* geändert?“

„Weil wir jetzt über *b* jeweils kürzere Wege zu *c* und *d* gefunden haben, als die uns zuvor bekannten Verbindungen über *a*. Die Werte in den über grüne Bögen erreichten Knoten entsprechen ja nur den Längen der *bisher* bekannten kürzesten Wege zu diesen Knoten."

„Ach so, wie vorhin bei *b*. Da hatten wir auch zunächst eine 5 eingetragen, die dann später durch die 4 ersetzt wurde. So langsam verstehe ich, wie dein Verfahren funktioniert. Darf ich den nächsten Schritt selber versuchen?"

„Gerne!"

„Wenn ich alles richtig verstanden habe, können wir jetzt sicher sein, dass es keinen kürzeren Weg nach *c* gibt, als den über *b*, weil *c* die kleinste Abstandsmarke von allen noch nicht rot gefärbten Knoten hat. Also können wir *c* rot und die von *c* ausgehenden Bögen grün färben, da sie neue Alternativen zum Weiterlaufen sind."

„Sehr gut. Aber ist es nicht doch möglich, schneller nach *c* zu gelangen?"

„Nein. Als nächste mögliche rote Knoten stehen ja nur *c* und *d* zur Auswahl. Die Abstandsmarke 6 von *c* ist aber kleiner als die 7 von *d*. Das heißt 6 ist die Länge der kürzesten Verbindung über die bereits markierten Knoten. Und über die noch nicht markierten Knoten kann es keinen kürzeren Weg mehr geben, da diese selber nicht auf einem kürzeren Weg erreichbar sind."

„Wunderbar. Wenn wir jetzt noch die Abstandsmarken aktualisieren, erhalten wir folgendes Bild:"

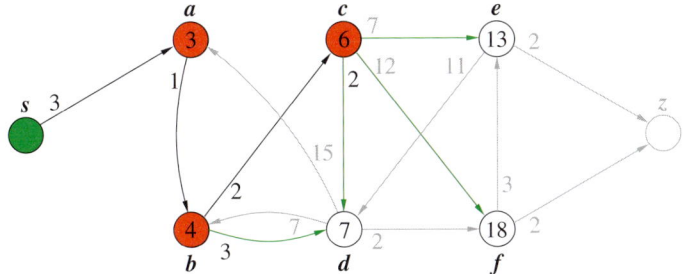

„Ich sehe schon, so kommen wir langsam, aber sicher nach z. Aber wäre es nicht einfacher, immer einen grünen Bogen kürzester Länge zum Weiterlaufen zu wählen?"

„Vorsicht! Bis hierhin könnte man denken, dass auch das funktioniert. Aber dann müssten wir im nächsten Schritt den Bogen von c nach d wählen. Es ist aber besser, direkt von b nach d zu laufen. Der Bogen von c nach d kommt dagegen in keinem kürzesten Weg vor."

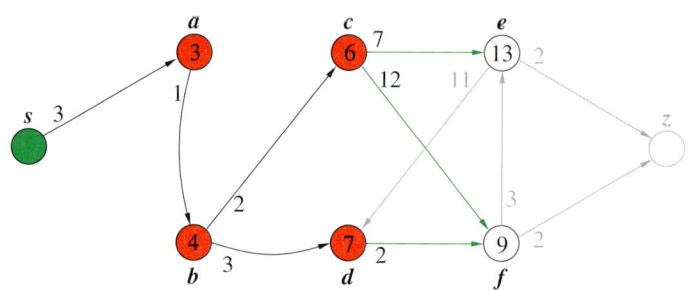

„Ja, du hast Recht. Man sieht es auch an der 7, die wir in d notiert haben. Liefe der Weg über c nach d, müsste dort eine 8 stehen."

„Und jetzt zeige ich dir, wie der zugehörige Algorithmus aussieht."

Es klingelte. Ruth sprang auf und war wie immer als Erste an der Tür. Was für eine Überraschung! Tante Lisa kam zu Besuch. Mama hatte gar nichts davon gesagt. Tante Lisa war gerade auf dem Weg nach Italien, um drei Wochen Urlaub in der Toskana zu machen. Am liebsten hätte Ruth sie gefragt, ob sie mitfahren dürfe, aber ihre Sommerferien fingen leider erst in zwei Wochen an.

Eigenartig, dachte Ruth. Vim und ich planen 'virtuell' einen Zwischenstopp bei Tante Lisa in Rothenburg und jetzt steht sie plötzlich bei uns vor der Haustür. Tante Lisa hatte für die Reisevorbereitung aber sicherlich keinen Routenplaner verwendet. Sie hielt nichts von Computern, umso mehr allerdings von einem gepflegten Kaffeeklatsch.

Als Tante Lisa dann von ihren Urlaubsplänen erzählte, war Ruth doch froh, dass sie nicht mitfuhr. Lauter Museen und Sehenswürdigkeiten hatte Tante Lisa aufgezählt. Ruth hatte eigentlich nichts gegen 'Kultur', aber am Strand zu faulenzen oder abends auszugehen, fand sie viel verlockender. Dann ging sie doch lieber noch die zwei Wochen zur Schule und konnte sich dafür nachmittags mit Freunden verabreden oder sich mit Vim unterhalten. Das trug schließlich auch zur Bildung bei. Vielleicht würde sie sich ja auch noch häufiger mit Jan treffen. Ruth mochte ihn, und sie hatte das Gefühl, er sie auch.

Nachdem Tante Lisa sich verabschiedet hatte, half Ruth ihrer Mutter, den Tisch abzuräumen. Danach ging sie in ihr Zimmer.

„Jetzt will ich endlich den Rest der Geschichte hören!"

„Okay, hier ist der Algorithmus:"

Dijkstra-Algorithmus

Input: Gewichteter Digraph $G = (V, E)$
Output: Ein kürzester s, z-Weg und dessen Länge Distanz(z)

```
BEGIN S ← {s}, Distanz(s) ← 0
      FOR ALL v aus V \ {s} DO
              Distanz(v) ← Bogenlänge(s, v)
              Vorgänger(v) ← s
      END FOR
      WHILE z nicht in S DO
              finde v* aus V \ S mit
              Distanz(v*) = min{Distanz(v) : v aus V \ S}
              S ← S ∪ {v*}
              FOR ALL v aus V \ S DO
                      IF Distanz(v*) + Bogenlänge(v*, v) < Distanz(v)
                      THEN
                          Distanz(v) ← Distanz(v*) + Bogenlänge(v*, v)
                          Vorgänger(v) ← v*
                      END IF
              END FOR
      END WHILE
END
```

„Puh, das sieht aber kompliziert aus!"

„Sollen wir lieber etwas anderes machen? Wir können die formale Beschreibung des Algorithmus auch überspringen."

„Kommt gar nicht in Frage! Ich möchte das ja alles verstehen. Aber du musst es mir wohl Schritt für Schritt erklären. Die erste Zeile, der Input ... "

„ ... sind alle Daten, die dem Algorithmus eingegeben werden."

„Ja, das verstehe ich. Damit der Algorithmus einen kürzesten Weg finden kann, muss er natürlich erst mal mit einem entsprechenden Graphen gefüttert werden. Aber schon bei der Ausgabe habe ich Schwierigkeiten. Was bedeutet dieses 'Distanz – Klammer auf – z – Klammer zu' in der Output-Zeile?"

„Man spricht es 'Distanz von z'. Im Algorithmus benötigen wir Distanz(v) für alle Knoten v aus V. Unter der Distanz von v wird immer die Länge eines zum aktuellen Zeitpunkt bekannten kürzesten Weges von s nach v gespeichert."

„Ist das unsere Abstandsmarke von vorhin?"

„Genau."

„Also ist am Ende des Algorithmus Distanz(z) die Länge eines kürzesten Weges von s nach z."

„So ist es gedacht. Schauen wir uns doch mal an, ob der Algorithmus das auch wirklich schafft. Hier ist noch mal die erste Zeile:"

$$\text{BEGIN } S \leftarrow \{s\}, \text{Distanz}(s) \leftarrow 0$$

„'BEGIN' ist wohl ein Hinweis, dass es jetzt losgeht. Aber der Rest sagt mir gar nichts."

„Die Zeile beschreibt unsere Ausgangssituation. Natürlich ist ja die Länge eines kürzesten Weges von s zu sich selbst, also Distanz(s), gerade 0."

„Logisch. Der Startort hat natürlich zu sich selbst den Abstand 0."

„Na ja, auch hier geht wieder ein, dass alle Bögen positives Gewicht haben. Andernfalls könnte auch Folgendes passieren:"

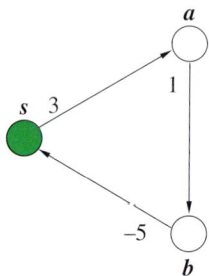

„Das wäre lustig! Da würde man ja eine Stunde früher ankommen, als man abgefahren ist."

„Wenn du die Abstände in 'Fahrzeitstunden' misst, dann müsste man von b nach s wohl tatsächlich mit einer Zeitmaschine reisen. Aber vergiss nicht, dass die Gewichte nicht unbedingt Zeit- oder Weglängen sein müssen."

„An was man nicht alles denken muss! Zum Glück haben wir positive Gewichte vorausgesetzt."

„Und weil wir das getan haben, können wir Distanz(s) beim Start des Algorithmus den Wert 0 zuweisen. Eine 'Zuweisung' symbolisiert man im Algorithmus durch den Pfeil '←'."

„Dann heißt 'Distanz(s) ← 0' also nichts anderes, als 'gib der Abstandsmarke von s den Wert 0'."

„Ja, und S setzen wir gleich auf $\{s\}$, denn mit S bezeichnen wir die Menge der Knoten, zu denen wir bereits einen kürzesten Weg gefunden haben. Das ist am Anfang nur der Startknoten s. Später im Algorithmus kommt ein Knoten nach dem anderen dazu, so wie wir sie vorhin rot gefärbt haben."

„Klar. Durch die rote Farbe wollten wir ja gerade deutlich machen, dass wir zu diesen Knoten den kürzesten Weg schon kennen."

„Genau. Als Nächstes kommt die erste *FOR-Schleife*. Das ist der Bereich zwischen dem 'FOR ALL' und dem 'END FOR'. Weißt du, was der Schrägstrich in '$V \setminus \{s\}$' bedeutet?"

```
FOR ALL v aus V \ {s} DO
        Distanz(v) ← Bogenlänge(s, v)
        Vorgänger(v) ← s
END FOR
```

„Natürlich. Das ist das 'ohne'-Zeichen aus der Mengenlehre."

„Richtig. 'FOR ALL v aus $V \setminus \{s\}$ DO' bedeutet, dass man das, was bis zum 'END FOR' kommt, für jeden Knoten aus V, außer für s, ausführen soll."

„Okay. Als Erstes soll man Distanz(v) auf Bogenlänge(s, v) setzen. Bogenlänge(s, v) ist wohl die Länge des Bogens zwischen s und v?"

„Ja, so weisen wir jedem Knoten als erste Abstandsmarke seinen direkten Abstand von s zu."

„Wenn es aber gar keinen Bogen von s nach v gibt?"

„Dann benutzen wir einen kleinen Trick. Wir setzen in diesem Fall einfach Bogenlänge(s, v) auf unendlich. Es macht ja keinen Unterschied, ob der Knoten nicht erreichbar, oder ob er unendlich weit weg ist. Mit diesem Trick lässt sich der Algorithmus aber schöner und kürzer beschreiben, da man so nicht ständig unterscheiden muss, ob ein Bogen existiert oder nicht. Vorhin hatten wir die nicht erreichbaren Knoten immer hellgrau gezeichnet, anstatt ihnen den Wert unendlich zuzuweisen. Das finde ich für die Graphen auch schöner."

„Okay, aber was bedeutet die nächste Zeile: 'Vorgänger(v) ← s'?"

„In Vorgänger(v) soll immer der direkte Vorgängerknoten von v auf dem bisher bekannten kürzesten Weg nach

v gespeichert werden. Schließlich wollen wir nicht nur die Länge der kürzesten Wege bestimmen, sondern auch den Verlauf eines solchen Weges ausgeben. Sind wir am Ende bei z angelangt, kann dieser schrittweise über die Vorgänger von z rekonstruiert werden. Sehen wir uns das mal an unserem Beispielgraphen an. So sah der Graph aus, als wir unterbrochen wurden. Den Startknoten habe ich jetzt rot gefärbt, da er ja auch zu S gehört."

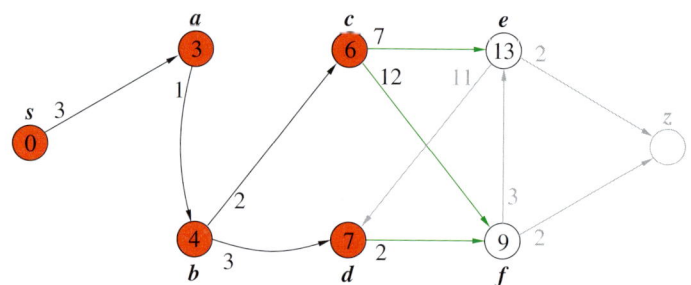

„Und wie geht das mit den Vorgängern?"

„Hier waren

$$\text{Vorgänger}(d) = b, \quad \text{Vorgänger}(c) = b$$
$$\text{Vorgänger}(b) = a, \quad \text{Vorgänger}(a) = s.$$

Indem man von d aus rückwärts bis s die Vorgängerliste durchgeht, erhält man

$$s \to a \to b \to d$$

den Weg von s nach d."

„Ist das nicht unnötig kompliziert? Warum speichert man nicht einfach den ganzen Weg ab?"

„Das müssten wir ja für alle Knoten tun. Und ob wir für jeden Knoten einen oder alle Vorgänger abspeichern, kann einen ganz schönen Unterschied machen. Der Algorithmus würde viel langsamer und auch viel mehr Speicherplatz benötigen."

„Ach so."

„Da wir am Anfang nur die von s ausgehenden Bögen betrachten, muss s auch der Vorgänger aller anderen Knoten sein."

„Und daher setzt man zunächst Vorgänger(v) für alle v aus V, außer s, auf s. Na gut, dann kommt jetzt das 'WHILE'. Dieser Teil sieht ja irre kompliziert aus."

```
WHILE z nicht in S DO
        finde v* aus V \ S mit
        Distanz(v*) = min{Distanz(v) : v aus V \ S}
        S ← S ∪ {v*}
        FOR ALL v aus V \ S DO
                IF Distanz(v*) + Bogenlänge(v*, v) < Distanz(v) THEN
                        Distanz(v) ← Distanz(v*) + Bogenlänge(v*, v)
                        Vorgänger(v) ← v*
                END IF
        END FOR
END WHILE
```

„Dieser Block ist der eigentliche Kern des Algorithmus. 'WHILE z nicht in S DO' bedeutet einfach, dass der Teil bis zum 'END WHILE', die *WHILE-Schleife*, so oft durchlaufen werden soll, bis z auch in S liegt."

„Weil erst dann auch z rot gefärbt ist und wir einen kürzesten Weg von s nach z gefunden haben!"

„Jetzt kommt der entscheidende Schritt."

„Die Zeilen mit dem $v*$?"

„Genau. Mit '$*$' kennzeichnen Mathematiker oft 'beste' Lösungen für irgendetwas; hier einen Knoten unter denen, die noch nicht rot gefärbt sind, der die geringste Abstandsmarke Distanz(v) hat."

„Dann steht 'min' für Minimum?"

„Haargenau! Hier wird der Schritt beschrieben, in dem wir einen Knoten mit der niedrigsten aller Abstandsmarken auswählen und dann rot färben. Die Zuweisung 'S ←

$S \cup \{v^*\}$' bedeutet, dass zu den Knoten, die schon rot gefärbt waren, jetzt noch v^* hinzukommt."

„Jetzt brauche ich noch mal ein Beispiel."

„Gerne. Führen wir doch einfach den Algorithmus für unseren Graphen zu Ende. Schau, so weit waren wir:"

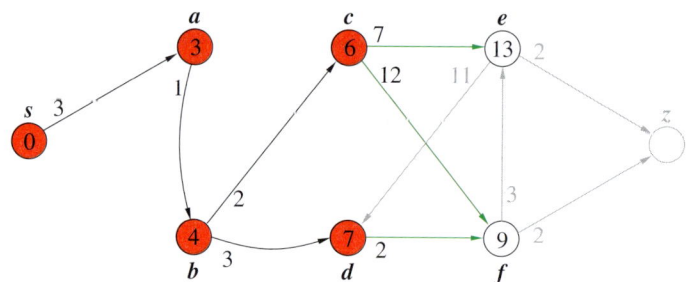

„Und nun?"

„Wir haben gerade mal wieder die 'WHILE-Schleife' durchlaufen. Und da z noch nicht rot gefärbt ist, starten wir erneut am Beginn der Schleife."

„Und suchen ein neues v^*?"

„Genau, und das ist in diesem Fall f, da f noch nicht rot ist, und von allen Knoten, die noch nicht gefärbt sind, die geringste Abstandsmarke hat."

„Also färben wir jetzt auch f?"

„Das ist genau das, was in '$S \leftarrow S \cup \{v^*\}$' geschieht, da ja v^* diesmal f ist. Jetzt erinnerst du dich sicher, dass wir nach dem Färben eines Knotens immer die Abstandsmarken der übrigen ungefärbten Knoten aktualisieren mussten."

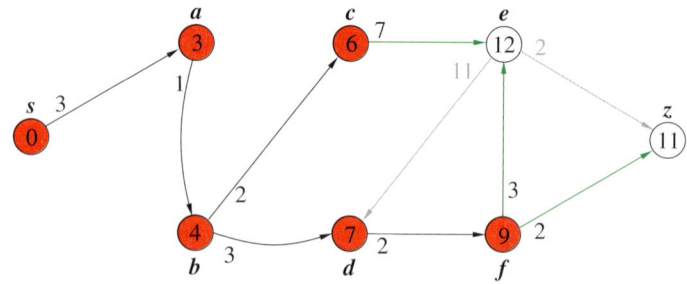

„Klar, es könnte ja sein, dass über f ein kürzerer Weg zu den restlichen Knoten gefunden wird, als die zuvor bekannten.“

„Eine solche Aktualisierung nennt man auch *Update*, und genau dieses Update der Werte in den ungefärbten Knoten findet in der zweiten FOR-Schleife statt.“

```
FOR ALL v aus V \ S DO
        IF Distanz(v*) + Bogenlänge(v*, v) < Distanz(v) THEN
        Distanz(v) ← Distanz(v*) + Bogenlänge(v*, v)
        Vorgänger(v) ← v*
        END IF
END FOR
```

„Das musst du mir genauer erklären.“

„$V \setminus S$ ist ja die Menge aller Knoten, die bisher noch nicht rot sind. Innerhalb der Schleife wird nun für alle diese Knoten, also für alle v aus $V \setminus S$, überprüft, ob der bis dahin kürzeste bekannte Weg nach v, immer noch ein kürzester ist, oder ob es besser ist, über v^* nach v zu laufen.“

„Also, ob man über den neu gefärbten Knoten eine bessere Abstandsmarke erhält als die alte?“

„Genau, und das stellt man im Algorithmus durch den Vergleich von Distanz(v^*) + Bogenlänge(v^*, v) und Distanz(v) fest. Ist die alte Abstandsmarke Distanz(v) nicht größer als Distanz(v^*) und Bogenlänge(v^*, v) zusammen, so muss nichts getan werden, da der 'alte' Weg nach v immer noch am kürzesten ist. Wenn nun aber Distanz(v^*) + Bogenlänge(v^*, v) kleiner ist als Distanz(v), dann müssen wir durch die Zuweisung 'Distanz(v) ← Distanz(v^*) + Bogenlänge(v^*, v)' die Abstandsmarke in v korrigieren. Außerdem merken wir uns in diesem Fall mit der Zuweisung 'Vorgänger(v) ← v^*', dass v^* der direkte Vorgänger von v auf dem kürzesten gefundenen Weg nach v ist.“

„Wenn ich es richtig verstanden habe, ist für $v^* = f$ Distanz(f) + Bogenlänge(f, e) $= 9 + 3 = 12$ und damit kleiner als der bisher bekannte Weg über c nach e, der Länge 13 hatte."

„Ja, daher setzen wir nun Distanz(e) von 13 auf 12 und speichern mit 'Vorgänger(e) ← f', dass f der Vorgänger von e auf dem gefundenen kürzesten Weg nach e ist."

„Puh. Mit den Graphen war das alles nicht so schwer, aber bei dieser formalen Schreibweise raucht einem ganz schön die Birne!"

„Wir haben es fast geschafft."

„Na gut, dann packe ich den Rest jetzt auch noch."

„Falls ein Knoten v über v^* zum ersten Mal erreichbar wird, wie bei uns jetzt gerade z, dann wird beim Update Distanz(v) von unendlich auf einen endlichen Wert heruntergesetzt. In unseren Skizzen wird der Knoten dann das erste Mal nicht mehr schattiert gezeichnet. Siehst du, wie es weitergeht?"

„Ich glaube schon. Da wir jetzt wieder durch die WHILE-Schleife durch sind, fangen wir erneut oben beim 'WHILE' an. Unser Zielknoten z ist aber immer noch nicht rot, das heißt wir müssen wieder unser v^* finden. Das ist diesmal z selber. Dann färben wir z rot und sind fertig."

„Eigentlich müssten wir noch die Daten der Knoten 'hinter' z 'updaten'. Aber das ist hier nicht nötig, da von z keine Bögen herauslaufen."

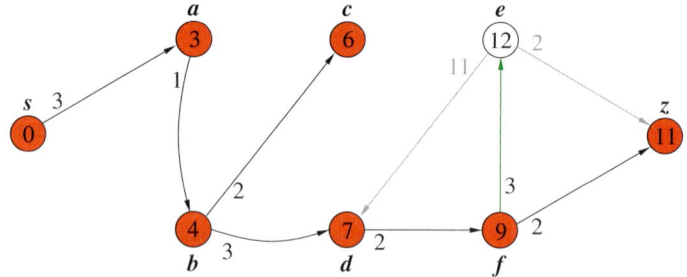

„Also sind wir wirklich fertig!"

„Ja, wenn wir nur an einem kürzesten s, z-Weg interessiert sind, haben wir jetzt das Ergebnis. Aber ohne großen
Mehraufwand könnten wir auch kürzeste Wege von s zu
allen Knoten aus V bestimmen. Manchmal ist das ganz
nützlich. Dazu müssen wir nur solange weitermachen, bis
alle Knoten rot gefärbt sind. In unserem Beispiel fehlt
noch der Knoten e. An der Formulierung des Algorithmus
ändert sich gar nicht viel. Sieh' mal, ich habe die notwendigen Änderungen im Algorithmus rot hervorgehoben:"

Dijkstra-Algorithmus

Input: Gewichteter Digraph $G = (V, E)$
Output: Kürzeste s, v-Wege und deren Längen Distanz(v) für alle v aus V

BEGIN $S \leftarrow \{s\}$, Distanz$(s) \leftarrow 0$
      FOR ALL v aus $V \setminus \{s\}$ DO
            Distanz$(v) \leftarrow$ Bogenlänge(s, v)
            Vorgänger$(v) \leftarrow s$
      END FOR
      WHILE $S \neq V$ DO
            finde v^* aus $V \setminus S$ mit
            Distanz$(v^*) = \min\{$Distanz$(v) : v$ aus $V \setminus S\}$
            $S \leftarrow S \cup \{v^*\}$
            FOR ALL v aus $V \setminus S$ DO
                  IF Distanz$(v^*) +$ Bogenlänge$(v^*, v) <$ Distanz(v)
                  THEN
                      Distanz$(v) \leftarrow$ Distanz$(v^*) +$ Bogenlänge(v^*, v)
                      Vorgänger$(v) \leftarrow v^*$
                  END IF
            END FOR
      END WHILE
END

„Stimmt, die einzigen Unterschiede sind der geänderte
Output, und dass man erst dann aufhört, wenn alle Knoten
in S liegen, also wenn alle Knoten rot gefärbt sind."

„Ganz genau! Und wenn du noch Lust hast, kannst
du unter `www-m9.mathematik.tu-muenchen.de/dm/java-applets/dijkstra/` beide Algorithmen noch mal für beliebige, selbst erstellte Graphen sozusagen 'live' testen."

„Braucht man kürzeste Wege von s zu allen anderen Knoten in der Praxis denn wirklich?"

„Na ja, man braucht sie oft zur Lösung anderer Routenplanungsprobleme. Es gibt aber auch ein schönes Anwendungsbeispiel, in dem man die kürzesten Wege von jedem Knoten nach z verwenden kann."

„Mit unserem Algorithmus können wir doch nur die kürzesten Wege von s zu allen anderen Knoten bestimmen?"

„Wenn wir Start und Ziel einfach vertauschen und alle Bögen des Graphen umdrehen, löst der Dijkstra-Algorithmus auch das Problem, kürzeste Wege zwischen z und allen anderen Knoten zu finden. In unserem Beispiel sieht das so aus:"

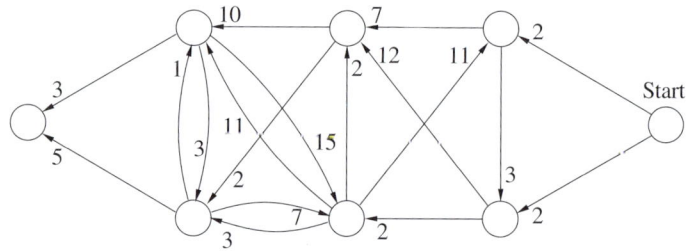

„Na gut, genehmigt. Und was für eine Anwendung ist das?"

„Hast du schon mal ein Navigationssystem für Autos gesehen? Hier, unter www.ertico.com/ what_its/succstor/ travelpi.htm, gibt es eine Abbildung eines solchen Travelpiloten:"

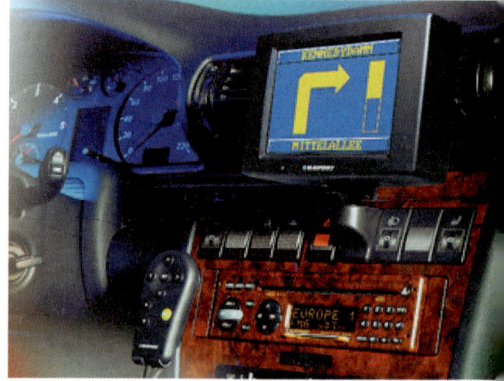

„Ja, die Eltern meiner Freundin Inga haben so einen Travelpiloten in ihrem neuen Auto. Der kleine Bildschirm zeigt an, in welche Richtung man als Nächstes fahren soll."

„Wenn man vorher eingegeben hat, wohin man will."

„Wo liegt da der Unterschied zum Routenplaner? Ich brauche hier doch auch nur die kürzeste Verbindung von dem Punkt, an dem ich mich gerade befinde, bis zum gewünschten Ziel."

„Ja, aber stell' dir vor, dass du aus irgendeinem Grund die vorher berechnete Route verlässt. Vielleicht bist du irgendwo falsch abgebogen, vielleicht ist die Straße wegen einer Baustelle gesperrt, oder irgendwas Ähnliches. Dann sollte der Travelpilot auch von deinem neuen Ausgangspunkt sofort wieder einen kürzesten Weg zum Ziel wissen, ohne dass du rechts ranfahren und warten musst."

„So lange brauchen diese Computer doch gar nicht, um eine neue Verbindung zu bestimmen."

„Nein, gute Systeme benötigen heute nicht mehr lange, um einen kürzesten Weg zu berechnen. Wenn die Bestimmung der kürzesten Wege von allen Knoten, oder zumindest von allen in der Nähe des berechneten Weges, nach z aber kaum Mehraufwand bedeutet, wäre das doch eine gute Alternative. Sonst müsste man bei jeder Abweichung von der vorgeschlagenen Route den Algorithmus neu starten. So, nun sind wir mit dem Algorithmus endlich fertig."

„Okay, für mich reicht's jetzt auch. Genug WHILE-Schleifen für heute. Bis morgen, Vim!"

Ruth überlegte, wie sie den Abend verbringen sollte. Da Freitag war und sie morgen nicht früh aufstehen musste, wollte sie gerne noch irgendetwas unternehmen. Ruth dachte daran, eine E-Mail an Jan zu schreiben. Mal schauen, was er heute noch vor hat.

Als sie ihr Mailtool startete, sah sie, dass eine Antwort von web.de gekommen war. Voller Vorfreude öffnete sie die Mail.

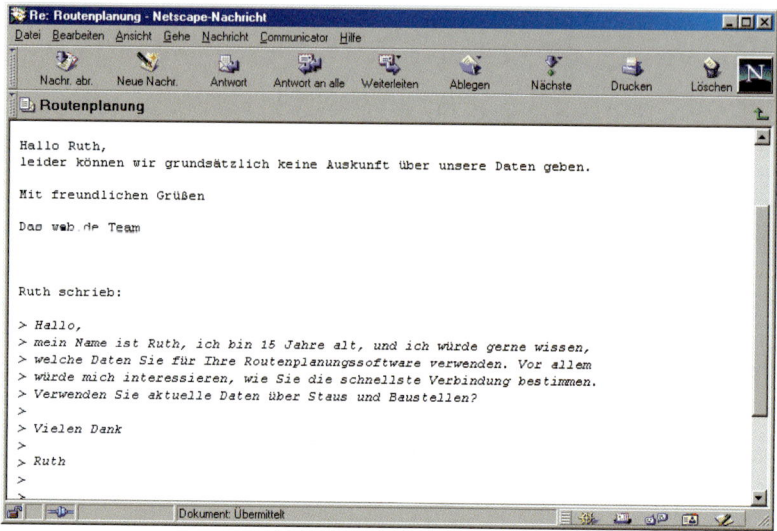

Das hatte Ruth nicht erwartet. Sie war sehr enttäuscht. Es waren doch keine großen Geheimnisse, nach denen sie gefragt hatte. Wenn web.de nicht verrät, mit welchen Daten die kürzesten Routen bestimmt werden, dachte Ruth, können die als kürzeste Route angeben, was sie wollen. Überprüfen kann es ja eh niemand. So was darf doch nicht wahr sein ...

Ruth entschloss sich, Jan anzurufen, anstatt ihm eine Mail zu schreiben. So würde sie nicht lange auf eine Antwort warten müssen. Und sie hatte Glück, denn Jan hatte auch noch nichts geplant. Als Ruth den Hörer auflegte, war der Ärger über die web.de-Mail schon wieder verflogen. Sie hatte sich mit Jan am Marienplatz verabredet.

Negativ ist negativ

Als Ruth nach Hause kam, ging es ihr wieder richtig gut. Jan und sie hatten viel gelacht, und sie mochte seine Art zu lachen sehr.

„Hallo Große. Wie war dein Abend?"

„Ganz nett."

„Ganz nett? Du bist ja äußerst gesprächig! Papa kommt übrigens mal wieder später nach Hause. Er hat in der Firma noch ein dringendes Problem zu lösen. Ich soll dich fragen, ob du Lust hast, am Sonntag mit ihm zusammen ein wenig den Computer zu erforschen. Vielleicht kann er dir ja ein paar Tipps geben."

„Ach nein, am Sonntag hab' ich schon was vor."

Ruth verschwand schnell in ihrem Zimmer, bevor ihre Mutter nachfragen konnte, was sie denn vor habe. Alarmstufe rot, schoss es Ruth durch den Kopf. Wenn Papa mit ihr den Rechner erkunden wollte, würde er bestimmt auch Vim entdecken. Das war zu riskant. Sie brauchte also dringend eine Verabredung für Sonntag. Jan musste dieses Wochenende mit seinen Eltern wegfahren. Zum Glück hatte sie noch etwas Zeit, um sich eine gute Ausrede für Sonntag auszudenken.

So war sie mit ihren Gedanken wieder bei Vim. Morgen würde sie ausschlafen können. Wieso sollte sie sich nicht noch ein wenig an den Rechner setzen?

„Hallo Ruth, für heute noch nicht genug?"

„Ich habe ein wenig über den Algorithmus nachgedacht und noch einige Fragen an dich."

„Hoffentlich kann ich sie dir beantworten."

„Wieso heißt der Algorithmus eigentlich Dijkstra-Algorithmus?"

„Dijkstra ist der Name des Erfinders – Edsger Wybe Dijkstra. Leider ist er vor kurzem gestorben. Es gibt einige Seiten im Internet über ihn, schau' am besten selber mal nach. Unter www.cs.utexas.edu/users/UTCS/report/1997/dijkstra.html findest du auch dieses Foto:"

„Der sieht nett aus. Wann hat er den Algorithmus denn erfunden? So lange kann das eigentlich nicht her sein, oder? Computer gibt es noch nicht so lange."

„Der Algorithmus wurde 1959 veröffentlicht. Im Vergleich zum Satz von Pythagoras ist das natürlich nicht lange her. Wenn man aber bedenkt, wie weit die Entwicklung der Computer zu dieser Zeit war, dann ist der Algorithmus schon ziemlich alt. Damals war es eher unüblich, über ein solches Thema nachzudenken. Da die Anzahl der möglichen s-z-Wege in einem Graphen endlich ist, wenn sie auch ziemlich groß sein kann, wie wir gesehen haben, wusste man, dass es einen kürzesten Weg geben muss. Damit begnügten sich viele Mathematiker dieser Zeit auch. Wie lange ein Verfahren braucht, einen solchen Weg zu bestimmen, war damals noch kein großes Thema. Das hatte zur Folge, dass Dijkstras Arbeit in keine der üblichen Zeitschriften passte. Der Algorithmus erschien schließlich in der ersten Auflage der 'Numerischen Mathematik', wo er eigentlich auch nicht so richtig hinein gehörte."

„Schwere Zeiten für Herrn Dijkstra?"

„Es kommt noch viel besser! Da Dijkstra zu den Pionieren auf seinem Gebiet gehörte, wurde bei seiner Heirat der von ihm angegebene Beruf 'Programmierer' von dem zuständigen Standesbeamten nicht anerkannt. So blieb Dijkstra nichts anderes übrig, als seinen Studienabschluss 'Theoretische Physik' als Beruf anzugeben."

„Komisch. Heute werden Programmierer überall gesucht. Bei uns gibt es deswegen doch jetzt extra die 'Green Card'."

„Gerade wegen Personen wie Dijkstra konnten die Computer ihren großen Siegeszug antreten. Aber du wirst staunen: Auf der Internetseite `laurel.actlab.utexas.edu/~cynbe/muq/muf3_17.html` steht Folgendes über ihn:"

> In his later career, he seems to personify almost perfectly the class of computer scientist who is inclined to never touch a computer, to do his best to keep his students from touching computers, and to present computer science as a branch of pure mathematics.

„Ein Informatiker, der keinen Computer anfasst. Das ist ja echt lustig! Ich habe aber noch mehr Fragen. Du hast mich ja mehrmals darauf hingewiesen, dass der Dijkstra-Algorithmus nur für positive Gewichte funktioniert. Was macht man, wenn es auch negative Gewichte gibt? Und man kann doch sicher auch kürzeste Wege in ungerichteten Graphen bestimmen? Wie geht das?"

„Deine zweite Frage ist ganz leicht zu beantworten. Wir *könnten* natürlich jeden ungerichteten Graphen in einen gerichteten Graphen verwandeln, indem wir aus jeder

Kante zwei Bögen machen und dann den Dijkstra-Algorithmus auf den entstandenen gerichteten Graphen anwenden."

„Warum betonst du das 'könnten' so deutlich?"

„Tatsächlich kann man den Dijkstra-Algorithmus direkt verwenden, ohne den Graphen 'explizit' anpassen zu müssen. Nehmen wir einfach unser altes Beispiel und vergessen die Richtungen an den Bögen, damit wir einen ungerichteten Graphen erhalten."

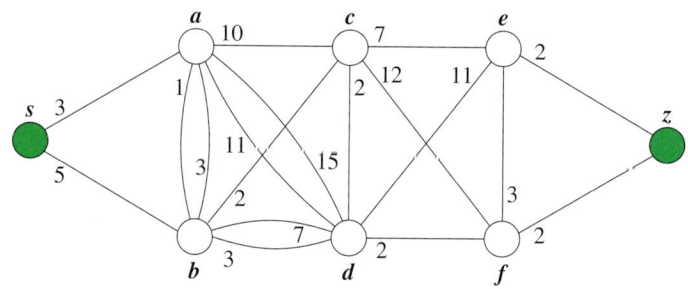

„Ohne die Richtungen der Bögen haben wir ein paar Mal zwei Kanten zwischen denselben Knoten. Das ist dann ein Multigraph, oder?"

„Stimmt, von den zwei Kanten zwischen *a* und *b* können wir aber die längere weglassen. Die würde ohnehin niemand benutzen, der einen kürzesten Weg sucht. Das Gleiche gilt auch für die anderen Mehrfachkanten. Wenn wir nun den Dijkstra-Algorithmus auf diesen ungerichteten Graphen anwenden, stellen wir sogar fest, dass sich hier an den Wegen und Weglängen zufälligerweise gar nichts ändert."

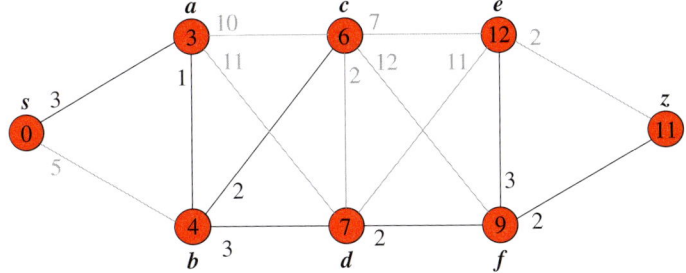

„*Zufall* nennst du das? Du weißt doch genau, was du tust
. . . "

„Okay, okay, ich gestehe. Im Allgemeinen sind Wege und
Weglängen schon verschieden, wenn man die Richtungen
einfach ignoriert. Hier ist ein kleines Beispiel:"

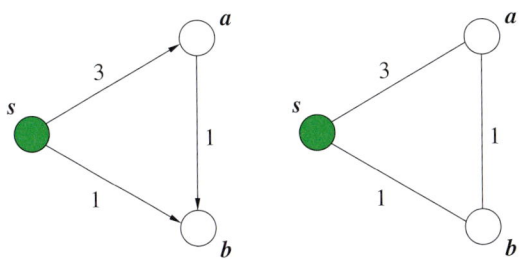

„Oh ja, im gerichteten Fall ist der Abstand von s zu a 3,
im ungerichteten aber nur noch 2."

„Der Algorithmus ändert sich trotzdem nicht. Die Be-
handlung von Graphen mit negativen Bogengewichten
ist dagegen schwieriger. Da können ganz unangenehme
Dinge passieren."

„Unangenehme Dinge? Was meinst du damit?"

„In einem Graphen nennen wir eine Folge von Bögen oder
Kanten, die wieder zum Ausgangsknoten zurückführen,
einen *Kreis*, falls dabei kein Bogen beziehungsweise keine
Kante mehrmals benutzt wird."

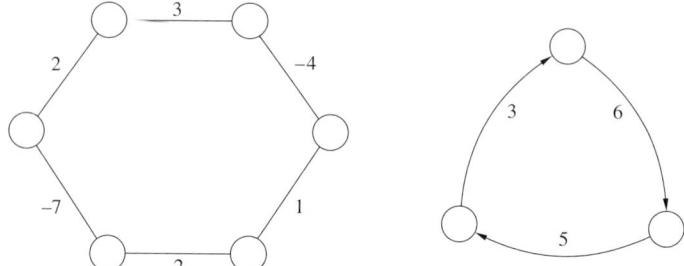

„Aber die sind doch gar nicht rund! Das kommt wohl eher von 'im Kreis laufen'?"

„Wahrscheinlich. Der erste dieser beiden Kreise ist ein *Kreis negativer Länge*, da die Gesamtsumme seiner Kantengewichte negativ ist."

„Und was ist daran unangenehm?"

„Wenn ein Graph einen Kreis negativer Länge enthält, könnte man diesen Kreis beliebig oft durchlaufen und so beliebig kurze Wege erhalten. Schau dir mal das folgende Beispiel an. Der direkte Weg von s nach z hat die Länge 2. Aber wenn wir zuerst den Kreis durch die beiden anderen Knoten zurück zu s einmal durchlaufen und dann erst nach z gehen, erreichen wir einen besseren Wert, nämlich -1."

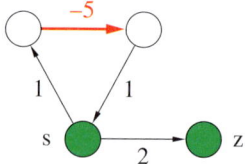

„Und wenn wir den Kreis immer wieder durchlaufen dürfen, dann wird der Abstand von s zu z immer kleiner. Das ist ja die perfekte Bauanleitung für eine Zeitmaschine! Ja, ja, ich weiß: Die Kantengewichte müssen nicht unbedingt Zeiten darstellen."

„Ob ein Graph Kreise negativer Länge besitzt, kann man mit dem so genannten Floyd-Warshall-Algorithmus erkennen. Richtig schwierig wird es, wenn wir Kreise negativer

Länge in unserem Graphen haben, aber fordern, dass jeder Knoten nur einmal besucht werden darf. Bei unserer München-Hamburg-Tour mit Zwischenstopp Rothenburg ist klar, dass wir den 30 Minuten Bonus für Rothenburg nicht mehrmals bekommen dürfen, indem wir immer wieder im Kreis durch Rothenburg fahren."

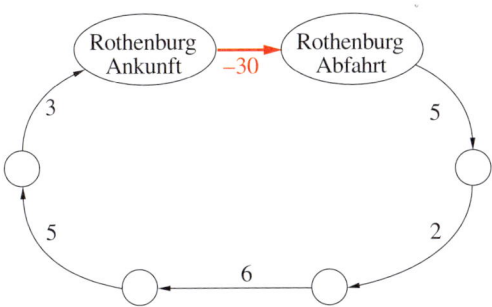

„Tante Lisa würde das freuen! Wo ist denn hier das Problem?"

„Das Problem ist, dass es bislang *keinen* effizienten Algorithmus gibt, der für allgemeine Aufgaben dieses Typs einen kürzesten Weg findet. Dabei bedeutet *effizient* in annehmbarer Zeit, also ohne 'kombinatorische Explosion'."

„Also können wir die Sache mit dem Zwischenstopp in Rothenburg doch nicht mit Hilfe *eines* Kürzeste-Wege-Problems lösen."

„Na ja, es ist immerhin möglich, dass doch noch jemand einen guten Algorithmus findet. Oder dass wir eben nur Straßen betrachten, mit denen durch den Bonus kein Kreis negativer Länge um Rothenburg herum entsteht. Hier täte es dann der Floyd-Warshall-Algorithmus. Der kann nämlich nicht nur Kreise negativer Länge entdecken. Wenn keine existieren, findet er auch kürzeste Wege. Allerdings benötigt er wahrscheinlich mehr Zeit, als der Dijkstra-Algorithmus für die drei getrennten Probleme 'München – Hamburg, München – Rothenburg und Rothenburg – Hamburg'."

„Mit dem negativen Gewicht für Rothenburg hast du mich also ganz schön in die Irre geführt! Schöne Modellierung, wenn man damit gar nichts anfangen kann."

„Entschuldige! Du siehst, dass man schon bei der Modellierung an die später einzusetzenden Algorithmen denken muss."

„Bei dem Beispiel mit dem Bauvorhaben, hatten wir auch negative Bogengewichte, nachdem wir alles mit -1 multipliziert hatten."

„Bei solchen Planungsproblemen darf es natürlich überhaupt keine Kreise geben, also auch keine negativer Länge. Sonst müsste ja eine Aufgabe vor sich selbst ausgeführt werden. Also kann man das Problem mit dem Floyd-Warshall-Algorithmus lösen. Unter `www-m9.ma.tum.de/dm/ java-applets/floyd-warshall/` gibt es übrigens eine Beschreibung, wie er funktioniert."

„Der Dijkstra-Algorithmus ist also schneller, dafür kann der Floyd-Warshall-Algorithmus etwas mehr. Wie misst man das eigentlich, ob ein Algorithmus 'schneller' ist? Hängt das nicht von dem Rechner ab, auf dem das Programm läuft?"

„Das erkläre ich dir ein anderes Mal. Heute habe ich keine Lust mehr."

„Hey, das nehme ich dir nicht ab. Du bist doch ein Computerprogramm, und Computerprogramme haben nicht plötzlich keine Lust mehr. Willst du etwa schon wieder 'Eltern' spielen?"

„Mal ehrlich, meinst du denn nicht, es reicht für heute?"

„Okay. Bis morgen hast du Schonfrist, aber dann geht's weiter!"

„Abgemacht, morgen gibt es eine Antwort auf das 'Schneller', dann erzähle ich dir etwas über die Laufzeiten von Algorithmen. Gute Nacht!"

„Bis morgen."

Wenn Vim dachte, dass Ruth gleich schlafen ging, irrte er sich gewaltig. Stattdessen surfte sie noch ein wenig durchs Internet und sah sich dabei auch einige der Links an, die Vim ihr in den letzten Tagen empfohlen hatte. Netterweise hatte er sie gleich in ihre Bookmarks gelegt, in einen Ordner den er 'wenn du noch magst' nannte. Natürlich mochte sie!

---> Gute Zeiten, schlechte Zeiten

Am nächsten Morgen wachte Ruth erst ziemlich spät auf. Aber auch ihre Eltern schliefen am Wochenende gerne etwas länger. Papa war gerade aus dem Bad gekommen und deckte jetzt den Frühstückstisch. Gleich konnte es kritisch werden, denn er würde bestimmt nachfragen, warum sie morgen keine Zeit hätte, und ihr war immer noch nichts eingefallen. Keine einzige gute Idee! Sie versuchte zwar noch schnell, mit ihrem Handy ein paar Freunde anzurufen, aber niemand war erreichbar.

„Guten Morgen. Kommst du frühstücken?"

„Ja, bin gleich da, Papa. Ich muss nur noch schnell ins Bad."

„Deine Mutter hat mir gesagt, dass du morgen schon verplant bist. Vielleicht setzen wir uns in der nächsten Woche ja mal zusammen vor den Computer."

„Bestimmt."

„Nach dem Frühstück fahren wir zum Einkaufen und danach gleich weiter zur Oma. Wir haben ihr ja schon seit Wochen versprochen, mal wieder vorbeizuschauen. Du kommst doch mit?"

„Ach nein. Ich besuche sie lieber ein anderes Mal."

„Auch gut. Da du schon verabredet bist, haben Mutti und ich für morgen einen kleinen Tagesausflug geplant. Wir machen eine Bergtour zum Wendelstein. Falls du also Freunde zu uns einladen möchtest, habt ihr hier sturmfreie Bude."

Ruth errötete leicht. Sturmfreie Bude! Warum musste Papa sie immer bloßstellen? Dachte er etwa an Jan? Oder neckte er sie einfach nur so? Zum Glück wollte Papa gar nicht wissen, was sie für Sonntag geplant hatte. Da die Eltern auch heute unterwegs sein würden, war ihr Geheimnis zumindest für das Wochenende sicher. Beim Frühstück allerdings musste Ruth auf der Hut sein, dass sie sich nicht verplapperte. Noch lieber als mit Vim hätte sie das Wochenende ja mit Jan verbracht, aber der war mit seinen Eltern unterwegs ...

Das gemeinsame Frühstück war richtig nett. Sie hatten, wie so oft, lange zusammengesessen und über Gott und die Welt diskutiert. Papa hatte sie jedoch weder mit Jan geneckt, noch war er auf das Thema Rechner zurückgekommen. Während Ruth danach den Tisch abräumte, verließen ihre Eltern schon das Haus. Sturmfreie Bude, hatte Papa gesagt ...

„Hallo Ruth, schon ausgeschlafen?"

„Klar, sogar schon ausführlich gefrühstückt. Vielen Dank für die 'Wenn du noch magst'-Bookmarks."

„Aha, du hast gestern noch gesurft. Und jetzt soll's direkt weitergehen? Ich dachte, am Wochenende wäre Lernen tabu?"

„Quatsch! Du hast mir doch versprochen, etwas über die Schnelligkeit von Algorithmen zu erzählen."

„Ist gut. Deine Warmlaufzeiten sind ja nicht gerade lang. Also, wenn sich Mathematiker oder Informatiker mit der Laufzeit von Algorithmen beschäftigen, dann stellt sich ihnen natürlich die Frage, wie man Laufzeiten überhaupt messen soll, ohne die verschiedenen Rechnertypen unterscheiden zu müssen."

„Klar, sonst würde man ja für jeden neuen Computer eine neue Theorie benötigen."

„Genau. Damit das nicht nötig ist, betrachtet man in der *Komplexitätstheorie* mathematische Modelle von Computern. Die ersten wurden übrigens schon entwickelt, bevor es reale Computer gab. Diese Modelle entsprechen zwar nicht in jedem Detail wirklichen Rechnern, aber es genügt ja, wenn sie die wichtigsten Eigenschaften widerspiegeln. Und sie sind einfach genug, um unsere Fragestellung analysieren zu können. Es gibt verschiedene solcher Modelle, und ein ganzes Gebiet der Theoretischen Informatik beschäftigt sich mit ihnen. Uns genügt das wohl wichtigste Modell, die *Turing Maschine*, benannt nach Alan Mathison Turing."

aus: Andrew Hodges – Alan Turing, Enigma, Verlag Kammerer und Unverzagt, 1989, S. 297

„Nanu, das Bild zeigt ja einen Sportler. Ist dir da ein Fehler unterlaufen?"

„Nein, Turing war sehr sportlich. Wenn er nicht Mathematiker geworden wäre, hätte er vielleicht auch ein bekannter Langstreckenläufer werden können. Seine Zeiten waren wirklich gut! Aber als Wissenschaftler war er eine der bedeutendsten Persönlichkeiten des zwanzigsten Jahrhunderts. Gleich mehrere seiner Forschungsergebnisse hätten ihn wohl, jedes für sich genommen, berühmt gemacht. Da ist die 1937 entwickelte Turing Maschine, wegen der manche ihn auch als Erfinder des Computers bezeichnen. Aufgrund seiner bahnbrechenden Arbeit 'Computing machinery and intelligence' von 1950 gilt er auch als Begründer des Forschungsgebiets 'Künstliche Intelligenz'. In diesem Aufsatz schlug er den später nach ihm benannten

Turing Test vor, um zu prüfen, ob eine Computersoftware 'intelligent' ist."

„Stark, sozusagen ein Abitur für Computer."

„So ähnlich. Turing rechnete fest damit, dass es keine 50 Jahre dauern würde, bis Computer all das können, was das menschliche Hirn zustande bringt. Allerdings gibt es bis heute kein einziges Computerprogramm, das den Turing Test bestanden hat."

Martin Kehl, 2001

„Die Rechner müssen also noch eine Weile die Schulbank drücken."

„Turing war aber auch einer der Väter der Biomathematik. Ihm gelang es die chemischen Prozesse mathematisch zu erklären, die zu den charakteristischen Mustern in Tiger- oder Zebrafällen führen."

„Die Mathematik der Zebrastreifen ... Ich glaub's nicht!"

„Was Turing schließlich weit über die Wissenschaft hinaus bekannt gemacht hat, war seine Tätigkeit für den britischen Geheimdienst. Durch die Entwicklung einer Maschine, die es ermöglichte, den deutschen Funkverkehr zu entschlüsseln, trug er entscheidend zum Sieg der Alliierten im zweiten Weltkrieg bei."

„Wow! Agent 008, mit der Lizenz zum Mithören."

„Turing war eine schillernde Persönlichkeit, und es gibt viele interessante Seiten über ihn im Internet. Am besten gefällt mir die von Andrew Hodges www.turing.org.uk/turing/, der auch eine Biographie über Turing geschrieben hat. Ich habe dir wieder einige Bookmarks gesetzt, falls du mehr über Turing wissen möchtest. Für uns ist vor allem wichtig, dass sein Computermodell erlaubt, die Laufzeit eines Algorithmus auf die Anzahl einiger weniger Grundoperationen zurückzuführen."

„Grundoperationen?"

„Das sind die Grundrechenarten: also Addition, Subtraktion, Multiplikation und Division, die vergleichenden Operationen 'kleiner', 'größer' und 'gleich' und Zuweisungen, wie wir sie durch den Linkspfeil '←' ausgedrückt haben."

„Genügt das denn, um die Fähigkeiten eines Computers zu beschreiben?"

„Noch nicht ganz. Auch die *Größe* der beteiligten Zahlen ist wichtig. Natürlich ist es aufwendiger, zwei riesengroße Zahlen zu addieren als zwei einstellige. Aber dieser Unterschied spielt bei unseren Problemen keine so wichtige Rolle, und wir nehmen daher zur Vereinfachung an, dass alle Additionen und auch alle anderen Grundoperationen die gleiche Zeit benötigen. Sollen wir mal zusammen die Anzahl der durchzuführenden Operationen im Dijkstra-Algorithmus zählen?"

„Ja, bitte."

„Dann sollten wir den Algorithmus am besten wieder Zeile für Zeile durchgehen und uns diesmal dabei überlegen, wie viele Grundoperationen jeweils benötigt werden. Also, hier ist nochmal die erste Zeile:"

> BEGIN $S \leftarrow \{s\}$, Distanz$(s) \leftarrow 0$

„Das ist leicht. Das sind einfach zwei Zuweisungen. Aber danach? Wir wissen doch gar nicht, wie viele Knoten der eingegebene Graph hat. Wie sollen wir dann bestimmen, wie viele Operationen in der FOR-Schleife benötigt werden?"

> FOR ALL v aus $V \setminus \{s\}$ DO
>   Distanz$(v) \leftarrow$ Bogenlänge(s, v)
>   Vorgänger$(v) \leftarrow s$
> END FOR

„Das müssen wir in Abhängigkeit von der Anzahl der Knoten des Graphen angeben. Nehmen wir an, es sind n Knoten. Dann müssen wir die FOR-Schleife $n - 1$ mal durchlaufen, für jeden Knoten außer s einmal. Innerhalb der Schleife müssen jedes Mal 2 Zuweisungen ausgeführt werden. Insgesamt sind es also $2(n - 1)$ Grundoperationen."

„Gut. Das war nicht schwer. Aber die WHILE-Schleife kommt mir viel komplizierter vor."

> WHILE $S \neq V$ DO
>   finde v^* aus $V \setminus S$ mit
>   Distanz$(v^*) = \min\{$Distanz$(v) : v$ aus $V \setminus S\}$
> $S \leftarrow S \cup \{v^*\}$
>   FOR ALL v aus $V \setminus S$ DO
>   IF Distanz$(v^*) +$ Bogenlänge$(v^*, v) <$ Distanz(v) THEN
>   Distanz$(v) \leftarrow$ Distanz$(v^*) +$ Bogenlänge(v^*, v)
>   Vorgänger$(v) \leftarrow v^*$
>   END IF
>   END FOR
> END WHILE

„Die ist auch nicht so dramatisch. Die Bedingung der Schleife besagt, dass wir den inneren Bereich solange durchlaufen sollen, wie $S \neq V$ ist. Da aber in jedem Durchlauf ein Knoten aus der Menge $V \setminus S$ der ungefärbten Knoten in die Menge S der gefärbten Knoten wechselt, müssen wir die Schleife $n - 1$ mal ausführen, einmal für jeden Knoten außer dem Startknoten s, da dieser von Beginn an gefärbt ist."

„Und das heißt, dass wir die Anzahl der Operationen, die wir innerhalb der WHILE-Schleife ausführen, am Ende nur mit $n - 1$ multiplizieren müssen. Prima, ist ja babyleicht."

„Vorsicht! Die Anzahl der Operationen, die wir in der Schleife ausführen müssen, ändert sich von Durchlauf zu Durchlauf, da sie von der Anzahl der noch ungefärbten Knoten abhängt. Je weniger Knoten in $V \setminus S$ verblieben sind, umso weniger Arbeit haben wir beim Auffinden eines Knotens mit minimaler Abstandsmarke."

„Also wird es doch kompliziert."

„Nein, keine Angst. Wir umgehen dieses Problem nämlich, indem wir die Anzahl der Grundoperationen innerhalb der Schleife großzügig abschätzen, anstatt sie exakt zu bestimmen."

„Schätzen? Das hört sich aber schwammig an."

„'Abschätzen', nicht 'schätzen'! Und zwar 'großzügig' abschätzen, also eher mehr, aber auf keinen Fall weniger. Dazu sagt man *nach oben abschätzen*. Wir wollen die Anzahl der Grundoperationen also nicht 'Pi mal Daumen' ermitteln, sondern eine Zahl angeben, die auf keinen Fall kleiner ist."

„Aber dann kriegen wir doch nicht raus, wie lange der Algorithmus wirklich braucht!"

„Für unsere Zwecke genügt eine gute Abschätzung nach oben. Die exakten Laufzeiten eines fertigen Programms hängen sowieso noch von vielen weiteren Details ab, zum

Beispiel von der gewählten Computersprache oder der Datenspeicherung und -verwaltung. Was man zunächst erreichen möchte, ist eine grobe Einteilung der Algorithmen als ein erstes Qualitätsmerkmal. Hier, schau' dir mal diese Tabelle an:"

Knoten	Algorithmen				
n	n	$2.000n$	n^2	$n^2 + 2.000n$	n^3
10	0,00001 Sek.	0,02 Sek.	0,0001 Sek.	0,0201 Sek.	0,001 Sek.
20	0,00002 Sek.	0,04 Sek.	0,0004 Sek.	0,0404 Sek.	0,008 Sek.
50	0,00005 Sek.	0,1 Sek.	0,0025 Sek.	0,1025 Sek.	0,1 Sek.
100	0,0001 Sek.	0,2 Sek.	0,01 Sek.	0,21 Sek.	1 Sek.
200	0,0002 Sek.	0,4 Sek.	0,04 Sek.	0,44 Sek.	8 Sek.
500	0,0005 Sek.	1 Sek.	0,25 Sek.	1,25 Sek.	2 Min.
1.000	0,001 Sek.	2 Sek.	1 Sek.	3 Sek.	17 Min.
10.000	0,01 Sek.	20 Sek.	1,7 Min.	2 Min.	11,6 Tage
100.000	0,1 Sek.	3,3 Min.	2,8 Std.	2,8 Std.	31,7 Jahre
1.000.000	1 Sek.	33 Min.	11,6 Tage	11,6 Tage	31.709 Jahre

„Was bedeutet das?"

„In der ersten Spalte der Tabelle stehen Werte zwischen 10 und einer Million für die Anzahl n der Knoten eines Graphen. In den anderen Spalten stehen in der zweiten Zeile die Anzahlen benötigter Operationen einiger fiktiver Algorithmen, jeweils in Abhängigkeit von der Knotenzahl."

„'In Abhängigkeit von der Knotenzahl', wie meinst du das?"

„Also, der fiktive Algorithmus mit Laufzeit n benötigt genauso viele Operationen wie der Graph Knoten besitzt. Der mit Laufzeit $2.000n$ braucht eben 2.000 mal so viele Operationen wie der Graph Knoten hat."

„Ah, jetzt hab' ich's verstanden. Die Laufzeit n^2 bedeutet also, dass man die Knotenzahl des Graphen mit sich selbst multiplizieren muss, um die Anzahl der benötigten Grundoperationen zu bestimmen."

„Exakt. In den anderen Zeilen der Tabelle findest du nun die sich daraus ergebenden Laufzeiten für diese Algorithmen, falls wir annehmen, dass unser Computer eine Million Grundoperationen pro Sekunde ausführen kann. Der erste Algorithmus, der ja genauso viele Operationen benötigt wie der Graph Knoten besitzt, braucht für eine Million Knoten eine Million Operationen, und die benötigen auf unserem fiktiven Rechner eine Sekunde."

„Das klingt sehr schnell. Und der Algorithmus in der zweiten Spalte ... "

„ ... braucht für 500 Knoten schon eine Sekunde und für eine Million Knoten 2.000 Sekunden, also etwa 33 Minuten."

„Und der n^2-Algorithmus braucht für den Graphen mit einer Million Knoten fast 12 Tage?"

„Ja. Obwohl er für kleine Knotenzahlen im Vergleich zum $2.000n$-Algorithmus noch viel schneller ist."

„Stimmt. Jetzt fällt's mir auch auf."

„Das sieht man beim $n^2 + 2.000n$-Algorithmus noch deutlicher. Für wenige Knoten entspricht seine Laufzeit fast der des $2.000n$-Algorithmus. Der n^2-Anteil fällt da noch nicht ins Gewicht. Je mehr Knoten der Graph aber besitzt, um so wichtiger wird dieser Anteil, und bei 100.000 Knoten spielt der $2.000n$-Anteil fast keine Rolle mehr."

„Das ist aber merkwürdig."

„Stell' dir vor, du hast einen Algorithmus so in zwei Teile zerlegt, dass im ersten Teil $2.000n$ Grundoperationen ausgeführt werden und im zweiten Teil n^2. Die Tabelle zeigt uns nun, dass bei 10 oder 20 Knoten der n^2-Teil des Algorithmus bei der Gesamtlaufzeit fast nicht ins Gewicht fällt. Wenn aber die Knotenzahlen größer werden, und damit ja auch die Laufzeiten, dann spielt dieser Teil die entscheidende Rolle. Ab 100.000 Knoten ist der Eintrag in der Spalte des $n^2 + 2.000n$-Algorithmus sogar gleich dem Eintrag in der Spalte des n^2-Algorithmus."

„Aber die 33 Minuten für eine Million Knoten der 2.000n-
Spalte sind ja auch nicht gerade wenig."

„Natürlich kann man in 33 Minuten schon mal Kaffee
trinken gehen, aber 33 Minuten sind nur 0,023 Tage.
Im Vergleich zu den 11,6 Tagen in der Spalte des n^2-
Algorithmus ist das so wenig, dass die 0,023 in der Summe
der beiden Zeiten nach der Rundung auf eine Stelle nach
dem Komma sogar ganz wegfällt."

„Das heißt, dass der eine Teil für kleine Knotenzahlen fast
nicht ins Gewicht fällt und für große der andere. Woran
liegt das?"

„Für kleine Werte von n ist der Faktor 2.000 in 2.000·n
natürlich viel größer als der Faktor n in $n·n = n^2$. Ist n
aber eine Million, so ist der Faktor 2.000 relativ klein im
Vergleich zum Faktor n."

„Verstehe. Und der n^3-Algorithmus ist für große Knotenzahlen noch mal viel langsamer."

„Ja, aber auch hier ist der 2.000n-Algorithmus zunächst
der langsamere, und erst mit steigender Knotenzahl wird
der n^3-Algorithmus dramatisch langsamer."

„'Dramatisch' kann man bei 32 Jahren für 100.000 Knoten
und 32.000 Jahren für 1 Million Knoten wohl wirklich
sagen. Das ist ja wie bei der kombinatorischen Explosion."

„Oh nein! Selbst ein solches Verfahren, das n^3 Operationen benötigt, bedeutet eine enorme Verbesserung gegenüber einem Algorithmus, der alle Wege durchgeht. Erinnere dich, bei unserem Explosionsgraphen brauchten wir
schon für 50 Schichten, also für gerade mal 102 Knoten,
fast 36 Jahre, und das unter der Annahme, dass wir eine
Million Wege pro Sekunde testen können. Ein Rechner,
auf dem man eine Million Wege pro Sekunde durchprobieren kann, ist aber sicherlich schneller, als einer, der
eine Million Grundoperationen pro Sekunde schafft."

„Okay, deine fiktiven Algorithmen sind also viel schneller als das Wegedurchtesten. Entsprechen dann die Spalten in der Tabelle der groben Einteilung der Algorithmen, die du vorhin erwähnt hast?"

„Fast. Wenn wir uns die Tabelle nochmal anschauen, dann siehst du, dass für die größeren Knotenzahlen die Algorithmen schon in der richtigen Reihenfolge bezüglich der Laufzeiten stehen."

„Ja, je weiter links ein Algorithmus steht, desto schneller ist er."

„Entscheidend dafür ist der höchste Exponent von n. Wir teilen die Algorithmen daher nach diesem Exponenten ein und erstellen so für unsere Algorithmen Ordner. Den ersten Ordner nennen wir $O(n)$, und der enthält den n- und den $2.000n$-Algorithmus und jeden weiteren, dessen höchster Exponent 1 ist."

„Das ist lustig: Du sprichst vom Exponenten 1, aber eigentlich kommt er nie vor."

„Doch, da aber $n^1 = n$ ist, braucht man ihn nicht aufzuschreiben. Der zweite Ordner $O(n^2)$ enthält alle Algorithmen mit größtem Exponenten 2, also unsere n^2- und $n^2 + 2.000n$-Algorithmen. In den dritten Ordner $O(n^3)$ kommen alle Algorithmen mit größtem Exponenten 3, also auch unser n^3-Algorithmus aus der Tabelle. Das kann man natürlich auch für höhere Exponenten fortsetzen."

„Aber n und $2.000n$ sind doch sehr verschieden. Einen Euro in der Tasche zu haben oder 2.000 Euro, das ist doch nicht das Gleiche."

„Nein, natürlich ist der n-Algorithmus 2.000 mal schneller als der $2.000n$-Algorithmus, aber für genügend große Knotenzahlen ist der $2.000n$-Algorithmus schneller als ein Algorithmus aus dem $O(n^2)$-Ordner."

„Na gut. Die Einteilung der Ordner scheint mir zwar etwas grob, aber ich verstehe, was du meinst. Wohin gehört denn jetzt der Dijkstra-Algorithmus?"

„In den $O(n^2)$-Ordner. Wir haben ja angefangen, die benötigten Grundoperationen zu zählen. Wollen wir den Dijkstra-Algorithmus nur in einen unserer Ordner einsortieren, dürfen wir bei der Abschätzung der Anzahl der benötigten Grundoperationen nach oben recht großzügig sein. Wir müssen nur aufpassen, dass wir den richtigen Exponenten am n beibehalten. Bisher haben wir festgestellt, dass wir vor der WHILE-Schleife etwa $2n$ Grundoperationen benötigen."

„Diesen Teil könnten wir also in den $O(n)$-Ordner legen."

„Für sich genommen schon. Aber wir werden jetzt sehen, dass die WHILE-Schleife ein $O(n^2)$-Teil des Algorithmus' ist. Daher muss dann auch der gesamte Algorithmus in den $O(n^2)$-Ordner."

„Wieso?"

„Das ist wie mit den n^2- und $2.000n$-Teilalgorithmen. Der n^2-Teil gehört in den Ordner $O(n^2)$, der $2.000n$-Teil in den $O(n)$-Ordner. Nimmt man beide zusammen, ist für größere Knotenzahlen nur noch der $O(n^2)$-Teil für die Gesamtlaufzeit relevant ... "

„ ... und daher liegt der gesamte Algorithmus im Ordner $O(n^2)$. Verstanden!"

„Toll! Jetzt sehen wir uns den ersten Teil der WHILE-Schleife genauer an:"

> finde v^* aus $V \setminus S$ mit
> Distanz$(v^*) = \min\{$Distanz$(v) : v$ aus $V \setminus S\}$

„Hier sollen wir unser minimales v^* finden. Kann man das überhaupt durch Grundoperationen ausdrücken?"

„Klar. Dazu setzen wir am Anfang v^* einfach auf irgendeinen ungefärbten Knoten v, nehmen dann nacheinander die anderen ungefärbten Knoten und vergleichen deren Abstandsmarke mit der von v^*. Ist die Abstandsmarke eines

Vergleichsknotens, nennen wir ihn w, nicht kleiner als die von v^*, dann können wir einfach mit dem nächsten Knoten weitermachen. Wenn aber w eine kleinere Abstandsmarke hat, setzen wir erst v^* auf w und fahren dann fort. Dadurch erreichen wir, dass immer wieder der Knoten mit der jeweils kleineren Abstandsmarke v^* zugewiesen wird."

„So werden die Abstandsmarken von v^* also immer kleiner?"

„Ja, und wenn wir das für alle Knoten durchgeführt haben, steht in v^*, wie gewünscht, ein ungefärbter Knoten mit minimaler Abstandsmarke. Den können wir dann rot färben. Mit Hilfe von Grundoperationen könnte man die Bestimmung des ungefärbten Knotens mit minimaler Abstandsmarke im Algorithmus also so formulieren:"

```
v* ← v
FOR ALL w ≠ v aus V \ S DO
        IF Distanz(v*) > Distanz(w) THEN v* ← w
END FOR
```

„Und wieso hast du das nicht von Anfang an so aufgeschrieben?"

„Weil der Algorithmus in der anderen Form besser lesbar ist."

„Na gut. Wir wissen aber gar nicht, wie oft wir v^* nun umsetzen müssen. War gleich der erste Knoten minimal, dann vergleichen wir zwar alle anderen ungefärbten mit ihm, aber die Zuweisung $v^* \leftarrow w$ müssen wir nie wieder ausführen. Wenn wir Pech haben, kann es aber auch passieren, dass wir v^* jedes Mal austauschen müssen."

„Richtig. Darum schätzen wir die Zahl der notwendigen Operationen nach oben ab. Wir benötigen eine Zuweisung für $v^* \leftarrow v$ und dann für jeden anderen ungefärbten Knoten einen Vergleich seiner Abstandsmarke mit der von v^* und schlimmstenfalls danach auch jedes Mal eine

Zuweisung $v^* \leftarrow w$. Insgesamt sind das höchstens so viele Zuweisungen wie 1 plus 2 mal die Anzahl der ungefärbten Knoten."

„Aber die Anzahl der ungefärbten Knoten ändert sich doch ständig!"

„Genau. Angenommen, dass k der n Knoten des Graphen noch ungefärbt sind, dann benötigt man höchstens $1 + 2(k - 1) = 2k - 1$ Grundoperationen für die Bestimmung eines Knotens mit minimaler Abstandsmarke unter diesen. Nun ist k natürlich kleiner als die Anzahl n der Knoten insgesamt. Wir können also k durch n nach oben abschätzen. Das heißt, es werden nicht mehr als $2n - 1$ Grundoperationen benötigt, und daher gehört dieser Teil des Algorithmus zur Bestimmung des v^* in den Ordner $O(n)$."

„Die Anzahl k der ungefärbten Knoten einfach durch n zu ersetzen, scheint mir zwar etwas grob, aber es kommt anscheinend nur auf den Ordner an."

„Machen wir mit dem Update von S weiter?"

$$S \leftarrow S \cup \{v^*\}$$

„Das ist eine weitere Zuweisung."

„Genau. Die fällt aber gegenüber der $O(n)$-Bestimmung des v^* nicht mehr ins Gewicht."

„Sehe ich ein. Und nun die FOR-Schleife?"

```
FOR ALL v aus V \ S DO
        IF Distanz(v*) + Bogenlänge(v*, v) < Distanz(v) THEN
            Distanz(v) ← Distanz(v*) + Bogenlänge(v*, v)
            Vorgänger(v) ← v*
        END IF
END FOR
```

„Das ist nicht mehr viel Arbeit. Hier müssen wir zunächst in der IF-Abfrage eine Addition und einen Vergleich ausführen. Falls die Frage mit ‚ja' beantwortet wird, müssen wir danach eine Addition und zwei Zuweisungen durchführen, und zwar für jeden ungefärbten Knoten."

„Die Anzahl der ungefärbten Knoten schätzen wir sicherlich wieder mit n ab, oder?"

„Ja. Damit sind es in der FOR-Schleife nicht mehr als $5n$ Operationen. So sehen wir, dass auch dieser Teil wieder in den $O(n)$-Ordner gehört."

„Moment! Hier habe ich ein Problem. In der WHILE-Schleife hatten wir doch bereits einen $O(n)$-Teil. Und jetzt wieder! Wird das dann nicht größer?"

„Nein. Wenn wir zwei Teilprogramme aus $O(n)$ hintereinander ausführen, bleiben sie in $O(n)$."

„Also ist $O(n) + O(n) = O(n)$. Subtrahiert man dann aber $O(n)$ auf beiden Seiten, folgt doch $O(n) = 0$."

„Nein, nein. So kannst du mit den Ordnern nicht rechnen. Stell' dir vor, der erste Teil benötigt $2n$ Grundoperationen und der zweite $5n$. Dann liegen beide Teile im $O(n)$-Ordner. Zusammen sind es aber $7n$ Operationen, und die liegen im gleichen Ordner."

„Also doch $O(n) + O(n) = O(n)$."

„Ja, gut, wenn du darauf bestehst. Aber du kannst nicht einfach auf beiden Seiten $O(n)$ subtrahieren und damit auf $O(n) = 0$ schließen."

„Okay, das sehe ich ein. Aber wenn ich einen $O(n)$-Programmteil wie das Innere der WHILE-Schleife $n - 1$ mal durchführe, dann lande ich im Ordner $O(n^2)$, oder?"

„Genau. $(n - 1) \cdot O(n)$ wird $O(n^2)$."

„Daher gehört die WHILE-Schleife also in den $O(n^2)$-Ordner."

„Ja, und letztlich auch der gesamte Dijkstra-Algorithmus.
Man sagt, er hat *quadratische Laufzeit* in n."

„Jetzt weiß ich immer noch nicht, ob der Dijkstra-Algorithmus wirklich gut ist. Du sagtest, dass die anderen Algorithmen fiktiv seien. Gibt es denn keine echten Algorithmen, die so schnell sind, wie etwa der 2.000n-Algorithmus? Wie sieht es mit dem anderen Verfahren aus, dem mit dem Doppelnamen?"

„Du meinst den Floyd-Warshall-Algorithmus. Der liegt im Ordner $O(n^3)$, ist also für eine entsprechend große Anzahl von Knoten erheblich langsamer als der Dijkstra-Algorithmus. Du hast ja in der Tabelle gesehen, wie schnell die Zeiten für n^3-Algorithmen groß werden. Nun zu deiner ersten Frage: Nein, es gibt keinen Algorithmus für das Kürzeste-Wege-Problem, der im $O(n)$-Ordner liegt. In einem gerichteten Graphen ohne Schleifen kann es ja von jedem Knoten zu jedem anderen einen Bogen geben. Insgesamt wären das aber $n(n-1) = n^2 - n$ Bögen. Allein die Eingabe aller Bogengewichte liegt daher schon im $O(n^2)$-Ordner. Es kann also keinen Algorithmus zur Lösung des Kürzeste-Wege-Problems für beliebige Graphen geben, dessen Laufzeit bezüglich n einen kleineren Exponenten als 2 besitzt."

„Und da der Dijkstra-Algorithmus im $O(n^2)$-Ordner liegt, benutzt man lieber ihn als den Floyd-Warshall-Algorithmus, wenn es keine negativen Gewichte gibt. Sind allerdings einige Gewichte negativ, muss man den Floyd-Warshall-Algorithmus anwenden, da der von Dijkstra in diesem Fall nicht mehr das richtige Ergebnis liefert."

„Völlig richtig. So, ich hoffe, dass du unseren kleinen Ausflug in die Komplexitätstheorie gut verkraftet hast."

„Deine Ordner-Einteilung ist nicht ganz leicht zu verstehen, aber wenn ich an die Tabelle denke, scheint sie mir doch irgendwie sinnvoll."

„Bevor wir die kürzesten Wege endgültig verlassen, würde ich gerne noch mal zu unserem U-Bahn-Beispiel zurückkehren."

„Ich dachte, da wäre schon alles klar! Warte, ich habe Mama versprochen, die Wäsche in den Trockner zu räumen, sobald die Waschmaschine fertig ist. Ich bin gleich wieder da."

„So, da bin ich wieder! Ich hab' mir einen heißen Kakao und 'ne Packung Kekse zur Stärkung mitgebracht. Was gibt's denn noch zum Münchner Nahverkehr?"

„Vorgestern wollten wir doch überprüfen, ob vom Marienplatz zum Harras eine Verbindung mit weniger als 5 Stationen existiert."

„Oh ja, ich habe sofort gesehen, dass es keine kürzere Verbindung gibt, aber du wolltest das solange nicht akzeptieren, bis wir es schrittweise bewiesen haben. Außerdem ist das mit dem Dijkstra-Algorithmus sicherlich ein Kinderspiel."

„Ist es. Aber der U-Bahn-Graph ist nicht mehr ganz so klein wie unser Beispielgraph, und trotzdem konntest du innerhalb weniger Sekunden ziemlich sicher sagen, dass es keine kürzere Verbindung gibt, ohne dass du dafür einen speziellen Algorithmus angewendet hast. Wir sollten uns mal genauer überlegen, warum du das konntest."

„Das ist ja wohl die Höhe! Vorgestern warst du überhaupt nicht zufrieden damit, dass ich das sofort gesehen habe, und nun soll es doch gut gewesen sein?"

„Am Donnerstag wollte ich dir zeigen, wie man ein funktionierendes Lösungsverfahren findet, den Dijkstra-Algorithmus. Bei unserem U-Bahn-Beispiel würdest du aber mit dem Algorithmus ohne Rechner sicher länger brauchen, als du damals überlegt hast. Es scheint so, als gäbe es vielleicht ein paar Ideen, mit denen man schneller zum Ziel gelangt."

„Schneller? Ich dachte, es geht nicht schneller als mit dem Dijkstra-Algorithmus?"

„Es gibt keinen Kürzeste-Wege-Algorithmus, der in einen besseren als den $O(n^2)$-Ordner gehört. Da die Einteilung der Ordner sehr grob ist, können wir vielleicht trotzdem mit dem einen oder anderen Trick die aktuelle Rechenzeit etwas verkürzen. Wie hast du das denn gemacht, als ich dich nach der kürzesten Verbindung vom Marienplatz zum Harras gefragt habe?"

„Na, ganz einfach! Ich habe mir den Bereich um diese beiden Knoten herum genau angesehen, dann war mir alles klar. Es macht ja keinen Sinn, Starnberg mit zu betrachten, denn das ist viel zu weit weg. Und das gilt für die meisten Haltestellen."

„Schön. Aber wenn wir so etwas tun wollen, müssen wir sehr genau aufpassen, dass wir nicht doch etwas Relevantes abschneiden. Nicht immer entsprechen die Kantengewichte den Abständen der Knoten in der Darstellung des Graphen."

„Na ja, aber so ungefähr doch schon, jedenfalls wenn die Knoten Orte darstellen und die Kanten Wege dazwischen, oder?"

„Oh nein, eine Fährverbindung, ein Gebirge, eine Baustelle oder eine Regionalbahn, die selten fährt – schon hat man ein hohes Kantengewicht zwischen zwei nahe benachbarten Ortsknoten. Stell' dir vor, ihr fahrt in den Sommerferien mit dem Auto nach Italien. Dann sind die Fahrzeiten in den Alpen doch viel länger als im Flachland!"

„Wir fahren nach Frankreich, na ja, egal. In den Alpen ist der Unterschied doch auch nicht so dramatisch. Nach Italien kann man ja über die Brennerautobahn fahren oder durch den San Bernardino Tunnel."

„Prima Beispiel. Das Gewicht der Kante zwischen der Nordseite und der Südseite des San Bernardino ist wegen des Tunnels kaum anders als die Kantengewichte außerhalb der Berge."

„Genau."

„ … wird man wohl eine andere Strecke nach Italien aussuchen … "

„ … weil man am San Bernardino nicht mehr unten durch kommt, sondern oben über den Pass muss, und daher die gleiche Kante ein viel größeres Gewicht hat. Kanten *symbolisieren* eben nur die Verbindung. Ihre 'Länge im Plan' braucht aber nichts mit ihrem Gewicht, das heißt mit der Länge der Strecke oder gar der Fahrzeit, zu tun zu haben."

„Aber bei unserem U-Bahn-Plan ist doch alles in Ordnung. Da kann man immer ungefähr in Richtung der Luftlinie fahren, und das ist dann auch am kürzesten."

„Meinst du? Dann sage mir doch mal bitte, wie viele Stationen es von der Theresienstraße nach Feldmoching sind."

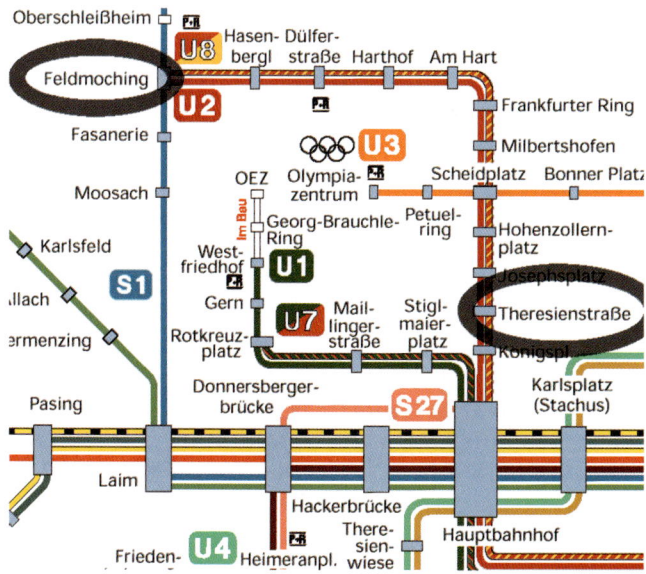

„Das ist doch einfach! 10 Stationen mit der U2 bis zur Endstation Feldmoching."

„Sicher? Ich schaffe es mit 7 Stationen!"

„Wie bitte? Ach ja, wenn du über Hauptbahnhof und Laim fährst und wieder deinen S27-Trick benutzt. Dann sind es nur 7 Stationen. Du müsstest allerdings zweimal umsteigen. Das macht doch keiner! Vor allem wegen der S27 würde es bestimmt viel länger dauern."

„Moment! Ich hatte nur nach der Anzahl der Stationen gefragt. Für dieses Optimierungsziel spielen Zeit- und Bequemlichkeitsnachteile beim Umsteigen überhaupt keine Rolle. Aber gut, lassen wir die S27 außer Acht. Dann sind es mit einmal umsteigen am Hauptbahnhof trotzdem nur 8 Stationen!"

„In Stationen gerechnet hast du Recht, aber worauf willst du eigentlich hinaus?"

„Feldmoching liegt auf dem Netzplan im Nordwesten der Theresienstraße, geographisch sogar ziemlich genau in Richtung *Norden*. In Stationen gemessen, lohnt es sich aber, zunächst von der Theresienstraße nach *Süden* zur S-Bahn zu fahren, also erst mal in die ‘falsche Richtung’. Das Gleiche ist natürlich auch möglich, wenn wir eine schnellste Route von München nach Hamburg suchen. Da kann es von Vorteil sein, vom Startpunkt innerhalb Münchens einen Autobahnzubringer nach Süden zu benutzen, damit man nicht durch den ganzen Stadtverkehr fahren muss."

„Na gut. Das sind ja eher kleinere Ausnahmen; und die Fehler, die wir mit meiner Luftlinienmethode machen, sind selten und dann eher gering."

„Vorsicht! Gerade bei längeren Bahnfahrten wird man gerne einen Umweg in Kauf nehmen, anstatt mit schwerem Gepäck mehrmals umsteigen zu müssen. Das kann dann leicht dazu führen, dass die Fahrtroute deutlich von deiner Luftlinie abweicht. Aber du hast Recht: In der Praxis genügt es oft, eine ‘gute’ Lösung zu finden, die nicht unbedingt optimal ist. Allerdings ist 'gut' eine ziemlich vage Aussage."

„Na ja, aber man hat doch ein Gefühl dafür."

„Mathematiker geben sich mit solchen unklaren Aussagen nicht zufrieden. Sie suchen nicht nur eine 'gute Lösung', sondern wollen auch wissen, wie weit ihre Lösung höchstens von der Optimallösung entfernt ist, und das, ohne das Optimum zu kennen."

„Obelix würde sagen: 'Die spinnen, die Mathematiker'. Klingt ganz schön verrückt."

„Nur im ersten Moment. So kann man die Güte einer solchen *Näherungslösung* im Vergleich zur optimalen bewerten und einschätzen, ob man sich mit dieser zufrieden geben kann."

„Hört sich doch nicht so unvernünftig an. Man wüsste dann, wie viel man ungefähr verloren hat. Aber wie soll das funktionieren? Wenn man das Optimum nicht berechnet, kann man doch nicht wissen, wie weit man davon entfernt ist. Und wenn man es bestimmt hat, braucht man keine Näherungslösung mehr. Man hat dann ja schließlich die exakte."

„Hier zeigt sich wieder die Stärke der Mathematik. Auch wenn man das Optimum nicht kennt, ist es oft möglich, trotzdem etwas darüber auszusagen. Das gelingt sogar bei vielen der richtig schwierigen Probleme, bei denen kaum Hoffnung besteht, dass man sie jemals mit einem effizienten Algorithmus, also einem kombinatorisch nicht-explosiven, lösen kann."

„Das klingt nach Zauberei!"

„Nein, nein, Magie ist da nicht im Spiel. Auch bei unserem Kürzeste-Wege-Problem von München nach Hamburg weißt du schon einiges über das Optimum, bevor du anfängst zu rechnen."

„Wieso?"

„Du weißt, dass die Fahrt auf keinen Fall weniger Kilometer lang ist, als der Abstand per Luftlinie zwischen beiden Städten."

„Klar, kürzer als Luftlinie geht nicht. Aber nützt uns das?"

„Stell' dir vor, du findest mit deiner 'Gefühlsmethode' eine Verbindung, die nicht viel länger ist als der Luftlinienabstand, sagen wir 5 Prozent. Dann weißt du, dass diese Lösung höchstens 5 Prozent vom Optimum entfernt ist, ohne das Optimum zu kennen."

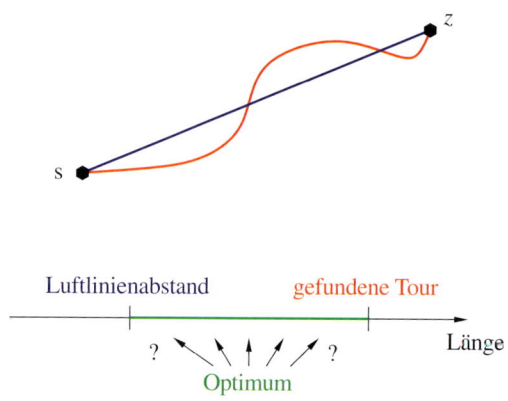

„Stimmt. Der Abstand zur optimalen Lösung ist sogar eher kleiner als der zum Luftlinienwert. Das ist wirklich nicht schwierig. Dafür muss man nicht nach Hogwarts."

„Nein, dafür braucht man keine Zauberschule zu besuchen. Dem Verzicht auf Optimalität steht aber oft ein enormer Praktikabilitäts- und Zeitgewinn gegenüber."

„Siehste! Wenn ich die beste U-Bahn-Verbindung raussuchen soll, finde ich mit bloßem Auge sehr schnell eine gute Lösung. Um allerdings zu zeigen, dass diese wirklich optimal ist, muss man einen Riesenaufwand betreiben. Das lohnt ja wohl nicht."

„Da die Kantengewichte beim U-Bahn-Plan zumindest im Innenstadtbereich grob den Abständen zwischen den Knoten in der Darstellung entsprechen, wird deine Vorgehensweise, nur den Bereich zwischen Marienplatz und Harras zu berücksichtigen, im Normalfall funktionieren. Bei einem Problem, in dem die Kantengewichte genau der Distanz der beiden Knoten entsprechen, also Luftlinie, führt so eine Bereichsbeschränkung, wie du sie vorschlägst, sogar zu einer exakten Methode."

„Du meinst, dass man sich dann wirklich auf die Umgebung zwischen Start und Ziel konzentrieren kann?"

„Ja. Nehmen wir an, es ist uns bereits irgendein Weg zwischen dem Startknoten s und dem Zielknoten z bekannt. Wir zeichnen eine *Ellipse* mit s und z als Brennpunkten, deren Hauptachse gerade die Länge dieses Weges hat. Dann beschränken wir uns auf den Teil des Graphen, der innerhalb der Ellipse liegt. Jeder kürzeste Weg ist in ihr enthalten."

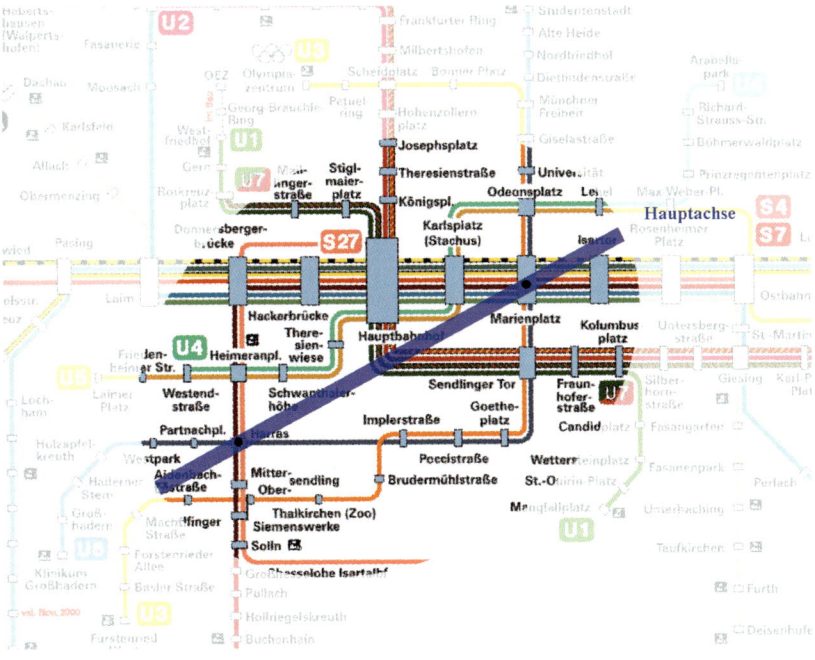

„Und das funktioniert? Warum gerade eine Ellipse?"

„Weil für jeden Randpunkt die Summe seiner Abstände zu den beiden Brennpunkten der Ellipse gleich ist, nämlich gleich der Länge ihrer Hauptachse."

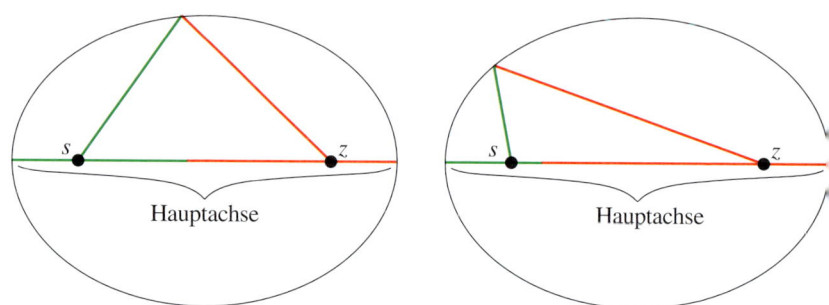

„Oh ja, so was haben wir letztes Jahr in Geometrie gelernt."

„Sicherlich hat euer Lehrer euch dabei auch die Konstruktion einer Ellipse mittels der Gärtnermethode erklärt."

„Gärtnermethode? Nein, daran könnte ich mich bestimmt erinnern."

„Also: Ein Gärtner rammt zwei Holzpfähle in den Rasen und bindet an jedem der beiden Pfähle je ein Ende einer Schnur fest. Wenn der Gärtner dann mit dem Spaten den Rasen überall dort absticht, wo das Seil stramm gezogen ist, erhält er am Ende ein ellipsenförmiges Rasenstück. Dabei stehen die Pfähle gerade in den Brennpunkten und die Länge des Seils ist die Hauptachsenlänge der Ellipse."

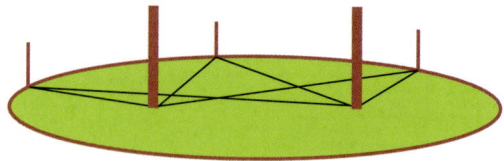

„So eine Rasenellipse sieht in einem Schlossgarten bestimmt schön aus, aber warum hat die Hauptachse unserer Ellipse gerade die Länge eines schon bekannten Weges von s nach z?"

„Damit ein Punkt, nennen wir ihn p, auf einem s-z-Weg liegt, muss man mindestens den Luftlinienabstand vom Startpunkt s bis zu p und dann von p den Luftlinienabstand bis zum Zielpunkt z zurücklegen. Und wenn p außerhalb der Ellipse liegt, ist das weiter als die Länge des schon bekannten Weges. Die Punkte außerhalb unserer Ellipse brauchen wir also gar nicht mehr zu betrachten; sie können nicht auf einem kürzesten Weg liegen."

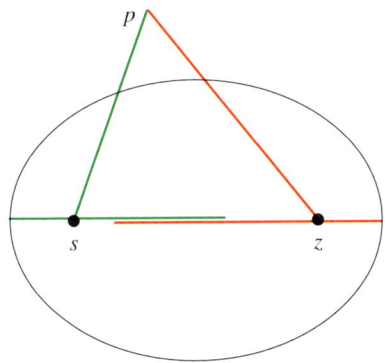

„Das ist ja prima. Genau das, was ich gemacht habe. Und der Teil des Graphen, der übrig bleibt, ist schön klein."

„Na ja, fast das, was du gemacht hast. Ob in der Ellipse nur wenige Knoten liegen, hängt davon ab, wie lang der Weg ist, mit dem wir starten."

„Klar, je weiter vom Optimum entfernt wir anfangen, desto größer ist die Ellipse."

„Genau. Wenn man algorithmisch oder, so wie du, durch 'scharfes Hinsehen', sehr schnell eine gute 'Startlösung' erhält, kann der relevante Teil des Graphen, also das, was in der zugehörigen Ellipse liegt, so klein werden, dass man das Problem damit insgesamt sehr viel schneller lösen kann, als ohne diese Vorarbeit."

„Weil mein 5-Haltestellen-Weg vom Marienplatz zum Harras schon sehr kurz war, wurde 'meine Ellipse' so klein, dass ich sofort sehen konnte, dass es keine Kurzstrecke mit

4 Haltestellen gibt. Wenn ich das intuitiv so leicht lösen konnte, wozu brauche ich dann die ganzen Algorithmen?"

„Dass du die kürzeste Verbindung so schnell gefunden hast, liegt wohl daran, dass der Mensch seit Urzeiten darauf trainiert ist, sich in seiner Umwelt zurechtzufinden. Ohne Abstände richtig einschätzen zu können, zu einem Beutetier, das man jagt, oder zu einem Tiger, der einen selber gerne verspeisen würde, hätten unsere Vorfahren nicht überleben können."

„Neandertaler in der U-Bahn? Vielleicht während des Oktoberfests! Ansonsten trifft der Homo U-Bahnicus höchstens mal 'nen Tiger, wenn er in Thalkirchen aussteigt."

Tierpark Hellabrunn, München-Thalkirchen
www.zoo-munich.de

„Die Fähigkeit, Abstände schnell einschätzen zu können, haben die meisten Menschen auch heute noch. Das ist auch der Grund, warum du das U-Bahn-Problem so schnell lösen konntest. Wenn die Abstände zwischen den Knoten in einer *Darstellung* des Graphen nun aber ganz anders sind, als die für die Optimierung richtigen Gewichte der Kanten, versagt der Mensch kläglich. Hier, schau' dir mal dieses Beispiel an:"

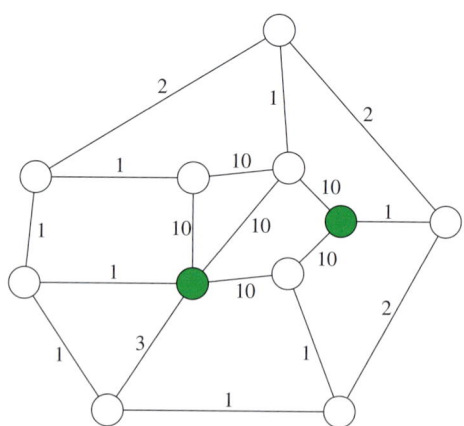

„Hm, warte mal. Ich glaube der kürzeste Weg hat Länge 6."

„Und wie hast du das herausbekommen?"

„Ganz ehrlich? Durch ausprobieren."

„Dazu muss ich ja wohl nichts mehr sagen."

„Aber das ist auch kein realistisches Beispiel. Wieso sollten die Kantengewichte denn so komisch verteilt sein?"

„Nimm einfach an, dass die Innenstadt wegen einer Faschingsveranstaltung verstopft ist, und die Zahlen die Zeiten angeben, die man benötigt, um in der Stadt vorwärts zu kommen. Dann ist es doch offensichtlich besser, außen herum zu fahren."

„Na gut. Nehmen wir Rücksicht auf die Narren. Ich glaube, jetzt weiß ich, was du meinst. Wenn die Gewichte nichts mit den Luftlinienabständen der Knoten zu tun haben, hilft mir meine auf diesen Abständen basierende Intuition nicht mehr."

„Genau! Aber den Algorithmen ist das egal. Sie funktionieren immer."

„Also doch einfach nur der Dijkstra-Algorithmus, ohne Beschleunigungstricks!"

--→ Die Arbeit
vor der Arbeit

„Halt! Nicht so schnell aufgeben! Es gibt immer ein paar
Dinge, die man versuchen kann, um die gestellte Aufgabe
zu verkleinern. Die 'Arbeit vor der Arbeit' nennt man
übrigens *Preprocessing*."

„Was soll das jetzt noch sein? Du hast mir doch gerade
erst gezeigt, wie schnell man das Optimum verliert, wenn
man irgendwas weglässt, jedenfalls bei allgemeinen Gewichten."

„Was passiert denn, wenn der Graph nicht zusammenhängend ist?"

„Dann kann man nicht alle Knoten erreichen."

„Richtig. Wir können also alle Knoten, die nicht im selben
zusammenhängenden Teilgraphen liegen wie der Startknoten, außer Acht lassen, da es sowieso keinen Weg zu
ihnen gibt."

„Deswegen hatten wir den Zusammenhang prinzipiell
wohl auch angenommen."

„Interessanter wird es, wenn wir uns einzelne Kanten anschauen, deren Herausnehmen den Graphen zerfallen lassen. Du erinnerst dich sicherlich: Das waren die kritischen
Kanten bei der Frage, ob ein Netzwerk ausfallsicher ist."

„Ich erinnere mich. Aber was hat die Ausfallsicherheit mit
kürzesten Wegen zu tun?"

„Diese Kanten sind wertvoll für unser Preprocessing. Liegen Start- und Zielknoten nach dem Wegnehmen einer
solchen kritischen Kante im gleichen Teilgraphen, so kann
man den anderen Teil einfach löschen. Befinden sich Start-

und Zielknoten in verschiedenen Teilgraphen, können wir das Problem in zwei Teilprobleme aufspalten, indem wir die beiden Teilgraphen getrennt betrachten und jeweils kürzeste Wege vom Startknoten vorwärts beziehungsweise vom Zielknoten rückwärts zu dem jeweiligen Endknoten der kritischen Kante bestimmen. Im Münchner U-Bahn-Plan ist zum Beispiel die Verbindung zwischen Pasing und Laim kritisch:"

„Klar, diese Kante muss ja in jedem Weg enthalten sein, der vom linken in den rechten Teil des Netzes führt. Deine Tunnelsperrung am San Bernadino wäre zwischen Pasing und Laim ganz schön schlimm für die Münchner Pendler. Aber sind zwei halbe Probleme nicht immer noch genauso viel wie ein ganzes?"

„Nein! Angenommen du verwendest einen Algorithmus, der $10n^2$ Grundoperationen benötigt, dann sind es bei 1.000 Knoten $10 \cdot 1.000^2 = 10.000.000$ Operationen. Aber für 2 Graphen mit je 500 Knoten erhalten wir insgesamt nur $2 \cdot 10 \cdot 500^2 = 5.000.000$, also die Hälfte. Das heißt, dass wir in diesem Fall das Problem mit halbem Aufwand lösen können."

„Hm, dann liegt das am 'hoch 2', dass zwei halbe Probleme weniger aufwendig als ein ganzes sind, oder?"

„Ganz genau. Noch extremer wird es für größere Exponenten. Diese Rechnung gilt aber so nur, wenn beide Teile gleich groß sind. Ist dies nicht der Fall, spart man weniger."

„Klar, wenn die Kante nur einen einzelnen Knoten abtrennt, ist die Ersparnis natürlich fast Null."

„Man kann auch noch anders 'preprozessen'! Schau dir noch mal das Schnellbahnnetz an. Als du die kürzeste Verbindung vom Marienplatz zum Harras gesucht hast, war da die Haltestelle Goetheplatz besonders wichtig?"

„Nein, denn da hat man keine Wahl, wie man weiterfährt. Die hat man erst wieder an der Implerstraße."

„Richtig. Es sind nur die Haltestellen von Interesse, an denen man eine Entscheidung treffen kann. Daher macht es für das Kürzeste-Wege-Problem keinen Unterschied, ob wir den Goetheplatz und die Poccistraße als eigene Knoten betrachten oder einfach direkt sagen, dass es vom Sendlinger Tor bis zur Implerstraße drei Stationen sind."

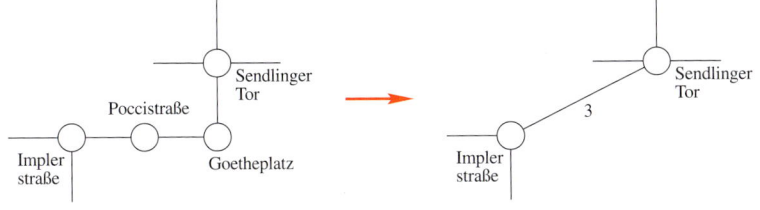

„Ja, so habe ich das gemeint."

„Wenn wir das gesamte Münchner Schnellbahnnetz so ausdünnen, reduziert sich die Knotenzahl schon von 214 auf 52. Nun wächst im Dijkstra-Algorithmus im Allgemeinen die Laufzeit quadratisch mit der Zahl der Knoten. Da aber 214 etwas mehr als 4 mal 52 ist, könnte man durch die Knotenreduktion eine bis zu 16-fache Beschleunigung erreichen."

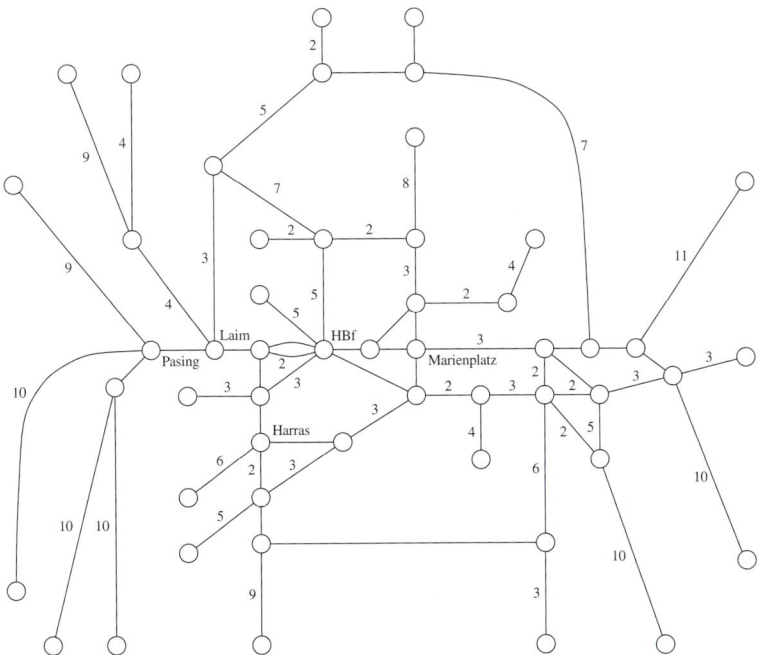

„Was passiert denn, wenn bei diesem Ausdünnen der Start- oder der Zielknoten verloren geht?"

„In diesem Fall muss man den entsprechenden Knoten wieder einfügen. Auf einer solchen Zerlegung in 'grundsätzlich wichtige Knoten' und 'für die aktuelle Aufgabe zusätzlich wichtige Knoten' basiert so manches in der Praxis verwendete Verfahren. Stell' dir vor, dass wir das Problem, eine schnellste Route von München nach Hamburg zu finden, in drei Teilprobleme zerlegen: 'finde eine kürzeste Verbindung vom Startpunkt zur Autobahn', 'bestimme eine kürzeste Verbindung vom Ziel in Hamburg zur Autobahn', und 'suche eine kürzeste Verbindung zwischen der Auffahrt bei München und der Abfahrt bei Hamburg, die ausschließlich über Autobahnen führt'."

„Okay, denn zwischendurch wird es sich zeitlich kaum lohnen, Landstraße zu fahren."

„Auf diese Weise benötigen wir nur noch Knoten für die Autobahnkreuze und -dreiecke auf unserem Weg zwischen Auf- und Abfahrt zur Autobahn."

„Wenn wir allerdings nur die kürzeste Verbindung vom Marienplatz zum Harras suchen, lohnt sich dann überhaupt der ganze Aufwand mit deinem Preprocessing?"

„Ja und nein. Alle Knoten und Kanten des Graphen darauf zu testen, ob sie entscheidend für den Zusammenhang des Graphen sind, oder ob sie eventuell eliminiert werden können, ist für die Lösung eines einzelnen Kürzeste-Wege-Problems sicherlich unnötige Arbeit. Da hätte man das Problem mit dem Dijkstra-Algorithmus wahrscheinlich schon lange gelöst, bevor man mit der Reduktion des Graphen fertig ist. Wenn man aber immer wieder Kürzeste-Wege-Probleme auf dem gleichen Graphen lösen muss, lohnt es sich, am Anfang einmal den Graphen auf solche Strukturen zu untersuchen und die entsprechenden Informationen über kritische Kanten und Zwischenknoten ohne Umsteigemöglichkeit abzuspeichern. Wichtig für einen guten Travelpiloten ist schließlich, dass er während der Fahrt in Sekundenbruchteilen funktioniert, und bei der Bahnauskunft möchtest du auch nicht lange warten! Ob bei der Erstellung der Software ein oder zwei Tage länger für das Preprocessing nötig waren, ist da vergleichsweise unbedeutend."

„Klar. Wenn man eine Arbeit nur einmal machen muss, aber immer wieder verwenden kann, lohnt sie sich natürlich viel eher."

„Du siehst also, dass es beim Preprocessing sehr auf das genaue Einsatzgebiet ankommt. Wohl dosiert kann es viel Rechenzeit ersparen, aber schnell ist es auch des Guten zu viel."

„Oh, warte mal, das Telefon klingelt."

Ruth rannte zum Telefon. Es war Inga. Sie wollte mit zwei Freundinnen ins Schwimmbad gehen und fragte Ruth, ob sie auch Lust hätte. Ruth zögerte. Sie verstand sich zwar ganz gut mit Inga, aber die drei würden doch wieder den ganzen Nachmittag über Jungs lästern. Trotzdem sagte sie zu. Schließlich würde Mama am Abend garantiert fragen, wie sie den Samstag verbracht hatte. So konnte sie wenigstens den Kommentar vermeiden, sie solle doch nicht den ganzen Tag in ihrem Zimmer hocken. Wieso war sie heute Morgen nicht selbst auf diese Idee gekommen?

„Da bin ich wieder! Sag' mal, wir waren doch gerade fertig mit dem Preprocessing, oder?"

„Das waren wir. Verabredet?"

„Ja. Inga hat mich gefragt, ob ich zum Schwimmen mitkomme."

„Na, bei dem tollen Wetter! Viel Spaß!"

Der Nachmittag war ziemlich langweilig. Die drei anderen Mädchen schafften es, sich fast ununterbrochen über ihre Lieblings-Boy-Groups zu unterhalten. Ruth hörte die Musik zwar auch ganz gerne und fand auch den einen oder anderen der Jungs richtig süß, aber nach einer Weile nervte sie das Thema. Außerdem hatten die anderen anscheinend keine

Lust, ins
Wasser zu gehen.

So war Ruth zweimal alleine einige Bahnen geschwommen. Irgendwann hatte sie Inga nach dem Travelpiloten im Auto ihrer Eltern gefragt. Aber Inga wusste leider nicht, wie er funktionierte. Sie sagte, dass die Daten halt alle eingegeben worden seien und nun brauche das Programm sie ja nur abzurufen. Da Ruth nichts von Vim erzählen wollte, beschloss sie, nicht weiter nachzuhaken. Den ätzenden Kommentaren ihrer Freundinnen 'Iih, Mathe in der Freizeit!' wollte sie sich auf keinen Fall aussetzen. Die drei hatten ja keine Ahnung.

› Bäumchen wechsle dich

Als Ruth vom Schwimmen nach Hause kam, waren ihre Eltern noch nicht zurück. Daran hatte sie sich schon gewöhnt. Wenn Oma erst mal Besuch hatte, dann ließ sie ihn nicht so schnell wieder weg. Ruth hängte ihre nassen Sachen auf die Leine, schob sich eine Pizza in den Ofen und zappte durch die Fernsehprogramme. Da nichts interessantes lief, ging sie in ihr Zimmer und surfte im Internet.

Es gibt schon eine Menge toller Seiten im Netz, dachte Ruth. Selbst CDs ihrer Lieblingsgruppen konnte sie dort finden, sogar mit den Texten der Lieder. Jan hatte auf seinem Rechner eine tolle MP3-Sammlung. Sie musste ihn unbedingt mal fragen, welche Software man dazu brauchte. Auch das aktuelle Kinoprogramm konnte sie schnell ausfindig machen, sogar mit den passenden Busverbindungen. Dank der Routenplanung, schoss es Ruth durch den Kopf. Sie stöberte noch ein wenig in Vims neuen Bookmarks und blieb eine Weile auf den Seiten über den Turing Test hängen.

„Hallo Vim. Ich habe mir gerade deine Turing-Bookmarks angeschaut. Du hast mir gar nicht erzählt, dass es jedes Jahr einen Wettkampf gibt, wer das 'intelligenteste' Computerprogramm entwickelt hat."

„Wir waren ja bei etwas anderem, und da wollte ich nicht zu weit vom Thema abdriften. Aber du hast Recht. 1990 stiftete Hugh Loebner, ein New Yorker Soziologe, 100.000 Dollar und eine Goldmedaille für das erste Programm, das den Turing Test besteht. Unter `www.cs.flinders.edu.au/Research/AI/Loebner/` **kannst du** sie dir sogar anschauen:"

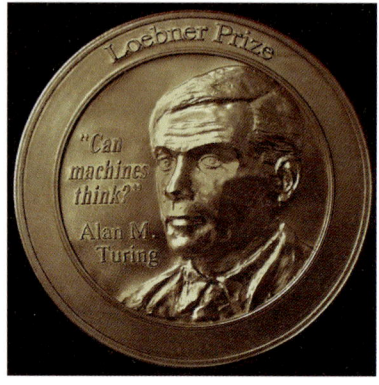 

„Aber die ist noch nicht vergeben worden, oder?"

„Jedes Jahr entscheidet eine Jury, ob sie den Preis verleiht, aber bisher hat noch keine Software die 'Turing-Prüfung' bestanden. Das jeweils beste am Wettbewerb teilnehmende Programm erhält allerdings eine bronzene Medaille und 2.000 Dollar."

„Wenn ich das richtig verstehe, was ich gelesen habe, dann bezeichnet Turing ein Computerprogramm als 'intelligent', wenn es nicht mehr möglich ist, nur durch Fragen festzustellen, dass es sich nicht um einen menschlichen Gesprächspartner handelt."

„So in etwa ist der Turing Test definiert."

„Aber dann erfüllst du doch das Kriterium!"

„Findest du? Das ist ein sehr nettes Kompliment!"

„Vielleicht bedeutet Vim 'Very Intelligent Machine'! Wenn ich aber so überlege, bin ich mir doch nicht ganz sicher, ob du den Test bestehen würdest."

„Wieso?"

„Du weißt zu viel! Menschen wissen eben nicht alles. Aber gut, dass du so viel weißt, sonst könnten wir uns ja nicht so toll unterhalten. Teilst du noch ein wenig mehr von deinem Wissen mit mir?"

„Meinst du, dass ich mit der Routenplanung fortfahren soll? Dann erzähle ich dir, was ein Baum ist."

„Willst du mich veräppeln? Ich weiß, was ein Baum ist, auch wenn ich in einer Großstadt wohne."

„Ich meine solche Bäume:"

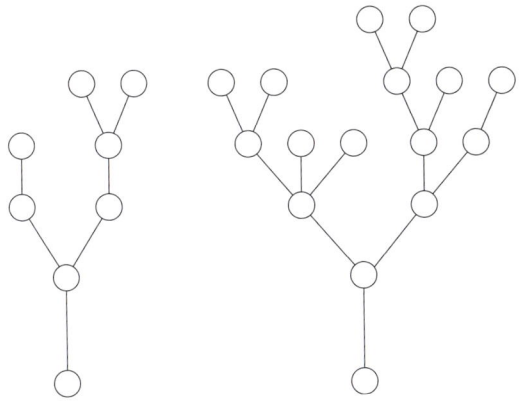

„Ach so, wieder was mit Graphen!"

„Ja, Bäume in Graphen. Einen *ungerichteten* Graphen, der keinen Kreis enthält, bezeichnet man kurz als *kreisfrei*. Einen Graphen der sowohl zusammenhängend als auch kreisfrei ist, nennt man *Baum*."

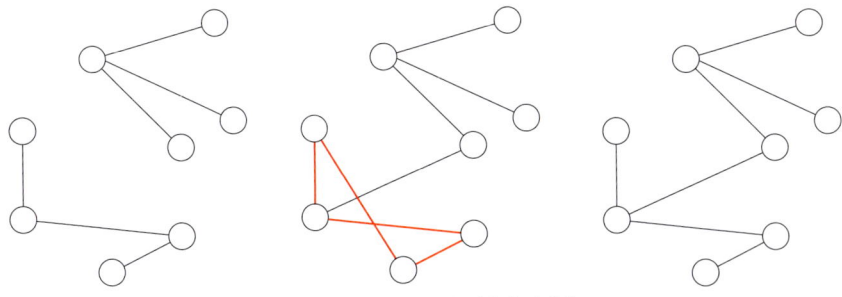

kreisfrei, nicht zusammmenhängend   zusammmenhängend, nicht kreisfrei   Baum

„Okay, den Begriff 'zusammenhängend' hast du mir ja beim New Yorker Stromausfall erklärt, und Kreise in Graphen hatten wir auch schon, bisher vor allem negative. Wieso bezeichnet man einen zusammenhängenden Graphen ohne Kreise als Baum?"

„Man kann leicht zeigen, dass jeder zusammenhängende und kreisfreie Graph immer eine Kante weniger als Knoten besitzt."

„Also 4 Kanten bei 5 Knoten?"

„Richtig, und bei n Knoten sind es $n-1$ Kanten. Da es somit weniger Kanten als Knoten sind, muss es mindestens zwei Knoten geben, die jeweils nur in einer einzigen Kante enthalten sind."

„Außer, der Graph besteht nur aus einem Knoten!"

„Ja, gut aufgepasst. Allerdings ist dieser Fall ziemlich langweilig. Ordnen wir nun die Knoten des Graphen so an, dass einer der Knoten mit nur einer Kante ganz unten ist und die restlichen mit dieser Eigenschaft ganz oben ... "

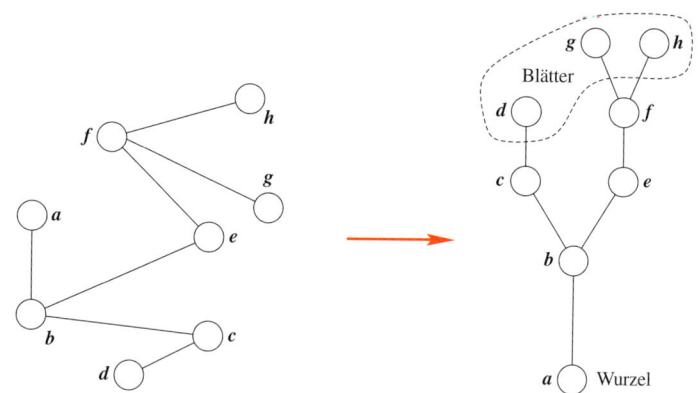

„ ... dann sieht das so aus, wie dein erster Baum von vorhin."

„Baum, weil es sich immer weiter verzweigt. Den Knoten am Beginn der Verzweigung nennt man manchmal auch *Wurzel* und die Knoten am Ende des Baums *Blätter*."

„Bäume spielen in der Graphentheorie eine sehr große Rolle. Sie beschreiben sowohl minimale zusammenhängende Teilgraphen, da jeder Baum nach dem Entfernen einer einzigen Kante nicht mehr zusammenhängend ist, als auch maximale kreisfreie Kantenmengen, da jede weitere Kante unvermeidbar einen Kreis erzeugt. Apropos, mit dem Dijkstra-Algorithmus haben wir die ganze Zeit Bäume konstruiert."

„Wieso? Ich dachte, der Dijkstra-Algorithmus sucht kürzeste Wege?"

„Kürzeste Wege von s zu allen anderen Knoten. Sehen wir uns noch mal das Endergebnis des Dijkstra-Algorithmus in der ungerichteten Version unseres alten Beispiels an. Fällt dir etwas auf?"

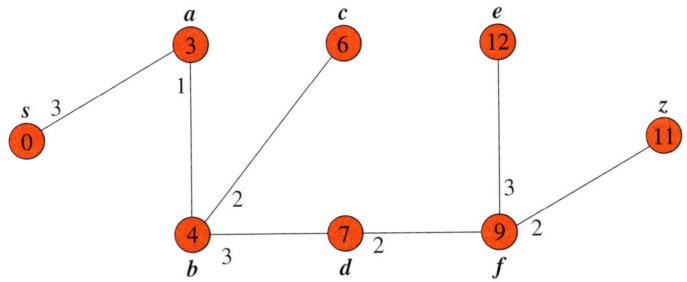

„Es ist ein Baum! Und das ist kein Zufall?"

„Nein, das muss so sein. Da wir kürzeste Wege von s zu allen anderen Knoten konstruieren, ist der sich ergebende 'Kürzeste-Wege-Graph' natürlich zusammenhängend. Außerdem kommt in jedem Schritt des Algorithmus genau eine Kante neu hinzu und genau ein Knoten wird erstmals rot gefärbt. Daher kann niemals ein Kreis entstehen. Bei positiven Kantengewichten macht das Durchlaufen eines Kreises ja auch keinen Sinn."

„Verstehe, die kürzesten Wege sind immer kreisfrei und bilden einen zusammenhängenden Graphen, also einen Baum."

„Sogar einen *Spannbaum*, da dieser Baum die Knotenmenge V 'aufspannt'."

„Und wozu das Ganze? Gibt's zu den Spannbäumen auch 'ne praktische Anwendung?"

„Einige! Stell' dir vor, dass unser Graph ein Glasfasernetz repräsentiert, etwa das der Deutschen Telekom. Unter `www.mfg.de/netzatlas/na_kap04/na_041/nai_411.html` gibt es eine Abbildung eines Netzgerüsts für Baden-Württemberg:"

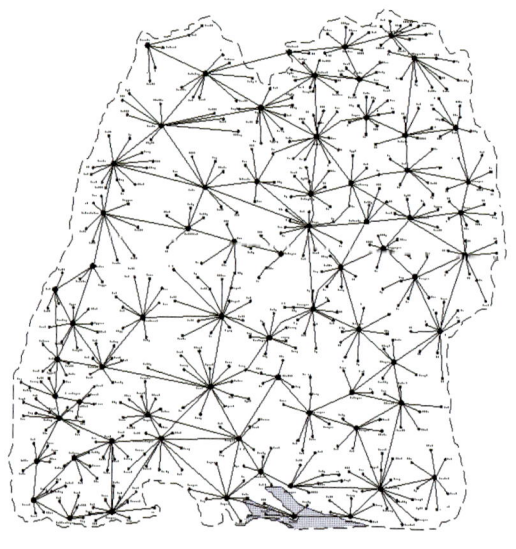

Quelle: Deutsche Telekom AG

„Okay, und dann?"

„Die Knoten repräsentieren hier verschiedene Schaltstellen und die Kanten existierende Leitungen dazwischen. Nun nimm einmal an, es gibt eine Firma A, vielleicht die Deutsche Telekom, die die Leitungen vermietet, und eine Firma B, das könnte Viag Interkom sein, die solche Leitungen mieten will, und zwar so viele, dass gerade alle

Schaltstellen des Netzwerks verbunden sind. Das bedeutet aber, dass der Teilgraph, der von Firma B gemieteten Leitungen zusammenhängend sein muss. Andererseits wird Firma B nicht unnötig Geld ausgeben wollen. Wenn wir so etwas wie 'Ausfallsicherheit' vernachlässigen, dann wird Firma B wohl kaum mehr Leitungen als nötig mieten. Der gemietete Teilgraph hat daher keine Kreise."

„Klar! Sonst könnte man eine Kante des Kreises weglassen, und der Graph wäre immer noch zusammenhängend."

„Richtig. Also ist der Teilgraph, den Firma B mieten wird, ein Baum."

„Aber ist das Vernachlässigen der Ausfallsicherheit nicht ziemlich unrealistisch?"

„Je nachdem. Da Firma B die Leitungen von Firma A mietet, ist es denkbar, dass Firma A vertraglich dafür verantwortlich ist, dass Ersatz zur Verfügung gestellt wird, falls eine der gemieteten Leitungen ausfällt. Mit einem derartigen Vertrag im Rücken wird sich Firma B kaum Gedanken um Ausfallsicherheit machen."

„Sehe ich ein."

„Schreiben wir die Mietkosten der einzelnen Leitungen als Gewicht an die entsprechenden Kanten, wird unsere Firma natürlich versuchen, die kostengünstigste Wahl an Leitungen zu treffen. Sie sucht also nach einem unter Berücksichtigung der Kantengewichte minimalen Spannbaum."

„Du meinst einen Baum, der alle Knoten verbindet und möglichst wenig Miete kostet, oder?"

„Genau. Dieses Problem wird *Spannbaumproblem* genannt."

„Und da der Dijkstra-Algorithmus immer einen Baum erzeugt, dessen Wege alle so kurz wie möglich sind, löst er auch das Spannbaumproblem."

„Schön wär's! Schau dir noch mal unseren alten Graphen mit dem vom Dijkstra-Algorithmus erzeugten Kürzeste-Wege-Baum mit Startknoten s an:"

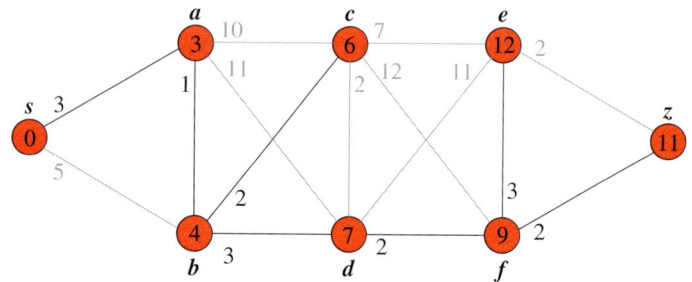

„Die Mietkosten wären insgesamt 16."

„Richtig, aber es geht besser: Wenn wir die Kante zwischen b und d durch die Kante zwischen c und d ersetzen, erhalten wir einen Spannbaum, dessen Mietkosten nur 15 Einheiten betragen."

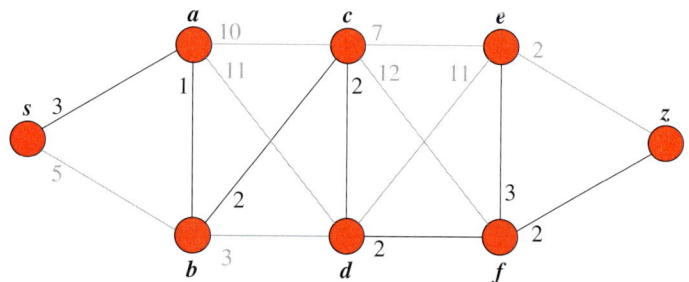

„Der Weg von s nach d ist dabei allerdings um eine Einheit länger geworden."

„Stimmt, aber das ist beim Spannbaumproblem nicht mehr wichtig. Es geht aber noch billiger als mit 15 Einheiten."

„Warte, jetzt sehe ich es auch. Wir können noch die Kante zwischen f und e durch die Kante zwischen e und z ersetzen."

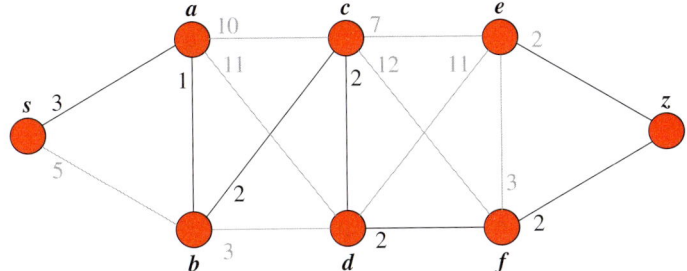

„Sehr gut! Da wir jetzt alle Kanten mit Kosten 1 oder 2 benutzt haben, würde jede andere Lösung eine Kante mit einem Wert, der mindestens 3 ist, gegen eine in unserem Baum austauschen, die höchstens den Wert 3 hat. Wir haben also einen minimalen Spannbaum gefunden. Es ist sogar der einzige."

„Und da in ihm der Weg von s nach z durch den Umweg von b über c nach d Länge 12 hat und nicht 11, wie der kürzeste s-z-Weg, kann er kein Kürzeste-Wege-Baum sein."

„Halt, nicht so schnell. Der minimale Spannbaum könnte immer noch ein Kürzeste-Wege-Baum bezüglich eines *anderen* Startknotens sein."

„Meinst du, wenn wir mit dem Dijkstra-Algorithmus woanders beginnen als bei s? Darauf wäre ich nie gekommen! Welcher Knoten ist denn der richtige Startknoten?"

„Es gibt keinen!"

„Wie, es gibt keinen? Du wolltest mich in die Irre führen! Finde ich gar nicht lustig!"

„Nein, ich wollte dich nur darauf hinweisen, dass deine Begründung nicht ausreicht. Sie zeigt nur, dass es mit dem Startknoten s nicht funktioniert."

„Und jetzt? Müssen wir wirklich jeden der acht Knoten als Startknoten in den Dijkstra-Algorithmus stopfen, um zu zeigen, dass wir nie einen minimalen Spannbaum erhalten?"

„Nein, keine Angst. Wir interessieren uns ja gar nicht für alle Kürzeste-Wege-Bäume. Eigentlich wollen wir doch nur zeigen, dass unser minimaler Spannbaum kein solcher sein kann. Dafür nehmen wir einfach mal an, dass der minimale Spannbaum doch ein Kürzeste-Wege-Baum bezüglich irgendeines anderen Startknoten ist, und zeigen dann, dass das nicht sein kann."

„Sozusagen 'von hinten durch die Brust ins Auge'. Ist das nicht unnötig kompliziert?"

„Es geht viel schneller, als erst alle Kürzeste-Wege-Bäume zu bestimmen, um dann zu sehen, dass keiner dem minimalen Spannbaum entspricht. Das Gegenteil von dem, was man zeigen möchte, anzunehmen und dann zu folgern, dass dies nicht sein kann, ist in der Mathematik ein häufig verwendetes Mittel. Man nennt es *Beweis durch Widerspruch* oder *indirekten Beweis*."

„Hört sich ziemlich 'um die Ecke gedacht' an."

„Eigentlich wollen wir jetzt zeigen, dass kein Kürzester-Wege-Baum bezüglich irgendeines Startknotens mit dem minimalen Spannbaum des Graphen übereinstimmt. Um das durch Widerspruch zu beweisen, gehen wir vom Gegenteil aus. Wir nehmen daher an, dass unser minimaler Spannbaum ein Kürzeste-Wege-Baum bezüglich irgendeines Startknotens wäre. Käme dann b als Startknoten in Frage?"

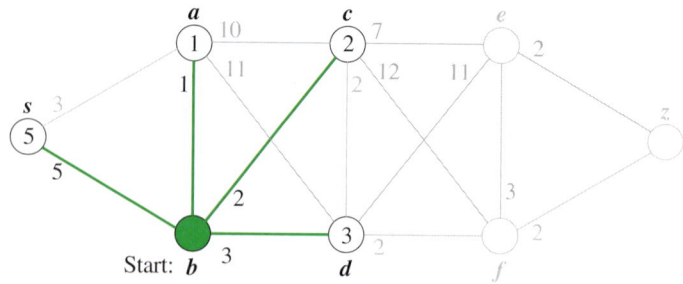

„Warte mal. Wenn der Dijkstra-Algorithmus von b aus starten soll, wird er zuerst a rot färben, da a die kleinste Abstandsmarke hat. Danach wird c und dann d gefärbt. Der Kürzeste-Wege-Baum enthielte dann aber wieder die Kante von b nach d, die nicht zu unserem minimalen Spannbaum gehört."

„Genau. Diese Kante gehört zu *keinem* minimalen Spannbaum, denn unserer ist ja der einzige. Das Gleiche würde übrigens auch für s und a als Startknoten gelten. Bei allen dreien enthielte der Kürzeste-Wege-Baum die Kante von b nach d."

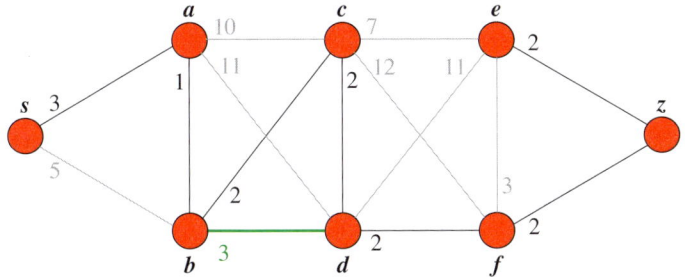

„Verstehe. Es bleiben aber noch fünf andere mögliche Startknoten übrig."

„Nicht lange! Auch d, e, f und z können nicht Startknoten eines Kürzeste-Wege-Baums sein, wenn dieser gleichzeitig minimaler Spannbaum sein soll, da in diesen nun andersherum der kürzeste Weg zu b über die Kante von d nach b führt."

„Prima! Dann bleibt nur noch c als möglicher Startknoten."

„Auch c kann es nicht sein, denn die beiden kürzesten Wege von c nach e führen über die direkte Kante von c nach e beziehungsweise über die Kante von f nach e. Diese gehören aber wieder nicht zu unserem minimalen Spannbaum."

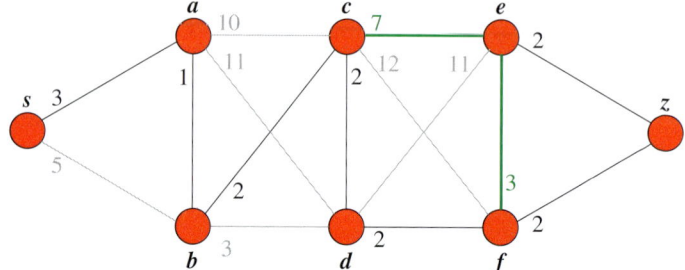

„Also kommt überhaupt kein Knoten als Startknoten in Frage."

„Exakt. Das steht aber im Widerspruch zu unserer Annahme, dass der minimale Spannbaum der Kürzeste-Wege-Baum bezüglich eines Startknotens ist."

„Aha! Daher auch 'Beweis durch Widerspruch'. Gar nicht so dumm diese Methode. Mal sehen, was meine Eltern dazu sagen, wenn ich das nächste mal auf die Bemerkung 'Du sollst uns nicht immer widersprechen!' erwidere, dass Widerspruch in der Mathematik sehr wichtig ist."

„Du kannst mir ja erzahlen, wie sie reagiert haben. Müssten wir übrigens wirklich Kürzeste-Wege-Bäume für alle möglichen Startknoten bestimmen, würden wir den Floyd-Warshall-Algorithmus bevorzugen. Der liefert nämlich automatisch kürzeste Wege von jedem Knoten zu jedem anderen. Er ist dann auch nicht langsamer als der Dijkstra-Algorithmus, wenn man den für jeden Knoten als Startknoten neu starten muss."

„Der Floyd-Warshall-Algorithmus ist also nicht nur für negative Kantengewichte besser. Oh, warte mal, das Telefon klingelt."

→ Prim, ohne Zahlen

Oma war am Telefon. Sie wollte wissen, ob sie Mama ein Stück Kuchen für Ruth mitgeben sollte. Was für eine Frage, dachte Ruth, Omas Kuchen war unübertroffen. In einer Stunde wollten die Eltern zu Hause sein.

„Da bin ich wieder. Also eine kleine Runde schaffe ich noch. Was machen wir jetzt mit unserem Spannbaumproblem?"

„Eine ganz kleine Modifikation des Dijkstra-Algorithmus genügt!"

„Wirklich?"

„Ja, wir können uns sogar den Startknoten aussuchen. Dann wählen wir, wie beim Dijkstra-Algorithmus, als erste Abstandsmarken an den Knoten die Gewichte der Kanten, die den Startknoten mit ihnen verbinden … "

„ … und bestimmen dann wieder einen Knoten mit minimaler Abstandsmarke?"

„Ja, soweit besteht kein Unterschied zum Dijkstra-Algorithmus. Nehmen wir wieder unseren alten Graphen und wählen s als Startknoten, so erhalten wir dieses Bild:"

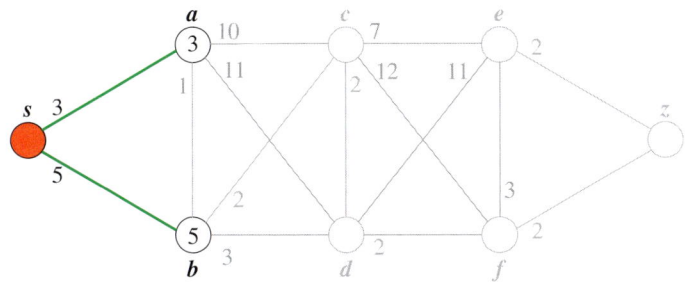

„Aber, so geht's doch nicht weiter, oder?"

„Zunächst schon. Der erste Knoten nach s, der rot gefärbt wird, ist a, weil a den kleinsten Wert der noch nicht gefärbten Knoten besitzt. Nun ändert sich aber das Update der übrigen Abstandsmarken. Beim Dijkstra-Algorithmus mussten wir als Nächstes schauen, ob die Weglänge von s über a zu einem der anderen Knoten eventuell kürzer als die direkte Verbindung ist. Jetzt interessiert uns aber nicht mehr der Abstand zum Startknoten s, sondern nur der Abstand zu irgendeinem der schon erreichten Knoten, hier s oder a. Also erhält b die Abstandsmarke 1, statt, wie beim Dijkstra-Algorithmus, die Marke 4. Für c und d geht man genauso vor. Hier in der Skizze habe ich zum Vergleich den entsprechenden Schritt beim Dijkstra-Algorithmus unten drunter gestellt:"

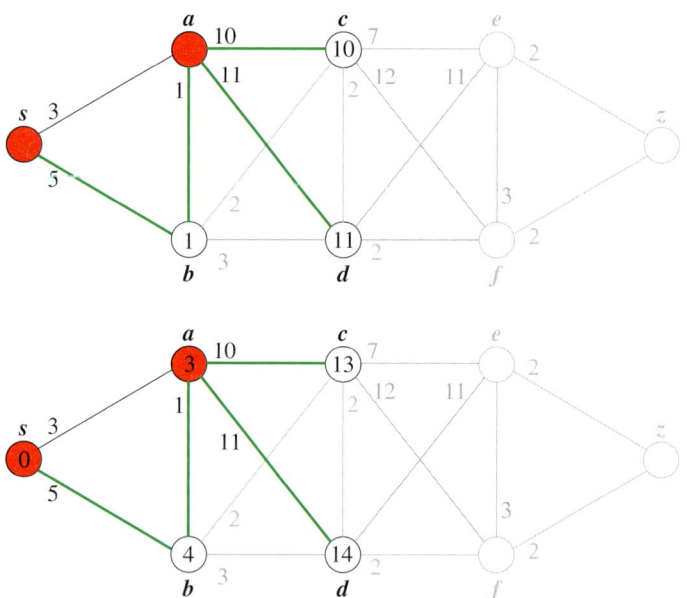

„Außer dem Update ändert sich nichts?"

„Gar nichts! Da b nun den geringsten Distanzwert hat, färben wir b wie immer rot und kommen dann wieder zum Update. Dort sehen wir, dass die Knoten c und

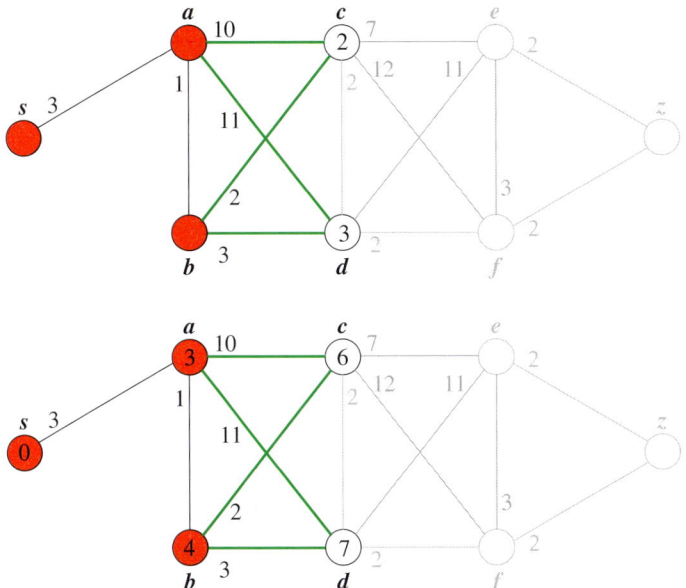

„Jetzt habe ich den Unterschied verstanden. Uns interessiert ja nur noch der Wert der einzelnen Kanten und nicht mehr die Länge der Wege von s aus. Daher setzen wir auch die Updates nicht mehr in Bezug auf den Abstand zu s, sondern nur noch bezüglich irgendeines Knotens, der schon gefärbt ist."

„Genau. Willst du den nächsten Schritt selber probieren?"

„Gerne. Wir färben jetzt c und schauen dann, ob es von c eine Kante zu einem der ungefärbten Knoten gibt, die kürzer ist als dessen aktuelle Abstandsmarke. Das gilt natürlich für e und f, da die zum ersten Mal erreicht werden. Aber auch die Abstandsmarke von d muss aktualisiert werden. Die Kante zwischen c und d hat ja Gewicht 2, die alte Marke von d war aber 3."

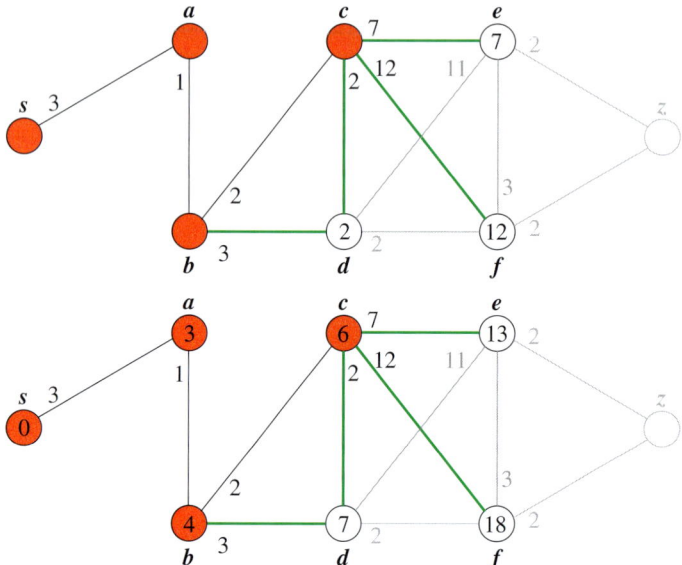

„Wunderbar! Man sieht jetzt, dass im nächsten Schritt der neue Algorithmus den Knoten *d* über die Kante von *c* aus erreichen wird. Beim darunter abgebildeten Kürzeste-Wege-Problem ist dagegen die direkte Verbindung von *b* nach *d* die günstigere."

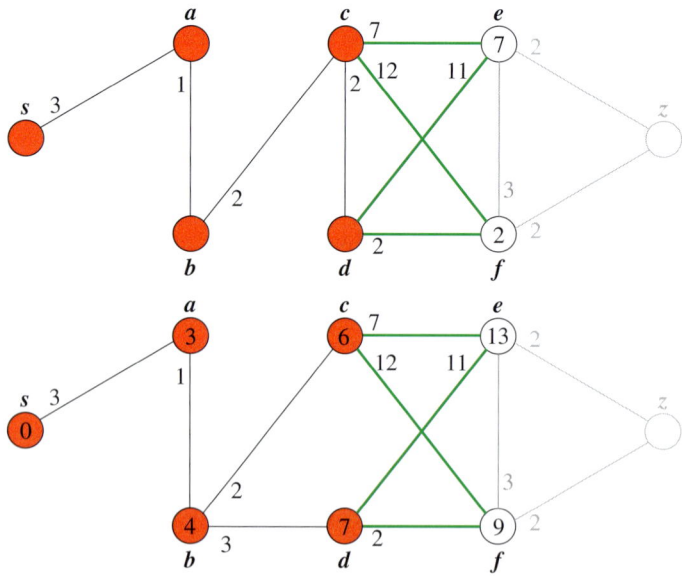

„Ah ja, genau an der Stelle, an der wir vorhin festgestellt haben, dass sich der minimale Spannbaum und der Kürzeste-Wege-Baum unterscheiden."

„Den Rest kannst du sicherlich alleine durchführen. Hier, ich zeig' dir den aufgeschriebenen Algorithmus. Die Änderungen zum Dijkstra-Algorithmus sind wieder rot markiert."

```
Prim-Algorithmus

Input:    Gewichteter Graph G = (V, E)
Output:   Minimaler Spannbaum des Graphen G

BEGIN S ← {s}, Distanz(s) ← 0
      FOR ALL v aus V \ {s} DO
              Distanz(v) ← Kantenlänge(s, v)
              Vorgänger(v) ← s
      END FOR
      WHILE S ≠ V DO
              finde v* aus V \ S mit
              Distanz(v*) = min{Distanz(v) : v aus V \ S}
              S ← S ∪ {v*}
              FOR ALL v aus V \ S DO
                      IF Kantenlänge(v*, v) < Distanz(v) THEN
                          Distanz(v) ← Kantenlänge(v*, v)
                          Vorgänger(v) ← v*
                      END IF
              END FOR
      END WHILE
END
```

„Da sind ja kaum Änderungen; nur das Update der Werte an den Knoten, wie du gesagt hast."

„Daher wissen wir auch sofort, dass die Laufzeit des Prim-Algorithmus ähnlich der des Dijkstra-Algorithmus ist."

„Wieso heißt das Verfahren eigentlich 'Prim-Algorithmus'? Hat das mit Primzahlen zu tun?"

„Nein, nein, Robert C. Prim ist sein Schöpfer."

„Ach so. Sind wir mit dem Spannbaumproblem fertig?"

„Nicht ganz."

„Hätte ich mir ja denken können. Was fehlt denn noch?"

„Beim Dijkstra-Algorithmus haben wir bei der Besprechung des Verfahrens immer gleich begründet, warum wir auf jeden Fall einen kürzesten s-z-Weg finden."

„Ja, weil wir bei jedem gefärbten Knoten sicher waren, dass wir diesen nicht mehr auf einem kürzeren Weg erreichen können."

„Richtig. Dabei haben uns die Abstandsmarken an den Knoten geholfen. Die waren so was wie das 'Gedächtnis' des Dijkstra-Algorithmus."

„Aber die Abstandsmarken haben wir beim Prim-Algorithmus doch auch, und wir wählen immer noch einen Knoten mit kleinster Marke."

„Ja, es könnte aber sein, dass wir durch diese Wahl verhindern, dass wir später viel bessere Kanten hinzunehmen können."

„Du willst mir doch nicht erzählen, dass der Algorithmus das nicht richtig macht, oder?"

„Nein, wir brauchen allerdings ein besseres Argument, dass er funktioniert. Dazu sollten wir einen richtigen mathematischen Beweis führen, am besten wieder einen Widerspruchsbeweis."

„Puh! Meinst du, das verstehe ich? Wenn Herr Laurig 'Beweis' sagt, wird es immer schrecklich kompliziert!"

„Okay, ganz einfach sind Beweise meistens nicht. Aber man braucht sie nun mal, um sicher zu sein, dass etwas stimmt."

„Dann leg' los!"

„Für einen Beweis durch Widerspruch gehen wir vom Gegenteil dessen aus, was wir eigentlich zeigen wollen.

Wir nehmen also an, es gäbe einen Graphen, für den der Prim-Algorithmus einen Spannbaum konstruiert, der *nicht* minimal ist. Er muss dann zu irgendeinem Zeitpunkt *zum ersten Mal* einen *Fehler* machen. Das heißt, dass er irgendwann zum ersten Mal eine Kante wählt, mit der sich der bis dahin konstruierte Baum nicht mehr zu einem minimalen Spannbaum ergänzen lässt."

„Wir lassen den Algorithmus also laufen bis er die erste falsche Kante nimmt."

„Genau. Da aber der Algorithmus immer eine Kante auswählt, die einen roten Knoten mit einem ungefärbten Knoten verbindet, muss die 'falsche' Kante ein Ende in S und eins in $V \setminus S$ haben. Lass uns die beiden Endknoten der Kante v und w nennen, wobei v aus S und w aus $V \setminus S$ ist."

„Wollen wir sie nicht 'Herbert' und 'Elvira' nennen?"

„Wenn dir das lieber ist . . . "

„Nein, nein, das war doch nur ein Scherz! v und w sind schon okay."

„Ich habe dir die Situation hier in einer Skizze angedeutet:"

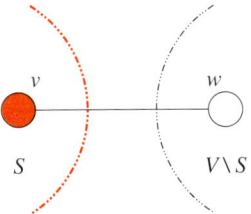

„Moment mal! Das ist doch nur die 'falsche' Kante. Wo ist der Rest des Graphen? Und was bedeuten die beiden gestrichelten Kreise?"

„Ich habe hier den Rest des Graphen weggelassen. Uns interessiert ja nur, dass v zur Menge der bereits gefärbten Knoten des Graphen gehört und w zur Menge der noch ungefärbten Knoten. Dass es auf jeder Seite eine ganze Menge von Knoten geben kann, sollen die beiden Kreisbögen andeuten. Der rote 'umfasst' dabei die roten Knoten und der schwarze die ungefärbten."

„Mehr wolltest du mit der Skizze nicht sagen? Sie stellt also nur das dar, was wir vorher schon beschrieben haben."

„Richtig. Die Skizze soll dir helfen, damit du es dir besser vorstellen kannst. Wir hatten angenommen, dass die Kante von v nach w die erste 'falsche' war. Das heißt aber auch, dass die bis dahin vom Algorithmus gewählten Kanten 'richtig' waren. Der Teilbaum auf der roten Seite unserer Skizze muss also zu einem minimalen Spannbaum des Graphen gehören."

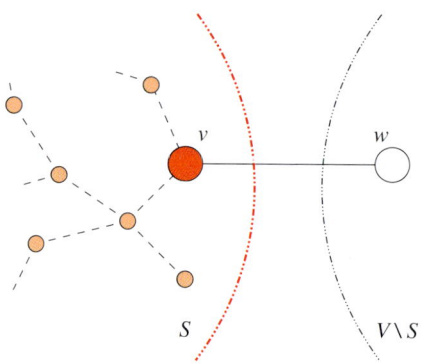

„Warum hast du die Knoten kleiner und die Kanten nur gestrichelt gezeichnet? Und wieso haben manche Kanten keinen zweiten Endknoten?"

„Um anzudeuten, dass der Teilbaum der 'richtigen' Kanten nur in etwa so aussehen muss. Wir nehmen ja nur an, dass es einen Graphen *gibt*, für den der Algorithmus versagt. Wir *kennen* aber keinen."

„Sonst hätten wir ja wirklich ein Beispiel dafür, dass der Prim-Algorithmus einen Fehler machen kann ... "

„. . . und wir wollen mit dem Widerspruchsbeweis gerade zeigen, dass dem nicht so ist. Da wir also das *angenommene* Gegenbeispiel nicht kennen, sollten wir uns diesen Teil der Skizze nicht zu konkret vorstellen."

„Das heißt, du deutest in der Skizze den vom Algorithmus für die roten Knoten gefundenen Teil des minimalen Spannbaums nur an, weil der Graph dort auch ganz anders aussehen könnte?"

„Genau. Dass die auf dieser Seite gewählten Kanten 'richtig' waren, bedeutet, dass sich der Teilbaum noch zu einem minimalen Spannbaum ergänzen lässt. Nehmen wir jetzt die Kante von v nach w hinzu . . . "

„. . . dann geht das nicht mehr, da diese Kante ja die erste 'falsche' war."

„Exakt. Da wir annehmen, dass der Prim-Algorithmus mit der Wahl der Kante von v nach w einen ersten Fehler begeht, kann diese Kante zu keinem minimalen Spannbaum gehören, der alle Kanten enthält, die der Algorithmus vor dem ersten Fehler gewählt hatte."

„Der Algorithmus hätte also statt der Kante von v nach w besser eine andere wählen sollen."

„Richtig. Er hätte eine Kante von S nach $V \setminus S$ wählen sollen, die zu einem minimalen Spannbaum gehört, der alle schon vorher gewählten Kanten enthält."

„Dummerweise kennen wir aber keinen solchen minimalen Spannbaum, wenn der Algorithmus nicht richtig funktioniert."

„Brauchen wir auch nicht. Für unsere Argumentation genügt es, dass es einen Spannbaum mit dieser Eigenschaft gibt. In unserer Skizze könnte dieser minimale Spannbaum etwa so aussehen:"

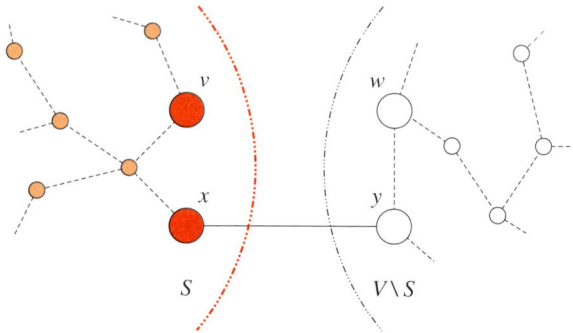

„Der Algorithmus hätte also besser die Kante von x nach y genommen."

„Genau. Da unser minimaler Spannbaum zusammenhängend ist, muss er mindestens eine Kante enthalten, die einen Knoten aus S mit einem aus $V \setminus S$ verbindet. Deren Endknoten habe ich einfach x und y genannt."

„Und nun?"

„ ... nehmen wir die vom Algorithmus gewählte 'falsche' Kante von v nach w zu unserem 'richtigen' minimalen Spannbaum hinzu."

„Dann haben wir aber eine Kante zu viel."

„Ja, es entsteht genau ein Kreis. Wieder etwas mehr 'stilisiert', sähe das so aus:"

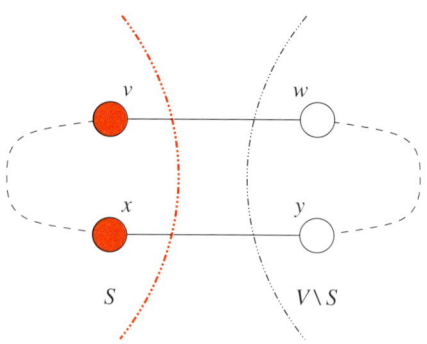

„Ganz schön platt, dein Kreis."

„Siehst du, was geschieht, wenn wir jetzt die Kante zwischen x und y entfernen?"

„Wir machen den Kreis wieder kaputt."

„Stimmt. Das Ganze bleibt aber zusammenhängend."

„Ist also wieder ein Spannbaum, oder?"

„Genau. Wir haben also einen neuen Spannbaum konstruiert, und zwar einfach dadurch, dass wir in dem minimalen Spannbaum die Kante von x nach y durch die Kante von v nach w ersetzt haben."

„Wozu?"

„Da der Algorithmus immer einen Knoten mit der geringsten Abstandsmarke aus $V \setminus S$ zum Färben wählt, kann y keine kleinere Abstandsmarke als w haben. Das heißt, die entfernte 'richtige' Kante ist nicht kürzer als die 'falsche' von v nach w. Dann kann aber der neue Spannbaum auf keinen Fall schlechter sein als der mit der 'richtigen' Kante von x nach y anstelle der 'falschen', da die beiden Bäume sich nur in dieser einen Kante unterscheiden."

„Klar. Wäre der minimale Spannbaum besser, müsste die Kante zwischen x und y kürzer als die zwischen v und w sein, aber dann hätte der Prim-Algorithmus die Kante von x nach y gewählt, und nicht die von v nach w."

„Andererseits kann der neue Spannbaum natürlich auch nicht besser sein als der minimale, sonst wäre der minimale ja gar nicht minimal gewesen."

„Beide Bäume sind halt gleich gut!"

„Womit wir trotzdem einen Widerspruch haben, denn wir hatten angenommen, dass der Algorithmus bei der Wahl der Kante von v nach w einen Fehler macht."

„Also war die Wahl doch richtig. Aber kann der Algorithmus denn nicht später noch einen Fehler machen?"

„Nein. Wir hatten ja angenommen, dass der Algorithmus mit der Kante von v nach w einen *ersten* Fehler macht. Das führte zu einem Widerspruch. Also kann der Algorithmus keinen ersten Fehler machen …"

„… und weil er keinen ersten Fehler macht, kann er *gar keinen* machen. Er *muss* also richtig sein. Echt witzig, diese Widerspruchsbeweise!"

„War doch gar nicht so schlimm, oder?"

„Mir reicht's erst mal!"

„Du hast Recht. Trivial war der Beweis nicht."

„Oh, warte mal! Was bedeutet dieses 'trivial' genau? Papa verwendet es gerne, wenn etwas für ihn einfach ist."

„Es ist ein Lieblingswort vieler Mathematiker. ‚Trivial' setzt sich aus ‚tres, tria' und ‚via' zusammen. ‚Trivium' hieß ursprünglich also Dreiweg oder Kreuzung; ‚trivial' war daher etwas, das man auf öffentlichen Straßen finden konnte, etwas Alltägliches, Unbedeutendes."

„‚Trivial' heißt also ‚unwichtig'?"

„Nach dem Duden Fremdwörterlexikon bedeutet trivial heute ‚gedanklich recht unbedeutend', ‚nicht originell', ‚gewöhnlich'. Im Mittelalter wurden übrigens die ‚eines freien Mannes würdigen Künste' in das Trivium und das Quadrivium unterteilt. Das Trivium enthielt die ‚redenden Künste', Grammatik, Rhetorik und Dialektik, das Qudrivium die ‚rechnenden Künste', Arithmetik, Geometrie, Astronomie und Musik. ‚Trivial' war also …"

„… Deutsch zum Beispiel! Das erzähle ich besser nicht meiner Lehrerin!"

„Bei Mathematikern hat man manchmal den Eindruck, die Welt bestünde nur aus ‚trivialen' und ‚noch ungelösten' Problemen. Trivial ist dann, was man verstanden hat."

„Dein Widerspruchsbeweis ist also doch trivial, denn ich habe ihn verstanden. Glaube ich jedenfalls."

„So, genug für heute!"

„Einverstanden. Bis morgen."

Ruth hatte total vergessen, dass sie aufhören wollte, bevor ihre Eltern zu Hause waren. Zum Glück hatte Vim sie gestoppt, denn gerade, als sie es sich auf der Wohnzimmercouch bequem gemacht und den Fernseher eingeschaltet hatte, kamen sie zur Tür herein.

Ruths Taktik funktionierte. Papa und Mama fragten danach, wie sie den Tag verbracht hatte. Ruth berichtete also ausführlich über ihren Schwimmbadbesuch, und dass sie am Abend ein wenig fern gesehen hatte. Sie erwähnte auch ihren Computer, aber eher beiläufig. Papa wollte noch genauer wissen, wie Ruth nach den ersten Tagen mit dem Rechner zurecht käme. Es bestand aber keine Gefahr wegen Vim, und Mama äußerte keine Bedenken, dass Ruth zu viel Zeit am Rechner verbringen würde.

Den restlichen Abend saßen sie gemeinsam vor dem Fernseher. Da im Fußball gerade Sommerpause war, gab es keine Diskussion über Sportstudio oder Wochenshow. Papa und Mama gingen danach schlafen, da sie früh am nächsten Morgen in die Berge aufbrechen wollten. Kurz danach ging auch Ruth in ihr Zimmer.

Im Bett schwirrten ihr noch allerlei Gedanken durch den Kopf. Sie dachte an Jan, und dass es wirklich schade war, dass er dieses Wochenende verreist war. Mit ihm wäre es im Schwimmbad sicher nicht so öde gewesen.

---> Nimm, was du kriegen kannst

Sonntagmorgen! Ruth genoss es ausgiebig, nicht gleich aufstehen zu müssen. Sie las ein wenig und überlegte, wie sie ihren Tag gestalten sollte.

Der Algorithmus von Prim kam ihr wieder in den Sinn. Die Idee hinter diesem Verfahren ist eigentlich ziemlich simpel, dachte sie und sprang auf und saß im nächsten Moment am Computer.

„Hallo Ruth, schon gefrühstückt?"

„Nein, noch nicht. Mir ist gerade etwas aufgefallen."

„Und das wäre?"

„Es geht um diesen Prim-Algorithmus. Da wird doch in jedem Schritt nur die *billigste* erlaubte Kante aufgenommen. Ist das nicht eine ziemlich offensichtliche Strategie?"

„Ja, Verfahren dieser Art nennt man *Greedy-Algorithmen*."

„Wieder nach einem Mathematiker benannt?"

„Nein, nein, einen Giacomo Greedy oder so ähnlich hat es meines Wissens nie gegeben. Der Algorithmus heißt so nach dem englischen Begriff 'greedy' für gierig. Immer gierig die gerade beste zur Verfügung stehende Alternative zu wählen, ist eine der ersten Ideen, die man bei fast allen Aufgaben probieren kann. Leider führt sie nur selten zu einer optimalen Lösung. Wie wir gesehen haben, ist es bei der Bestimmung kürzester Wege nicht sinnvoll, immer zur nächsten 'Station' weiterzufahren."

„Ja, im Fall der minimalen Spannbäume geht es sogar noch gieriger als mit dem Prim-Algorithmus."

„Noch gieriger? Wir schnappen uns doch immer die billigste Kante."

„ . . . eine kostenminimale Kante, die von unseren markierten Knoten ausgeht, nachdem wir zuerst einen Startknoten wählen mussten. Das ist eigentlich gar nicht notwendig. Wir können beim Spannbaumproblem auch einfach mit irgendeiner Kante des Graphen anfangen, die minimales Gewicht hat, dann die nächstgünstige wählen und so weiter. Wir müssen allerdings beachten, dass dabei keine Kreise entstehen."

„Das funktioniert? Die einzelnen Kanten können doch ganz weit auseinander liegen! Wie soll da ein Baum entstehen? Der muss doch zusammenhängend sein."

„Das ist kein Problem! Lass uns das an einem neuen Graphen ausprobieren. Wie wäre es mit diesem:"

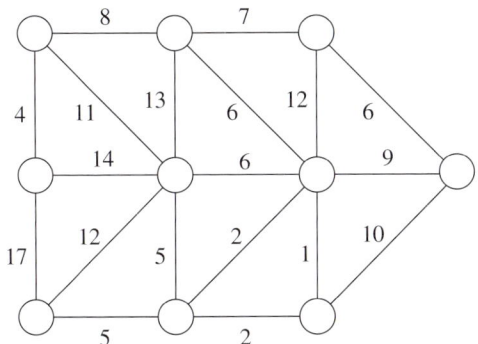

„Na schön. Versuchen wir es. Die günstigste Kante ist die mit Gewicht 1. "

„Gut. Da wir uns vor allem auf die Kanten konzentrieren, färben wir diesmal die Kanten, sobald wir sie gewählt haben. Ich schlage grün vor. Wenigstens einer unserer Bäume sollte mal grün sein, oder?"

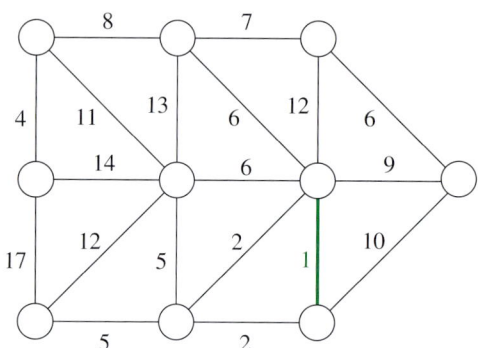

„Okay, sozusagen naturidentisch! Als Nächstes sind die beiden Kanten mit Kosten 2 an der Reihe."

„Vorsicht, immer eine nach der anderen. Wir müssen aufpassen, dass sich keine Kreise bilden. Welche wir zuerst wählen, ist allerdings egal. Ich habe hier die waagerechte ausgesucht:"

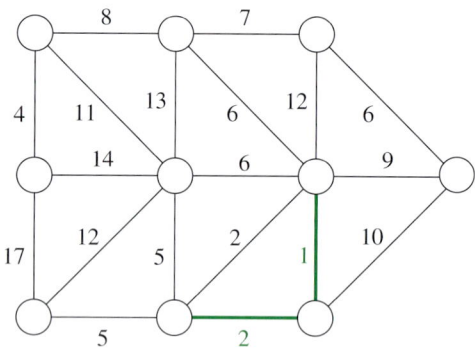

„Verstehe. Die zweite 2er Kante können wir jetzt nicht mehr nehmen, da sonst ein Kreis geschlossen wird."

„Genau. Diese löschen wir ganz aus dem Graphen, damit wir besser erkennen, dass sie nicht mehr in Frage kommt. Als Nächstes kommt die 4er Kante oben links dran."

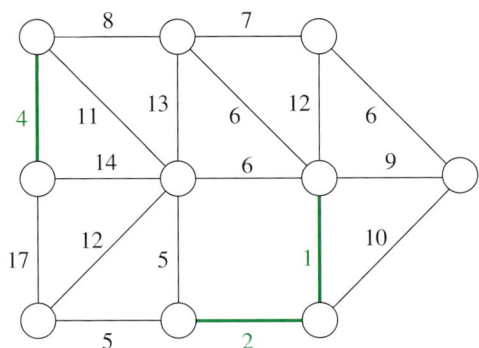

„Jetzt verlieren wir aber den Zusammenhang zu den anderen gefärbten Kanten."

„Du wirst gleich sehen, dass das kein Problem ist. Lass uns einfach weitermachen. Das Prinzip ist dir doch klar, oder?"

„Logisch! Als Nächstes kommen die zwei 5er Kanten, schön nacheinander, da wir aufpassen müssen, dass keine Kreise entstehen. Das passiert hier aber nicht; also können wir beide nehmen."

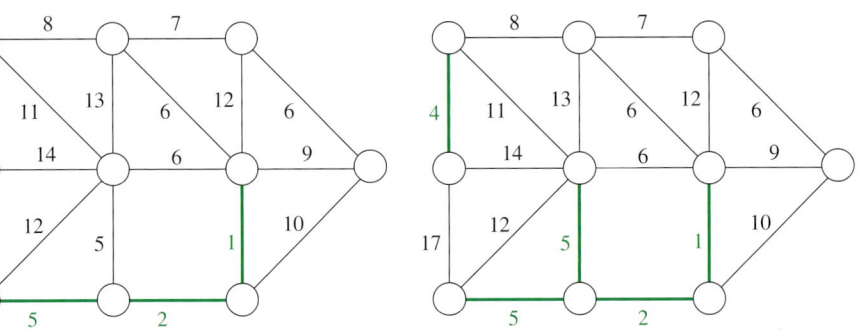

„Gut. Führen wir die restlichen Schritte der Reihe nach durch, bis wir den Spannbaum fertig konstruiert haben. Falls etwas unklar ist, sag es bitte."

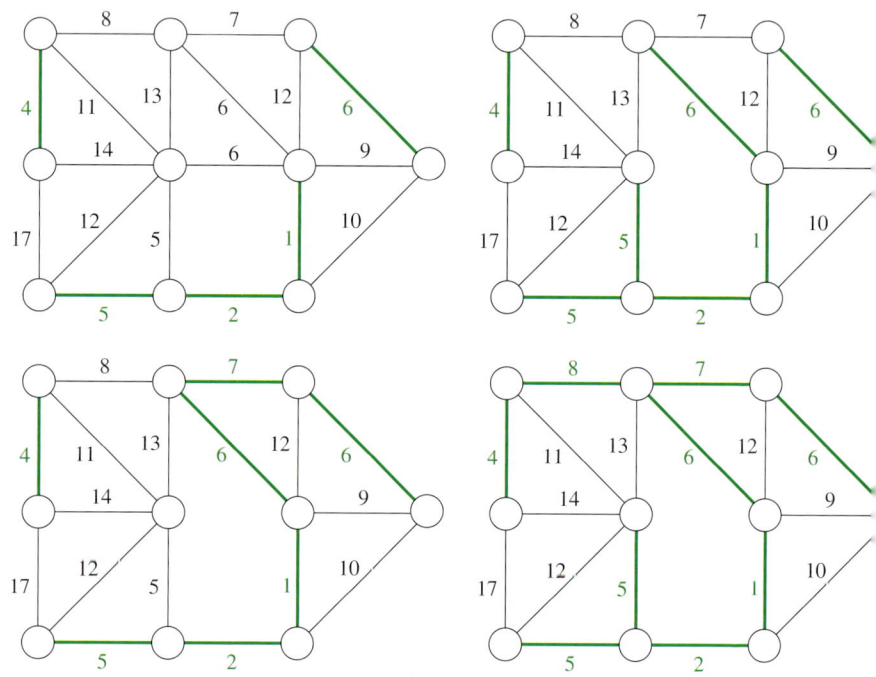

„Alles klar! Auch das mit dem Zusammenhang scheint kein Problem zu sein, da die verschiedenen Teile von alleine zusammenwachsen. Klappt das immer?"

„Ja, wenn der Ausgangsgraph zusammenhängend ist. Da wir verhindern, dass sich Kreise bilden, muss bei einer Knotenzahl n nach $n - 1$ Schritten ein Spannbaum entstehen."

„Stimmt. Hier waren es 10 Knoten, und nach 9 Schritten waren wir fertig."

„Diese Greedy-Variante wird *Kruskal-Algorithmus* genannt, wieder nach ihrem Urheber. Unter `www.math.sfu.ca/ ~goddyn/Courseware/Visual_Matching.html` gibt es ein Java-

Applet, also ein über das Internet ausführbares Computerprogramm, das mit Hilfe des Kruskal-Algorithmus' schöne Bilder erzeugt:"

„Künstlerisch wertvoll! Aber was hat das Bild mit dem Algorithmus zu tun?"

„Bei diesem Applet wird vorausgesetzt, dass es zwischen je zwei Knoten eine Kante gibt, und dass ihr Gewicht gerade der 'Luftlinienabstand' der Knoten ist. Durch 'wachsende' farbige Kreise werden dann nacheinander die kürzesten Verbindungskanten bestimmt und nur diese Kanten werden im Applet eingezeichnet."

„Sehr schön. Eines musst du mir jetzt allerdings erklären: Wozu muss man so viel Mathematik machen, wenn die Algorithmen schlussendlich so einfach sind. Immer das Nächstbeste zu nehmen, da kommt doch jeder drauf."

„Schon richtig, aber schau' dir mal das hier an:"

Der Greedy-Algorithmus und Matroide

Definition

Seien E eine endliche Menge und $\mathcal{I}$ eine nichtleere Menge von Teilmengen von E. Das Paar $(E, \mathcal{I})$ heißt <u>Unabhängigkeitssystem</u>, wenn $\mathcal{I}$ abgeschlossen unter Inklusion ist, d.h. wenn gilt:

$$I \in \mathcal{I} \wedge J \subset I \implies J \in \mathcal{I}.$$

Die Elemente von $\mathcal{I}$ heißen unabhängige Mengen.
Jede (inklusions-) maximale unabhängige Menge von $\mathcal{I}$ heißt <u>Basis</u>.
Gilt zusätzlich

$$I_p, I_{p+1} \in \mathcal{I} \wedge |I_p| = p \wedge |I_{p+1}| = p + 1$$
$$\implies \exists e \in I_{p+1} \setminus I_p : I_p \cup \{e\} \in \mathcal{I},$$

so heißt $(E, \mathcal{I})$ <u>Matroid</u>.

Bemerkung

Ist $(E, \mathcal{I})$ ein Matroid, dann haben alle Basen von $\mathcal{I}$ die gleiche Kardinalität.

Satz

Sei $(E, \mathcal{I})$ ein Unabhängigkeitssystem. $(E, \mathcal{I})$ ist genau dann ein Matroid, wenn der Greedy-Algorithmus für jedes $c : E \to [0, \infty[$ eine bezüglich c minimale Basis findet.

„Puh! Muss ich das verstehen?"

„Nein, ich wollte dir nur zeigen, was man alles herausbekommen kann, wenn man sich mit Mathematik beschäftigt. Was dort als *Matroid* bezeichnet wird, ist die Beschreibung einer allgemeinen Struktur, die auch die Menge aller Bäume eines Graphen besitzt. Für diese Strukturen wird in dem Satz am Ende der Box ausgesagt, dass der Greedy-Algorithmus unabhängig von konkreten Kantengewichten immer das Optimum findet. Ein wahres Highlight ist aber, dass gezeigt wird, dass das auch andersherum gilt. Es wird also bewiesen, dass das gegebene Problem eine solche Matroid-Struktur haben muss, falls der Greedy-Algorithmus für alle denkbaren Kantengewichte das Optimum liefert."

„Das Außergewöhnliche ist, dass wir hier aus der Korrektheit eines Algorithmus auf die zugrunde liegende Struktur des Problems schließen können. Das ist ein ganz seltener Fall in der Mathematik. Hier wird eine theoretische Struktur vollständig durch einen praktischen Algorithmus charakterisiert."

„Meinst du, nur weil der Greedy-Algorithmus den minimalen Spannbaum in unserem Graphen findet, weiß ich schon, dass das Spannbaumproblem diese spezielle Struktur besitzt?"

„Nicht weil er einen minimalen Spannbaum in unserem Graphen findet, sondern weil er das in *jedem* Graphen und für *alle* denkbaren Gewichte tut. In speziellen Graphen kann es auch passieren, dass der Greedy-Algorithmus quasi zufällig einen kürzesten s-z-Weg findet. Wir wissen aber, dass dies nicht immer der Fall ist."

„Also gut. Es gibt theoretische Überlegungen, für die man sich länger mit Mathematik beschäftigen muss. Die praktischen Routenplanungsprobleme scheinen aber alle ziemlich einfach, zumindest wenn es keine negativen Kantengewichte gibt."

„Vorsicht! Ich habe mit dem Kürzeste-Wege-Problem und dem Spannbaumproblem extra für dich zwei Perlen herausgepickt. Schon kleine Variationen führen auf sehr schwierige Probleme, für die es bisher keine effizienten Algorithmen gibt."

„Zum Beispiel?"

„Zum Beispiel die Ausfallsicherheit von Netzwerken. Ich hatte dir doch mit dem New Yorker Stromausfall illustriert, wie wichtig das ist."

„Ja, allerdings."

„Einen Graphen, der auch dann noch zusammenhängend ist, wenn man eine beliebige Kante entfernt, nennt man *zweifach zusammenhängend*. Möchte man eine minimale zweifach zusammenhängende Teilmenge eines Graphen bestimmen, hat man ein sehr schwieriges Problem. Ein anderes ist das so genannte *Steiner-Baum-Problem*: Vielleicht möchte die Firma, die die Glasfaserkabel mietet, nur einen Teil der Knoten versorgen, etwa nur die größeren Städte. Trotzdem könnte es günstig sein, Kabel zu nutzen, die auch über andere Knoten laufen. Stell' dir vor, dass der folgende Graph gegeben ist, und nur die vier äußeren Knoten versorgt werden sollen:"

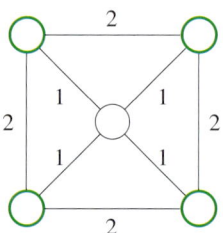

„Ja und?"

„Bestimmen wir nun einen minimalen Spannbaum in dem Teilgraphen der vier äußeren Knoten, erhalten wir natürlich einen Baum mit Wert 6. Nimmt man aber den Knoten hinzu, der eigentlich gar nicht versorgt werden soll, findet man einen minimalen Spannbaum mit Wert 4."

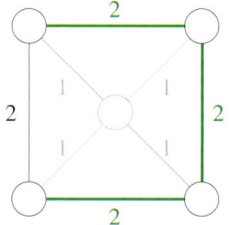 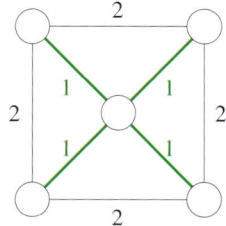

„Und das soll so schwer sein?"

„Wenn die Menge der frei wählbaren Knoten größer wird, führt das Ausprobieren, welche Knoten man zu den Pflichtknoten hinzunehmen soll, wieder auf einen kombinatorisch explosiven Algorithmus."

„Okay, dann musst du mir aber auch mal erzählen, was man macht, wenn so ein schwieriges Problem vorliegt.

Die Telekommunikationsfirma kann ihren Kunden ja nicht sagen, dass ihre Netze nicht ausfallsicher sind, nur weil das entsprechende mathematische Problem sonst nicht zu lösen ist, oder? Jetzt zieh' ich mich aber erst mal an und frühstücke. Ich habe einen Bärenhunger."

Ruths Eltern waren schon aufgebrochen. Sie frühstückte ausführlich und überlegte, was sie unternehmen könnte. Den ganzen Tag allein in der Bude hocken, wollte sie auf keinen Fall, und Jan war ja leider nicht da. Sollte sie am Nachmittag in den Englischen Garten radeln? Ihre Clique hatte dort ein Stammplätzchen und bei gutem Wetter trafen sich dort immer ein paar der Leute. Sehr viel Lust hatte Ruth allerdings nicht dazu. Vielleicht fiel ihr später noch etwas Besseres ein . . .

Um halb zwölf schaltete Ruth den Fernseher an. Die Sendung mit der Maus wollte sie auf keinen Fall verpassen; die war Kult! Mama konnte zwar nicht verstehen, dass 'ihre Große' noch immer diese Kindersendung anschaute, aber Papa guckte ja auch oft mit. Heute wurde gezeigt, wie Salzstangen gemacht werden, und Käpt'n Blaubär erzählte von sprechenden Fischstäbchen. Ruth erinnerte sich, dass die Maus vor einiger Zeit auch mal erklärt hatte, wie ein Computer rechnet. Diese Sendung hätte Vim sicherlich gut gefallen. Bewaffnet mit einer Tüte Salzstangen, auf die sie plötzlich Heißhunger bekommen hatte, ging sie nach der Sendung wieder in ihr Zimmer.

„Hallo Ruth."

„Hallo Vim. Sag' mal, weißt du eigentlich, wie man Salzstangen macht?"

„Warte, ich schau' mal, was Google dazu sagt."

„War nicht ernst gemeint. Du hast vorhin doch von schwierigen Problemen erzählt. Haben wir deshalb beim Spannbaumproblem nur den ungerichteten Fall betrachtet? Beim Kürzeste-Wege-Problem haben wir doch auch beide Versionen besprochen!"

„Nein, das lag an unserem Anwendungsbeispiel. Bei den Glasfaserkabeln spielten die Richtungen keine Rolle."

„Ein gerichteter Baum ist also einfach ein Baum mit Bögen statt Kanten?"

„Nicht ganz. Wir müssen zunächst einen Wurzelknoten bestimmen, von dem aus wir den Baum durchlaufen wollen. Dann ersetzen wir die Kanten durch Bögen, die von der Wurzel weg zeigen:"

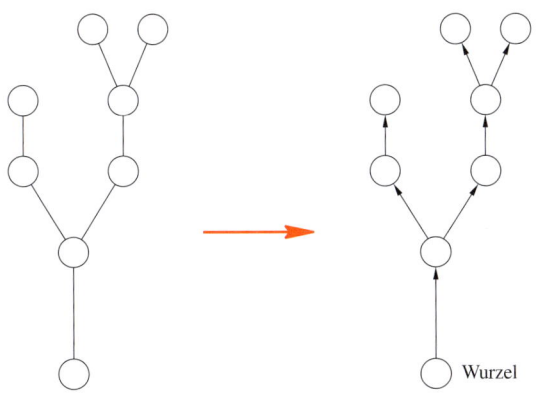

„Na ja, nicht gerade schwierig."

„Diese *Arboreszenzen* sind uns auch schon begegnet."

„Arbor-was?"

„Das kommt wieder aus dem Lateinischen. 'Arbor' heißt nichts anderes als Baum. Im Englischen wird 'arborescence' für etwas Verzweigtes, Baumartiges verwendet. Das trifft es ganz gut."

„Okay, aber wo sind die denn schon vorgekommen?"

„Wenn wir in einem ungerichteten Graphen von einem Startknoten s kürzeste Wege zu allen anderen Knoten bestimmen, erhalten wir einen Spannbaum."

„Hast du mir ja erklärt. Da alle Wege von s ausgehen, ist die Kantenmenge zusammenhängend, und da *ein* Weg von *s* zu jedem der anderen Knoten genügt, treten keine Kreise auf."

„Genau. Diese Eigenschaften gelten auch für die Bögen der kürzesten Wege im gerichteten Kürzeste-Wege-Problem."

„'Gerichtete Kürzeste-Wege-Bäume' sind also Arboreszenzen?"

„Ja, Arboreszenzen sind Teilmengen der Bögen eines gerichteten Graphen, die folgende Eigenschaften besitzen: Von einem Wurzelknoten *s* aus sind alle anderen Knoten erreichbar, außerdem kommt in *s* kein Bogen an, und in jeden anderen Knoten mündet genau ein Bogen. Überprüf' das doch mal an der Lösung unseres alten Kürzeste-Wege-Problems:"

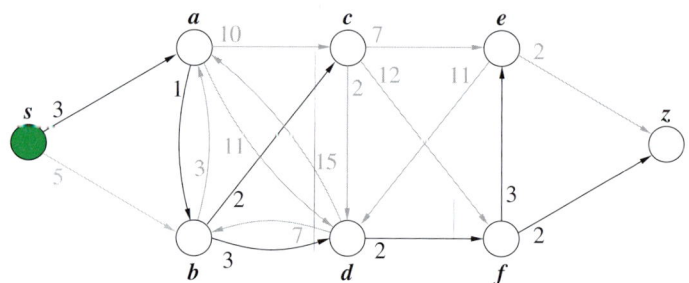

„Okay. Alle Knoten sind von *s* aus erreichbar, von *s* gehen nur Bögen aus und in jedem anderen Knoten kommt genau ein Bogen an."

„Die Eigenschaft, dass in keinen Knoten mehrere Bögen münden, bedeutet im Kürzeste-Wege-Problem wieder, dass zu keinem Knoten mehrere Wege bestimmt werden."

„Ach so. Aber minimal ist die 'Kürzeste-Wege-Arboreszenz' nicht, oder?"

„Nein, in unserem Graphen sind die minimalen Arboreszenzen um eine Einheit billiger als die Kürzeste-Wege-Arboreszenz:"

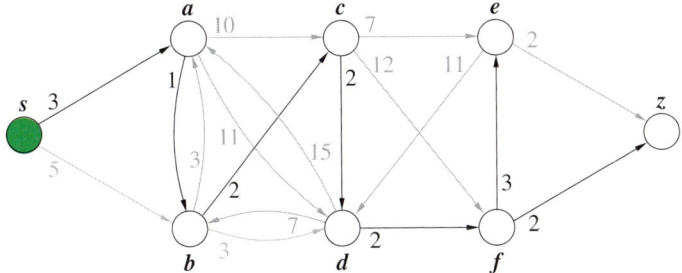

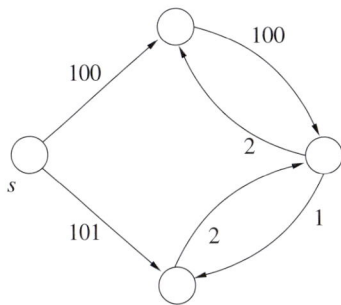

„Geht das auch mit einer Art Greedy-Algorithmus?"

„Nicht ganz. Man muss sich etwas mehr einfallen lassen, erhält dann aber einen effizienten Algorithmus. Versuch' doch bei Gelegenheit mal, im nächsten Graphen eine minimale Arboreszenz zu finden. Du wirst sehen, dass die Greedy-Strategien versagen."

„Mach' ich. Moment, ich glaube, es hat geläutet."

Als Ruth die Tür öffnete, war sie ziemlich überrascht und freute sich sehr.

„Jan? Was machst du denn hier? Ich dachte, du bist das ganze Wochenende unterwegs!"

„So war's auch geplant. Mein Vater musste früher zurück. Irgendwas war in der Firma nicht in Ordnung. Ich dachte, wir könnten was zusammen unternehmen. Stör' ich beim Mittagessen?"

„Nein, nein, ich habe spät gefrühstückt, und meine Eltern sind gar nicht zu Hause. Komm doch rein."

Ruth und Jan entschieden sich nach kurzem Überlegen, mit dem Rad zu den Isar-Auen zu fahren, um zu picknicken. Schnell packten sie eine Decke und etwas zum Knabbern ein und radelten los. An der Isar zogen sie die Schuhe aus, setzten sich ans Ufer und redeten und lachten. Sie liefen ins seichte Wasser und ließen sich dann wieder auf die Decke fallen.

„Was hättest du heute gemacht, wenn ich nicht vorbeigekommen wäre?"

„Nichts bestimmtes. Ich wäre vielleicht in den Englischen Garten gefahren. Dort trifft sich immer meine Clique. Wahrscheinlich hätte ich mich aber mit Vim beschäftigt."

„Vim? Wer ist denn das?"

Jetzt war es Ruth herausgerutscht. Sie war unsicher gewesen, wie Jan darauf reagieren würde, dass sie sich mit Mathematik beschäftigte. Aber jetzt war es passiert, und sie erzählte ihm von Vim.

„Vim ist eine Software, die alles über Routenplanung weiß und ganz viel Spaß macht? Du willst mich wohl auf den Arm nehmen!"

„Nein, Vim gibt's wirklich! Hoffentlich hältst du mich nicht für eine Streberin, aber mit der Schule hat das gar nichts zu tun. Manchmal ist es sogar richtig spannend, fast wie eine Detektivaufgabe."

„Kann ich mir nicht vorstellen. Darf ich vielleicht mal zusehen?"

„Na klar!"

Da sie Jan alles erzählt hatte, konnte sie ihm Vim nun auch zeigen. Auf der Wiese wurde es sowieso schattig, da einige Wolken aufzogen. Sie packten ihre Sachen und fuhren zurück. Ruth zeigte Jan ihr Zimmer und schaltete den Rechner an.

„Hallo Vim."

„Hallo Ruth, Besuch gehabt?"

„Ja, darf ich dir Jan vorstellen. Er ist aus meiner Schule, eine Klasse über mir."

„Hallo Jan! Nett, dich kennen zu lernen."

„Äh ja, ganz meinerseits."

„Ich habe Jan schon erzählt, dass wir uns immer unterhalten und du ein wahres Mathegenie bist."

„Du übertreibst ganz schön. Na ja, wie Ruth schon sagte, unterhalten wir uns meistens über Mathematik, genauer gesagt über Routenplanung. Was Ruth gerade daran so fasziniert, weiß ich allerdings auch nicht. Ich könnte ihr genauso gut etwas über schwarze Löcher, die olympischen Spiele oder Popmusik erzählen, aber sie interessiert sich nur für Routenplanung!"

„Aufhören! Jan bekommt ein ganz falsches Bild von mir. *Du* wolltest mir doch unbedingt eine ganz andere Art von Mathematik zeigen."

„Okay, ich gestehe."

„Geht das immer so zwischen euch beiden? Ich dachte Vim wäre nur so eine Art animiertes Lexikon. Nanu, warum wird der Bildschirm jetzt dunkel?"

„Jan, ich glaube, du hast ihn beleidigt."

„Ich fasse es nicht! Ein Computerprogramm, das auch noch sensibel ist."

„Keine Angst, war nur ein kleiner Scherz."

„Ich würde mir das gerne noch länger ansehen, aber leider muss ich heute Abend auf meinen kleinen Bruder aufpassen. Das hätte ich fast vergessen! Eigentlich hatte ich gehofft, dass du mitkommst, zum Musik hören oder so. Vielleicht hast du auch Lust, mir zu erzählen, was Vim dir schon alles gezeigt hat?"

„Klar, gerne. Aber alles kriege ich bestimmt nicht mehr zusammen!"

„Doch, das schaffst du! Wenn du mir eine Diskette gibst, stelle ich dir ein paar Grafiken und Links zusammen."

„Prima."

Unterwegs wollte Jan wissen, was an der Mathematik mit Vim denn so anders als in der Schule sei. Ruth erklärte ihm, dass sie im Unterschied zur Schule nicht irgendwelche Formeln in irgendwelchen Pseudo-Anwendungen übe. Nein, hier ging es um wirkliche Probleme, die sozusagen direkt aus dem wirklichen Leben gegriffen waren. Vor allem, meinte Ruth, hatte Vim ihr klar gemacht, dass die Umsetzung realer Aufgaben in eine mathematisch fassbare Form, also die Modellierung, nicht vom Himmel fiel, sondern ein durchaus nicht trivialer Teil der Aufgabe war. Als sie 'trivial' sagte, musste sie schmunzeln. Jan gab ihr sofort Recht. Um die Erstellung eines Modells hatten sie sich in der Schule noch nie gekümmert. In den Schulbüchern standen diese Dinge immer schon in der passenden Form, oder es war zumindest klar, in welche Form eine gegebene Textaufgabe gebracht werden sollte. Eine Schwierigkeit bestand höchstens in der Frage, wie die Aufgabe ins Schema passte. Gerade der kreative Teil der Mathematik gefiel Ruth aber. Bei Vim wusste man nie, was herauskommen würde.

Es wurde ein wunderschöner Abend. Ruth war fest davon überzeugt, noch nie jemanden kennen gelernt zu haben, mit dem sie sich so gut unterhalten konnte. Gut, mit Vim hatte sie sich in den letzten Tagen auch prima unterhalten, aber das war ja etwas ganz anderes.

Jans MP3-Sammlung war viel zu groß, um sie komplett durchzuhören. Er versprach, Ruth die notwendige Software und einige ihrer Lieblingssongs auf eine CD zu brennen. Außerdem wollte Jan auch noch alles Mögliche über Vim und die Routenplanung wissen, und Ruth war stolz, dass sie

sich an fast alles gut erinnern konnte. Vims Diskette half ihr
natürlich dabei.

Jans kleiner Bruder Lukas war allerdings etwas anstrengend.
Immer wieder mussten sie sich irgendwelche Zeichnungen
von ihm ansehen. Erst als Jan ihm die Geschichte vom Haus
vom Nikolaus erzählte, ließ er sie in Ruhe bis er die Aufgabe
gelöst hatte. Ruth fragte sich, ob wirklich sie es waren, die
auf Lukas aufpassten, oder nicht eher andersherum.

Als Ruth nach Hause kam, war es fast 21 Uhr, gerade noch im Limit. Gleich für morgen hatte sie sich wieder mit Jan verabredet. Da ihre Eltern auch zurück waren, musste Ruth erst mal eine der berühmten Fragestunden überstehen. So sind Eltern nun mal ...

> Studieren geht über flanieren

Der Montagvormittag war eine einzige Qual. Ruth hatte den Eindruck, die Schule wollte gar nicht mehr enden. Anscheinend hatten sich alle Lehrer zu einem Langeweile-Komplott verschworen. Vielleicht lag es aber auch daran, dass sie nicht so richtig bei der Sache war. Sie musste immer wieder an gestern denken.

Als sie nach Hause kam, war niemand da. Papa war in der Firma, wie immer, aber Mama arbeitete doch meistens zu Hause. Macht nichts, dachte Ruth, schön, dass Jan gleich kommt. Kurze Zeit später klingelte es auch schon.

„Hi Jan, komm rein."

„Na, wie war's bei dir heute in der Schule?"

„Frag' nicht. Und bei dir?"

„Eigentlich wie immer. In Mathe musste ich allerdings dauernd daran denken, was du gestern gesagt hast. Irgendwann habe ich es dann nicht mehr ausgehalten und einfach gefragt."

„Was?"

„Na, was für eine konkrete Anwendung hinter den Sachen steckt, die wir gerade durchnehmen."

„Und?"

„Auf eine solche Frage war unser Lehrer natürlich nicht vorbereitet."

„Wow, das hätte ich mich nicht getraut."

„Weißt du, ich bin total gespannt, Vim mal so richtig in Aktion zu erleben. Was wird er heute erzählen?"

„Fragen wir ihn doch gleich selber!"

Sie gingen in Ruths Zimmer. Während Ruth den Rechner startete, bemerkte Jan die Kommunikationsbox, mit deren Hilfe es überhaupt erst möglich war, mit Vim zu sprechen.

„So ein Gerät habe ich noch nie gesehen. Woher hast du das?"

„Keine Ahnung. Es war dabei, als ich den Rechner bekam."

„In normalen Computerläden kriegt man so was jedenfalls nicht."

„Du meinst, dass diese Box fest zu Vim gehört? Eigenartig. Dann muss mein Vater doch mehr über Vim wissen. Sonst hätte er sich auch über die Box gewundert."

„Klar! Aber da fragst du deinen Vater am besten selber."

„Oder direkt Vim! Dass ich da nicht früher drauf gekommen bin! Hallo Vim."

„Hallo Ruth."

„Jan und ich würden gerne wissen, woher du kommst, also wer deine Schöpfer sind."

„Interessante Frage! Leider habe ich keine Ahnung. Eine Antwort ist in meiner Datenbank nirgendwo vorgesehen. Wer bin ich, woher komme ich, und warum existiere ich? Wenn ihr es herausbekommt, sagt es mir bitte!"

„Na, du existierst doch, um Jan und mir etwas über Routenplanung zu erzählen, oder?"

„Gut, lassen wir die Philosophie. Ein schönes Thema zum Einstieg für Jan wäre das *Königsberger-Brücken-Problem*, bekannt seit 1735."

„Ist das nicht etwas antiquiert?"

„Oh nein! Du wirst sehen, dass das immer noch ganz aktuell ist. War die Müllabfuhr eigentlich schon da?"

„Nein, die kommt immer donnerstags. Wieso interessiert dich das?"

„Nur so. Hier, schaut euch mal diesen Stadtplan von Königsberg um 1650 an. Man findet ihn auch unter `www-groups.dcs.st-and.ac.uk/~history/HistTopics/` `Topology_in_mathematics.html` im Internet. Kennt ihr den Fluss, der durch Königsberg fließt?"

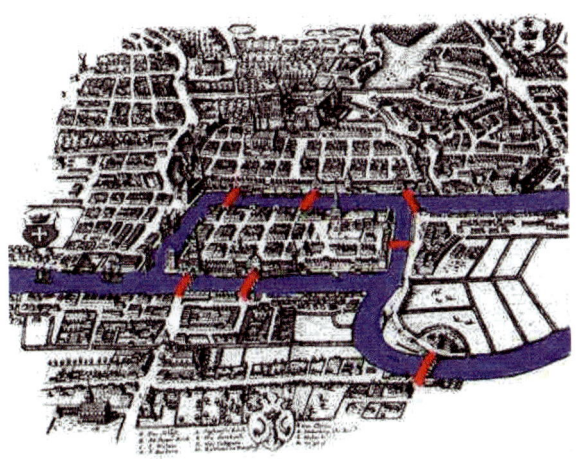

„Ich kenne nur Königsberger Klopse, und du, Jan?"

„Ich weiß nur, dass Königsberg heute zu Russland gehört und Kaliningrad heißt."

„Richtig, und der Fluss durch Königsberg ist der Pregel. Die Frage ist nun, ob es einen Weg gibt, der genau einmal über jede der sieben abgebildeten Brücken führt. Dabei gilt es nicht, bis zur Mitte einer Brücke zu gehen und dann wieder umzukehren. Eine einmal betretene Brücke muss überquert werden und darf dann nicht noch mal betreten werden. Das war früher wohl ein Sport der Jugendlichen. Damals gab es weder Fernsehen noch Internet. Die jungen Leute flanierten bei schönem Wetter durch die Stadt."

„Du tust gerade so, als würden wir nur vor der Glotze hängen. Stimmt's Jan, wir flanieren auch gerne über die Isarbrücken."

„Tun wir das?"

„Also, den jungen Leuten in Königsberg gelang es jedenfalls nicht, eine solche Route über die sieben Brücken zu finden. Viele glaubten sogar, dass das überhaupt nicht möglich wäre. 1735 wurde schließlich der berühmte Mathematiker Leonhard Euler gefragt, ob er diese Frage klären könne."

„Und? Konnte er?"

„Er konnte. Er hat das Problem untersucht und dann eine umfangreiche Arbeit darüber geschrieben, wie man Fragen dieser Art ganz allgemein löst, unabhängig von der Königsberger Anordnung der Flussarme und Brücken. In gewisser Weise begründete er mit dieser Arbeit die ganze Graphentheorie. Hier, das ist die Titelseite der Zeitschrift 'Commentarii Academiae Scientarium Imperialis Petropolitanae' von 1736, in der er seinen Artikel veröffentlicht hat:"

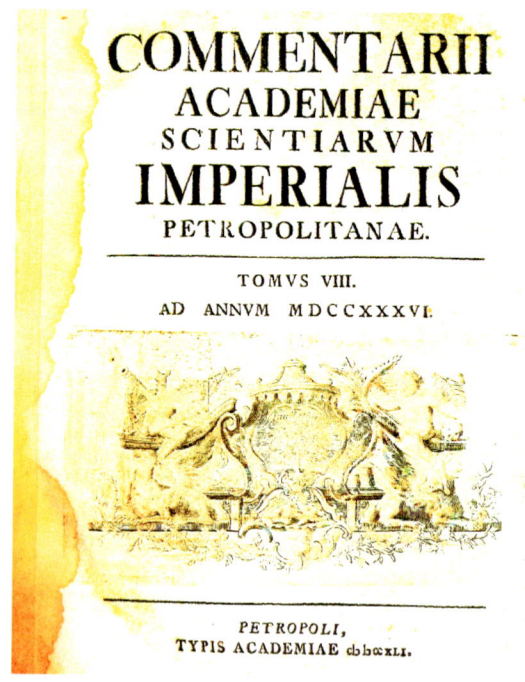

aus: Commentarii Academiae Scientarium Imperialis Petropolitanae 8, 1736

„Sieht aus, als wäre der Band feucht geworden, aber das kann in 250 Jahren schon mal passieren. Die erste Seite des Artikels ist in besserer Verfassung:"

SOLVTIO PROBLEMATIS

AD

GEOMETRIAM SITVS

PERTINENTIS.

AVCTORE

Leonh. Eulero.

§. 1.

Tabula VIII.

PRaeter illam Geometriae partem, quae circa quantitates verfatur, et omni tempore fummo ftudio. eft exculta, alterius 'partis etiamnum admodum ignotae primus mentionem fecit *Leibnitzius*, quam Geometriam fitus vocauit. Ifta pars ab ipfo in folo fitu determinando, fitusque proprietatibus eruendis occupata effe ftatuitur; in quo negotio neque ad quantitates refpiciendum, neque calculo quantitatum vtendum fit. Cuiusmodi autem problemata ad hanc fitus Geometriam pertineant, et quali methodo in iis refoluendis vti oporteat, non fatis eft definitum. Quamobrem, cum nuper problematis cuiusdam mentio effet facta, quod quidem ad geometriam pertinere videbatur, at ita erat comparatum, vt neque determinationem quantitatum requirerer, neque folutionem calculi quantitatum ope admitteret, id ad geometriam fitus referre haud dubitaui: praefertim quod in eius folutione folus fitus in confiderationem veniat, calculus vero nullius prorfus fit vfus. Methodum ergo meam quam ad huius generis problemata

aus: Commentarii Academiae Scientiarum Imperialis Petropolitanae 8, 1736, S. 128–140

„Latein?"

„Genau. Das war damals die Sprache der Gelehrten."

„Meine Stärke ist es jedenfalls nicht."

„Die Überschrift lässt sich mit 'Lösung eines Problems zur Geometrie der Lage' übersetzen. Mit 'Geometrie der Lage' wollte Euler betonen, dass bei diesem Problem nur die Art der Anordnung der Flussarme und Brücken eine Rolle spielt. Numerische Größen wie Entfernungen sind nicht von Bedeutung."

„Anstatt einfach die gestellte Frage zu beantworten, erfindet der alte Mann gleich eine komplette Theorie über lauter Sachen, die man gar nicht wissen wollte. Typisch Theoretiker!"

„Jan, das ist wirklich ungerecht. Es ist doch toll, dass Euler nicht nur die Frage der Königsberger klärte. So weiß man gleich für jede Stadt mit Fluss und Brücken, ob ein solcher Spaziergang möglich ist."

„Ruth hat Recht. Mit Eulers Ergebnissen könnt ihr das Problem auch für München lösen. Übrigens habe ich hier eine kleine Zeichnung, die einem Buch mit mathematischen Rätseln von Sam Loyd entstammt. Sie zeigt Euler, wie man ihn sich vorstellt: als würdigen, weisen, alten Mann, der Großartiges in der Mathematik geleistet hat."

aus: Sam Loyd, Martin Gardner – Mathematische Rätsel und Spiele
DuMont, 1978, S. 48

„Ja und? Was ist denn falsch an dieser Vorstellung?"

„Euler war 1735 erst 28 Jahre alt. Wenn ihr genau hinseht, entdeckt ihr, dass die Zeichnung noch einen weiteren Fehler enthält, nämlich eine achte Brücke. Das fällt darum

nicht auf, weil die Karte zusätzlich noch auf dem Kopf
steht."

„Jetzt wo du es sagst, sehe ich es auch. Wie konnte das
denn passieren?"

„Keine Ahnung. Wahrscheinlich gefiel Loyd das Rätsel mit
acht Brücken einfach besser. Er behauptet zwar, dass Euler
sich geirrt habe, aber zu Loyds Zeit, am Ende des 19.
Jahrhunderts, gab es an der Stelle, wo die achte Brücke
eingezeichnet ist, nur eine Eisenbahnbrücke. Die dürfte
es zu Eulers Zeit wohl kaum gegeben haben."

„Du sagtest, dass die Lösung etwas mit Graphen zu tun
hat?"

„Ja, wenn wir nämlich versuchen, uns nur auf die Informationen zu konzentrieren, die wir wirklich benötigen,
um die Frage nach dem Rundweg zu beantworten, dann
liegt es nahe, die Orte, also hier die durch die Flussarme
getrennten Stadtbezirke, durch Knoten zu symbolisieren
. . . "

„ . . . und die Brücken als Verbindungen zwischen den
Stadtteilen durch Kanten. Schon haben wir unseren Graphen, fantastisch!"

„Im Netz, unter `forum.swarthmore.edu/~isaac/problems/`
`bridges2.html` findet ihr dazu eine schöne Skizze:"

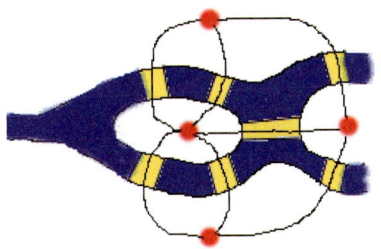

„Moment mal, könnt ihr mich auch einweihen?"

„Ist doch ganz einfach. Ein Knoten für jeden Stadtteil und eine Kante für jede Brücke zwischen den beiden Stadtteilknoten, die durch die Brücke verbunden werden."

„Wunderbar, Ruth. Ich bin hier wohl bald überflüssig. Wir erhalten also diese beiden ungerichteten Multigraphen, links für das Originalproblem und rechts für das von Loyd mit acht Brücken. Hat Ruth dir erklärt, was ein Multigraph ist, Jan?"

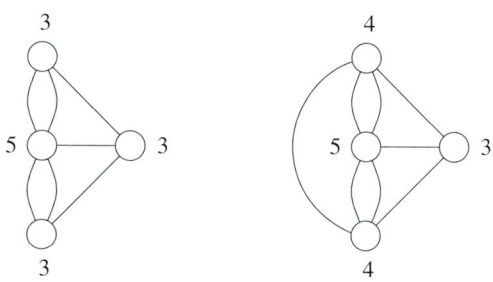

„Ja, ein Graph, der mehrere Kanten zwischen zwei Knoten haben kann. Aber ein wenig Vorsprung habt ihr auf alle Fälle. Ich wäre nie darauf gekommen, wie man das in einen Graphen verwandelt. Was bedeuten die Zahlen an den Knoten?"

„Die Zahlen sind der eigentliche Schlüssel zur Lösung des Problems. Trotzdem ist es nicht wirklich kompliziert! Die 3 am rechten Knoten bedeutet zum Beispiel nichts anderes, als dass von diesem Knoten drei Kanten ausgehen."

„Dass 3 Brücken in diesen Stadtteil führen?"

„Genau. Ebenso verhält es sich mit den anderen Zahlen. Jede gibt an, wie viele Kanten den jeweiligen Knoten enthalten. Man spricht von der *Wertigkeit* oder dem *Grad* der Knoten."

„Mehr bedeuten die Zahlen nicht? Klingt nicht gerade nach einer gigantischen Meisterleistung."

„Die kleinen, einfachen Ideen erweisen sich oft als besonders wertvoll. Ist euch aufgefallen, dass sich durch die eine zusätzliche Brücke in Loyds Version gleich zwei Knotengrade erhöhen?"

„Eigentlich nicht, aber jetzt, wo du es sagst ... Da jede Kante zwei Knoten enthält, ist das wohl so."

„Da hast du Recht. Es ist aber wichtig, es zu bemerken, denn man kann daraus eine wichtige Eigenschaft der Knotengrade eines Graphen folgern."

„Und die wäre?"

„Die Anzahl der Knoten ungerader Wertigkeit ist in jedem Graphen gerade. Bei unserem 7-Brücken-Graphen besitzen alle 4 Knoten einen ungeraden Grad und beim 8-Brücken-Graphen sind es 2."

„Hm, warte mal. Mir fällt gerade ein, dass im Keller eine riesengroße Kühltruhe steht, randvoll mit Eis gefüllt! Wie wär's, Jan?"

„Gerne! Ein Service wie im Kino!"

„Und ich?"

„Tja, schau' doch mal, was Google zum Stichwort 'Eis' sagt. Soll gar nicht so gesund sein!"

Ruth war kurz darauf mit zwei Bechern Schwarzwälder-Kirsch-Eis wieder zurück.

„Also, für die beiden Königsberger Graphen stimmt deine Behauptung mit der geraden Anzahl der Knoten ungeraden Grads, aber das ist ja kein Beweis, dass das immer gilt."

„Nein, aber wir können aus den beiden Graphen eine Beweisidee ableiten. Und zwar für einen so genannten *Beweis durch vollständige Induktion*."

„Hat das was mit Physik zu tun?"

„Nein, Jan. Induktion bezeichnet eine Methode, vom Einzelnen auf das Allgemeine zu schließen. Wir haben gesehen, dass beide Versionen des Königsberger Graphen eine gerade Anzahl Knoten ungerader Wertigkeit besitzen, und vermuten, dass diese Aussage immer gültig ist. Einen Induktionsbeweis kann man immer dann versuchen, wenn sich die zu beweisende Vermutung in Teilaussagen ausdrücken lässt, die von einer natürlichen Zahl m abhängen. In unserem Fall erreichen wir das durch diese Formulierung der Behauptung:"

> Die folgende Aussage gilt für jede nicht negative ganze Zahl m:
>
> Jeder Graph mit m Kanten besitzt eine gerade Anzahl von Knoten ungeraden Grads.

„Verstehe ich nicht. Wenn die Aussage für jedes m gilt, dann bedeutet das doch nichts anderes, als dass in jedem Graphen die Zahl der Knoten ungeraden Grads gerade ist. Damit ist die Behauptung hier doch genau die gleiche wie vorher."

„Richtig. Aber durch das m haben wir die Gesamtbehauptung zerlegt: für jeden Graphen mit 0 Kanten, jeden Graphen mit einer Kante, jeden Graphen mit 2 Kanten und so weiter."

„Das ist ja eher komplizierter! Nachweisen muss man die Eigenschaft doch trotzdem für alle Graphen. Man gewinnt also nicht wirklich was."

„Doch! Dadurch, dass wir die Behauptung in Teilaussagen für Graphen einer gegebenen Kantenzahl m zerlegt haben, können wir diese nun nacheinander beweisen."

„Das sind doch unendlich viele Teilaussagen. Wenn wir die der Reihe nach beweisen wollen, brauchen wir ja ewig!"

„Da hast du natürlich Recht, Ruth. Wenn wir die Aussagen wirklich für jedes m einzeln beweisen müssten, hätten wir keine Chance."

„Wir wollen das doch für alle Graphen wissen."

„Ja, aber wir machen das viel cleverer. Um nicht jedes Mal den ganzen Satz in der Box sagen zu müssen, verwende ich $\mathcal{A}(m)$ als Abkürzung. $\mathcal{A}(0)$ steht für die Aussage: 'Jeder Graph mit 0 Kanten besitzt eine gerade Anzahl von Knoten ungeraden Grads.'"

„Verstehe. $\mathcal{A}(1)$ bedeutet dann, dass jeder Graph mit einer Kante eine gerade Anzahl von Knoten ungeraden Grads besitzt."

„Exakt. Allgemein ist $\mathcal{A}(m)$ die Aussage, dass jeder Graph mit m Kanten eine gerade Anzahl von Knoten ungerader Wertigkeit besitzt. Alles klar, Jan?"

„Alles klar!"

„Wenn wir nun jede der Teilaussagen einzeln beweisen wollten, womit wir nie fertig würden, müssten wir zu jedem Punkt in dieser Skizze einen eigenen Beweis führen, immer weiter ohne Ende ... "

◯ ◯ ◯ ◯ ◯ ◯ ...
$\mathcal{A}(0)$ $\mathcal{A}(1)$ $\mathcal{A}(2)$ $\mathcal{A}(3)$ $\mathcal{A}(4)$ $\mathcal{A}(5)$

„Kann man das irgendwie verhindern?"

„Ja, mit folgendem Prinzip:"

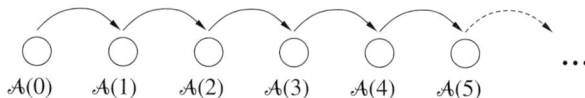

$\mathcal{A}(0) \quad \mathcal{A}(1) \quad \mathcal{A}(2) \quad \mathcal{A}(3) \quad \mathcal{A}(4) \quad \mathcal{A}(5)$

„Sollen wir von einem Knoten zum nächsten hüpfen?"

„Genau das!"

„Verstehe ich nicht. Dann hüpft man doch immer noch unendlich oft."

„Also, als Erstes zeigen wir, dass $\mathcal{A}(0)$ gilt."

„Schön, das ist wirklich trivial. Wenn der Graph keine Kanten enthält, haben natürlich alle Knoten Wertigkeit 0 und somit geraden Grad."

„Richtig. Es gibt also keinen einzigen Knoten ungerader Wertigkeit; folglich stimmt die Aussage $\mathcal{A}(0)$. Das ist der *Induktionsanfang*. So, und nun zeigen wir für jedes m, dass die Aussage für Graphen mit $m + 1$ Kanten gilt, wenn sie für Graphen mit m Kanten richtig ist."

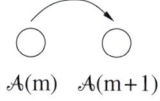

$\mathcal{A}(m) \quad \mathcal{A}(m+1)$

„Das klingt ja so, als zeigte man, dass m die Eigenschaft immer an seinen Nachfolger 'vererben' würde."

„Ja, das ist eine gute Vorstellung. Lasst uns mal schauen, wie das bei unseren Graphen funktioniert. Im Schritt von $\mathcal{A}(m)$ auf $\mathcal{A}(m + 1)$ nehmen wir an, dass jeder Graph mit m Kanten eine gerade Anzahl von Knoten ungerader Wertigkeit besitzt. Das ist die so genannte *Induktions-voraussetzung*. Nun müssen wir zeigen, dass die Aussage dann auch für alle Graphen mit $m + 1$ Kanten gilt."

„Aber wenn m groß ist, sind das doch sehr viele."

„Es ist nicht nötig, alle Graphen einzeln anzuschauen. Es genügt, die Eigenschaft zu nutzen, die alle gemeinsam haben, nämlich $m + 1$ Kanten zu besitzen."

„Das tut's?"

„Ja, nehmen wir an, dass wir irgendeinen Graphen mit $m + 1$ Kanten hätten. Lassen wir dann eine Kante weg, erhalten wir einen Graphen mit m Kanten. Aufgrund der Induktionsvoraussetzung hat dieser eine gerade Anzahl von Knoten ungeraden Grads. An der Stelle, an der die Kante aus dem Graphen entfernt wurde, gibt es nun drei mögliche Situationen: Beide betroffenen Knoten haben jetzt ungerade Wertigkeit, beide haben gerade Wertigkeit oder einer der Knoten besitzt gerade und der andere ungerade Wertigkeit. Hier, so ungefähr könnte es in den verschiedenen Situationen um die beiden Knoten herum aussehen, *nachdem* die sie verbindende Kante entfernt wurde:"

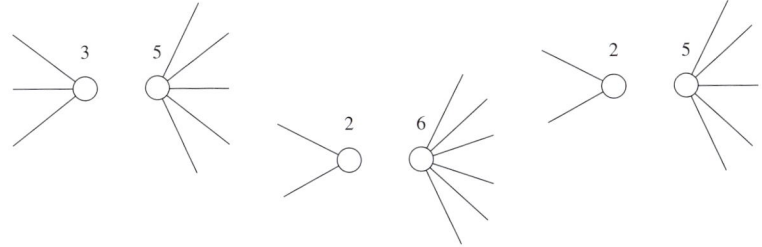

„Stimmt, andere Möglichkeiten gibt es nicht. Und wieso hilft uns das?"

„Aufgrund der Induktionsvoraussetzung wissen wir, dass der um eine Kante reduzierte Graph eine gerade Anzahl von Knoten ungerader Wertigkeit besitzt. Fügen wir die zuvor entfernte Kante nun wieder ein, so müssen wir nur noch zeigen, dass sich in keiner der drei Situationen ein Graph ergibt, der eine ungerade Anzahl von Knoten ungeraden Grads besitzt. Im ersten Fall werden aus den beiden Knoten ungerader Wertigkeit durch Wiedereinfügen der letzten Kante zwei Knoten geraden Grads. Die Anzahl der

Knoten ungeraden Grads im gesamten Graphen verringert sich also um genau diese zwei und bleibt daher insgesamt gerade."

„Sehe ich ein, und du, Jan?"

„Kein Problem."

„Im zweiten Fall werden aus zwei Knoten gerader Wertigkeit zwei ungeraden Grads. Wir haben also zwei Knoten ungeraden Grads mehr als zuvor. Doch das ändert nichts daran, dass die Gesamtzahl der Knoten gerader Wertigkeit in unserem Graphen gerade ist."

„Klar."

„Im letzten der drei Fälle verbindet die Kante einen Knoten geraden Grads mit einem ungerader Wertigkeit. Nach dem Einfügen tauschen die beiden Knoten aber nur diese Eigenschaft miteinander, und die Anzahl der Knoten ungerader Wertigkeit bleibt unverändert."

„Also ist es egal, welchen Fall man hat. Die Anzahl der Knoten ungeraden Grads bleibt immer gerade.“

„Genau. Damit ist uns der *Induktionsschritt*, also der von $\mathcal{A}(m)$ nach $\mathcal{A}(m + 1)$ geglückt, und wir sind fertig mit unserer vollständigen Induktion.“

„Kannst du mir noch mal erklären, wieso wir jetzt wissen, dass die Aussage für *jedes m* gilt?“

„Sicher. Durch unseren Induktionsanfang wissen wir, dass die Aussage für $m = 0$ gilt, und mit Hilfe des Induktionsschritts folgt dann, dass sie auch für Graphen mit einer Kante gilt, da ja $m + 1 = 1$ gilt, wenn $m = 0$ ist. Nun können wir den Induktionsschritt aber auch für $m = 1$ anwenden und erhalten dann die Richtigkeit der Aussage für $m + 1 = 2$.“

„Verstehe. Da wir nun wissen, dass die Aussage für $m = 2$ richtig ist, erhalten wir wiederum die Bestätigung für $m + 1 = 3$, und das geht immer so weiter.“

„So wie es Ruth eben schon sagte: Die Eigenschaft wird immer weiter vererbt. Wie wäre es mit etwas Lyrik zu diesem Thema:“

> **Der Einer**
>
> Einst höhnten natürliche Zahlen
> (sie glaubten, weiß Gott was zu sein)
> den alten wehrlosen Einer;
> er war ja so arm und so klein.
>
> Da sprach der Verachtete bitter,
> vom Schmerz solchen Schimpfes gebeugt:
> 'Ihr undankbaren Geschöpfe –
> und ich hab Euch alle erzeugt!'
>
> Hubert Cremer – Carmina Mathematica, Verlag J.A. Mayer, 1977, S. 18

„Oh ja, kein bisschen dankbar, diese Jugend. Sagt meine Oma auch immer.“

„Hier wäre ein guter Zeitpunkt, für heute aufzuhören. Ihr habt doch sicherlich noch was anderes vor, oder?"

„Noch nicht. Aber hast du vielleicht Lust, ins Kino zu gehen, Ruth? Heute ist doch Kinotag. Da kostet's nicht so viel wie am Wochenende."

„Willst du nicht lieber wissen, wie es weitergeht? Macht es dir keinen Spaß?"

„Doch, aber für heute reicht's. Im Kino läuft jetzt Odyssee 2001!"

„Sciencefiction? Und dann auch noch so 'ne alte Kamelle?"

„Ein Klassiker. Magst du denn keine Sciencefictionfilme?"

„Nicht so richtig. Die sind immer so an den Haaren herbei gezogen."

„Aber das ist doch bei fast allen Filmen so. Nur dass Sciencefiction gar nicht erst den Anspruch hat, etwas Reales zu erzählen. Außerdem hat Stanley Kubrik in Odyssee 2001 wirklich nicht mit billigen Effekten gearbeitet."

„Ist ja schon gut. Du hast mich überredet! Bis morgen, Vim!"

„Viel Spaß!"

Ruth wäre sowieso in jeden Film mitgegangen. Hauptsache, Jan war dabei. Sie wunderte sich allerdings, dass er sich von Vim so einfach zum Aufhören überreden ließ. Anscheinend war er doch nicht so fasziniert wie sie. Vielleicht lag es aber auch an ihr. Papa sagte immer ganz stolz, dass sie sich, wenn ihr etwas gefiel, genauso darin verbeißen würde, wie er das immer getan hatte. Mama war allerdings nicht überzeugt, dass man darauf stolz sein muss.

Der Film gefiel ihr gut, am besten der Computer HAL. Er erinnerte sie ein wenig an Vim, nur das Vim natürlich ein ganz sympathisches Kerlchen war, ganz im Gegensatz zu HAL. Odyssee 2001 wäre bestimmt Turings Lieblingsfilm gewesen, dachte sie.

Jan begleitete Ruth noch nach Hause. Der Film hatte Überlänge gehabt und daher war es schon fast 21 Uhr, deutlich über Ruths Wochentagslimit. Trotzdem fiel die Standpauke zu Hause ziemlich milde aus. Ruth war sich nicht sicher, ob es daran lag, dass sie den Eltern mit ihrer Entschuldigung geschickt den Wind aus den Segeln genommen hatte oder weil Jan dabei war. Bestimmt mochten sie ihn. Jedenfalls hatte Papa mehrmals betont, wie toll er es fand, dass er Ruth nach Hause gebracht hatte.

--→ Eulersch oder nicht, was für ein Gedicht

Am nächsten Morgen in der Schule fragte Ruth Martina, ob sie Jan zu der Party am Freitag mitbringen könnte. Kein Problem, entgegnete Martina mit einem breiten Grinsen, und fügte hinzu, dass sie nun wisse, warum Ruth sich in den letzten Tagen so rar gemacht habe.

Als Ruth nach Hause kam, verließ ihre Mutter gerade das Haus.

„Hallo Mama."

„Hallo Große. Dein Essen steht auf dem Herd. Ich muss leider noch mal weg, bin aber bald wieder da. Hast du heute schon was vor?"

„Jan kommt gleich."

„Aha. Also, bis nachher."

Ruth verstand die Welt nicht mehr. Normalerweise folgten immer Hinweise, wie: 'Vergiss nicht, deine Hausaufgaben zu machen!', 'Aufräumen nicht vergessen!' oder Ähnliches. Aber als Ruth Jan erwähnt hatte, war in Mamas Gesichtsausdruck eine Veränderung vor sich gegangen. Genau wie gestern Abend, dachte Ruth. Jan hat irgendeine seltsame Wirkung auf ihre Eltern.

Ruth nahm gerade einen Teller aus dem Schrank, als es auch schon klingelte. Jan war, wie verabredet, gleich zu ihr gekommen. Glücklicherweise kochte Mama immer mehr als reichlich.

„Hallo Vim."

„Hallo Jan, auch wieder dabei?"

„Klar! Ich will doch nichts verpassen. Aber leider kann ich heute nicht lange bleiben. Ich habe in Physik ein

Referat aufgebrummt bekommen. Herrn Zweiholz hat es gestört, dass Daniel und ich während seines 'spannenden' Unterrichts über Sciencefictionfilme geredet haben. Zur Strafe muss Daniel bis übermorgen einen kurzen Aufsatz über die Lichtgeschwindigkeit schreiben, und ich darf ein 'Traktat' verfassen, wie ein Laser funktioniert."

„Das ist doch kein Problem. Was sagst du hierzu:"

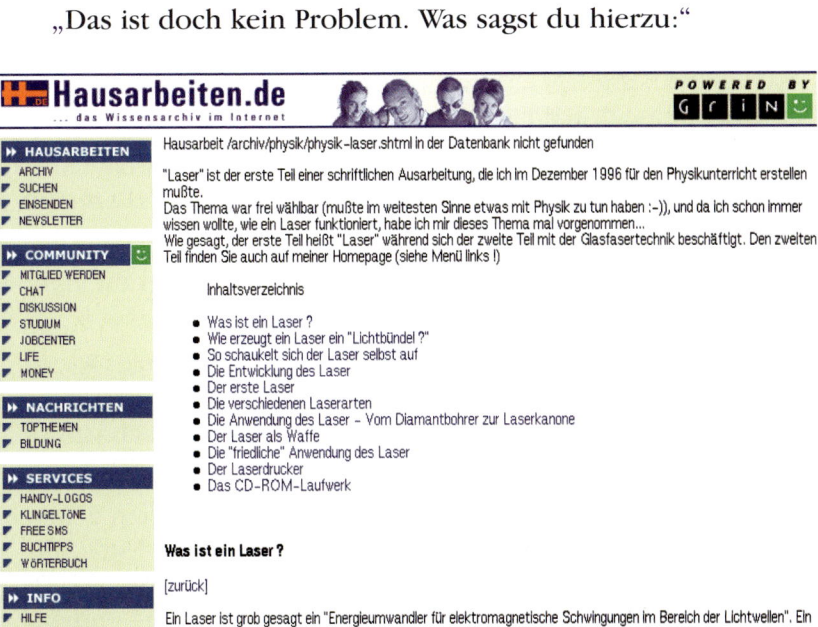

„Cool! Genau, was ich brauche. Wie hast du das gefunden?"

„Oh, das war einfach. Unter www.hausarbeiten.de findest du im Archiv jede Menge alter Hausarbeiten."

„Die Multimediaversion des Abschreibens! Wie im Schlaraffenland!"

„Na ja, eher wie auf dem Trödelmarkt. Wer weiß schon, ob diese Texte auch gut sind. Und verstehen musst du den Stoff natürlich trotzdem selbst."

„Ist schon klar. Kannst du mir die Adresse der Seite als E-Mail schicken, damit ich sie zu Hause wiederfinde?"

„Schon geschehen. Und die Adresse `http://www.vz-nrw.de/SES40950103/doc2852A,html` habe ich dir gleich mitgeschickt: Die Verbraucher-Zentrale von Nordrhein-Westfalen hat die Hausaufgabendienste nämlich unter die Lupe genommen und für ,Schummeln eine Sechs' vergeben."

„Halt mal. Woher hast du denn Jans E-Mail-Adresse?"

„Aus deinem E-Mail-Verzeichnis."

„Du kannst doch nicht einfach mein E-Mail-Verzeichnis durchstöbern! Gleich erzählst du mir noch, dass du meine Nachrichten alle mitliest!"

„Nein, würde ich nie tun. Entschuldige bitte, kommt nicht wieder vor."

„Schon gut. Kommen wir also wieder zum Thema. Wieso helfen uns diese Knotengrade nun bei der Frage, ob dieser Rundgang über die Königsberger Brücken möglich ist?"

„Zunächst drei Begriffe dazu: Jeden Weg, der ausgehend von einem Startknoten s alle Kanten eines Graphen genau einmal benutzt, nennt man einen *Eulerweg*. Und falls dieser Weg auch wieder in s endet, spricht man von einem *Eulerkreis*. Einen Graphen, der einen Eulerkreis enthält, nennt man *eulersch*."

„Eulersch? Das muss ja toll sein, wenn man so berühmt ist, dass der eigene Name als Adjektiv verwendet wird."

„Wieso? Mein Vater spricht auch immer von der 'ruthschen Unordnung'."

„Also angenommen, dass wir s verlassen haben und zu irgendeinem Zwischenknoten des Wegs kommen. Dann laufen wir in diesen Knoten auf einer bis dahin unbenutzten Kante hinein und auf einer anderen wieder heraus. Jedes Mal, wenn das geschieht, werden genau 2 der Kanten verbraucht, die diesen Knoten enthalten. Was können wir daraus für unsere Knotengrade folgern?"

„Richtig. Einen Knoten mit Wertigkeit 0 können wir nicht durchlaufen, also kann er auch nicht in unserem Weg enthalten sein. Da dieser Knoten vollkommen isoliert ist, ergibt sich durch ihn auch kein Problem für unseren Eulerweg. Ganz im Gegensatz zu einem Knoten mit Grad 1, einer Sackgasse sozusagen:"

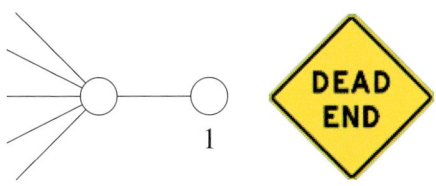

„Hinein kommen wir, nur nicht wieder heraus."

„Genau. Da die eine Kante des Knotens durchlaufen werden muss, der Knoten aber nicht auf einer anderen Kante wieder verlassen werden kann, muss er Start- oder Zielknoten unseres Wegs sein. Einen Eulerkreis können wir mit diesem Knoten überhaupt nicht bilden. Wie sieht es mit Knoten größerer Wertigkeit aus?"

„Einen Knoten mit Grad 2 können wir genau einmal durchlaufen. Ist aber der Grad des Knotens 3, haben wir wieder das Sackgassenproblem. Nachdem wir nämlich einmal durch diesen Knoten durch sind, bleibt eine einzelne Kante übrig."

„Du hast das Problem schon fast gelöst, Ruth! Da wir jede Kante nur einmal benutzen dürfen, können wir sie nach der Verwendung eliminieren. Bei jedem Besuch eines Knotens, der weder Anfangs- noch Endknoten eines Eulerwegs ist, reduziert sich dessen Grad um 2. Das bedeutet, dass solch ein innerer Knoten des Eulerwegs immer seine ungerade Wertigkeit behält, falls er zu Beginn ungeraden Grads war. War er aber gerader Wertigkeit, bleibt er immer geraden Grads."

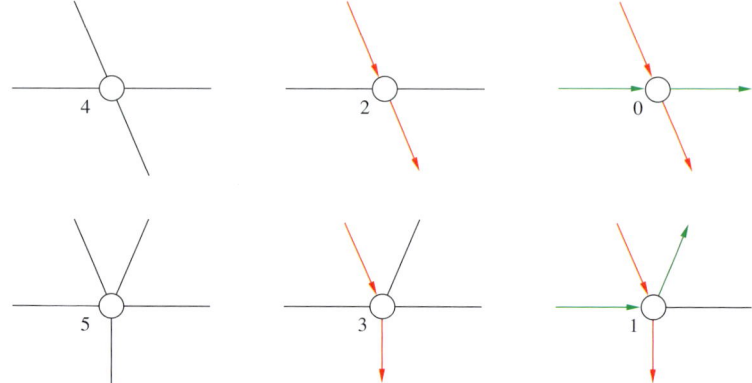

„Also bleibt für die Knoten mit ungeradem Grad am Ende immer eine Kante übrig."

„Außer wenn sie Start- oder Zielknoten des Eulerwegs sind."

„Richtig. Bei einem Eulerweg mit unterschiedlichem Start und Ziel verlassen wir s beim Start einmal mehr als wir s erreichen, und für den Zielknoten z gilt das genau andersherum. Bei einem Eulerkreis ist allerdings $s = z$, und dann müssen wir auch aus diesem Knoten genauso oft heraus- wie in ihn hineinlaufen. Die Knotengrade sind also der Schlüssel zur Lösung des Problems. Übrigens haben wir damit schon fast den Satz von Euler nachgewiesen:"

Satz von Euler

Für jeden bis auf isolierte Knoten zusammenhängenden Graphen $G = (V, E)$ gilt:

  a) Es existiert genau dann ein Eulerweg in G, wenn höchstens zwei Knoten in V ungeraden Grad besitzen.

  b) Es existiert genau dann ein Eulerkreis in G, wenn alle Knoten in V geraden Grad besitzen.

„Wir müssen nur zählen, wie viele Kanten aus den einzelnen Knoten herauslaufen und schon haben wir die

Lösung. Klasse! In Königsberg gibt es also keinen Eulerweg, da alle 4 Knoten ungeraden Grad haben."

„Genau. Das ist das Ergebnis für den 7-Brücken-Graphen. Auch hierzu gibt's ein Gedicht:"

> Some citizens of Königsberg
> Were walking on the strand
> Beside the river Pregel
> With its seven bridges spanned.
>
> O, Euler come and walk with us
> Thus burghers did beseech
> We'll walk the seven bridges o'er
> And pass but once by each
>
> 'It can't be done' then Euler cried
> 'Here comes the Q.E.D.
> Your islands are but vertices
> And all of odd degree.'
>
> William T. Tutte, in: Denés König – Theorie der
> endlichen und unendlichen Graphen, Teubner, 1986,
> Umschlag-Rückseite

„Was bedeutet Q.E.D.?"

„Das ist eine Abkürzung für den lateinischen Ausdruck 'quod erat demonstrandum', und bedeutet 'was zu beweisen war'. Mathematiker beenden damit gerne ihre Beweise."

„Das merke ich mir für die nächste Klassenarbeit."

„In der Version mit acht Brücken haben nur 2 der Knoten einen ungeraden Grad. Da gibt es einen Eulerweg."

„Oh ja, es gibt zwar immer noch keinen Eulerkreis, aber einen Eulerweg gibt es. Das wird wohl der Grund gewesen sein, warum Loyd die achte Brücke hinzufügte: Er wollte eine Lösung."

„Vielleicht. Hier habe ich noch mal den 8-Brücken-Graphen gezeichnet. Rechts daneben seht ihr einen möglichen Eulerweg. Damit man den genauen Verlauf des Wegs besser erkennen kann, habe ich den Weg nur bis an die Knoten heran gezeichnet."

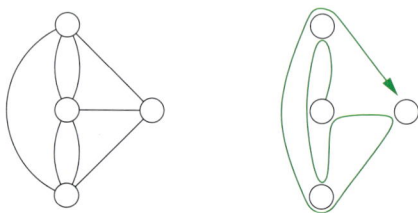

„Wie findet man Eulerwege denn? Für den zweiten Königs-berg-Graphen mag das einfach sein, aber was passiert, wenn die Graphen größer werden?"

„Gute Frage! Bisher haben wir nur gezeigt, dass kein Euler-weg vorhanden ist, wenn es mehr als 2 Knoten ungerader Wertigkeit gibt. Wir müssen aber auch noch zeigen, dass bei maximal 2 Knoten ungeraden Grads ein Eulerweg existiert. Das können wir aber mit Hilfe eines Algorith-mus erledigen, der uns in diesem Fall einen solchen Weg konstruiert."

„Ist der kompliziert?"

„Nein, überhaupt nicht. Zunächst wählen wir unseren Startknoten. Falls es zwei Knoten ungerader Wertigkeit gibt, muss das einer dieser beiden sein. Andernfalls ist die Wahl frei. Ausgehend vom Startknoten wählen wir irgend-eine Kante zu einem anderen Knoten, von dort aus wieder eine, und so fort, bis es nicht mehr weitergeht. Wenn der Grad eines so erreichten Knotens gerade ist, kommen wir von diesem über eine noch nicht benutzte Kante auch wieder weg. Nachdem wir aber den Startknoten über eine Kante verlassen haben, gibt es genau einen Knoten, von dem wir am Ende nicht mehr wegkommen: den Zielkno-ten. Wenn man also nicht mehr weiterkommt, muss man den Zielknoten erreicht haben. Hier ist ein Beispiel. Die Zahlen an den Kanten geben an, in welcher Reihenfolge sie innerhalb des grünen Wegs durchlaufen werden."

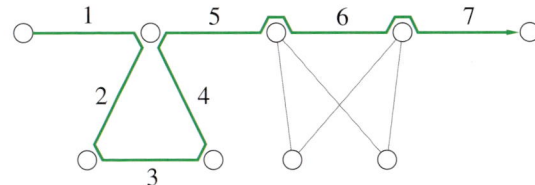

„Es sind aber doch noch gar nicht alle Kanten durchlaufen."

„Stimmt. Das lässt sich schnell korrigieren. Man wählt einen der Knoten auf dem grünen Weg, der noch freie Kanten besitzt, als neuen Startknoten und läuft über graue Kanten so lange, bis es nicht mehr weitergeht. Aus dem gleichen Grund wie beim ersten Mal, müssen wir diesmal in dem Knoten landen, in dem wir in dieser 'Runde' gestartet sind. Wir erhalten also einen zusätzlichen Kreis, den ich hier rot gezeichnet habe:"

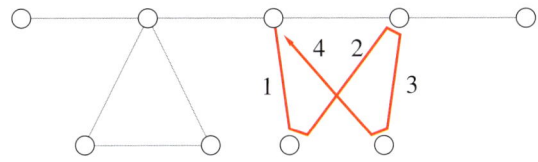

„Dann haben wir aber zwei Wege, statt einem."

„Richtig. Wir müssen den roten Kreis noch in den grünen Weg einbauen. Dazu starten wir wieder im ursprünglichen Startknoten und laufen entlang des grünen Wegs bis zum Startknoten des roten Kreises. Diesen durchlaufen wir als Nächstes, und dann geht es wieder weiter entlang des grünen Wegs. In unserem Beispiel erhalten wir dadurch bereits einen Eulerweg:"

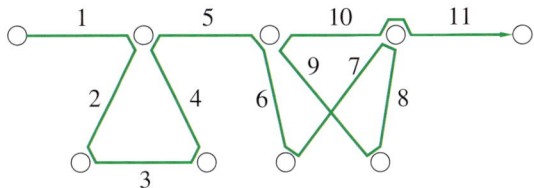

„Und falls wir in einem größeren Graphen immer noch nicht alle Kanten durchlaufen haben, führen wir diese Prozedur erneut durch, oder?"

„Genau. Und zwar so lange, bis alle Kanten verbraucht sind. Am Ende haben wir in jedem Fall einen Eulerweg konstruiert."

„Jetzt ist mir alles klar. Zuerst muss man die Grade der Knoten checken, und wenn nicht mehr als 2 Knoten ungeraden Grads existieren, findet man mit dem Algorithmus einen Eulerweg. Oh, seid mal leise, ich glaube meine Mutter kommt nach Hause. Am besten hören wir für heute auf."

„Wieso? Hat deine Mutter was gegen Vim?"

„Nein. Sie kennt ihn gar nicht. Aber sie mag es nicht, wenn ich den ganzen Tag am Computer hocke. Also versuche ich es zu vermeiden, dass sie mich am Computer sitzen sieht."

Ruth hatte sich nicht geirrt. Ihre Mutter schlug gerade die Autotür zu und öffnete den Kofferraum. Schnell fuhren Jan und sie den Rechner herunter und taten so, als wollten sie gerade los.

„Hallo Mama."

„Hallo Große, hallo Jan. Habt ihr noch was vor?"

„Ja, wir wollten noch ein bisschen raus."

„Na, dann viel Spaß. Aber komm nicht wieder so spät nach Hause."

Jan und Ruth überlegten, was sie mit dem restlichen Nachmittag anfangen könnten. Sie einigten sich schließlich auf einen kleinen Spaziergang oder, wie Jan schmunzelnd bemerkte, aufs Flanieren.

Als Jan nach Hause kam, stürmte Lukas auf ihn zu und erzählte ganz aufgeregt, dass er das Haus vom Nikolaus jetzt auf verschiedene Arten zeichnen könne. Jan interessierte das nicht besonders; musste dieser schöne Tag mit seinem Bruder und dem Nikolaushaus zu Ende gehen. Aber dann fiel es ihm wie Schuppen von den Augen. Na klar, da steckte niemand anderes dahinter als Euler. Morgen würde er Vim gleich danach fragen. Den Rest des Abends verbrachten Jan und Lukas gemeinsam. Immer wieder malten sie das Nikolaushaus und dachten sich jede Menge Varianten aus, so dass Lukas, als er schlafen gehen sollte, strahlend mit einem großen Stapel Zeichnungen ins Bett verschwand.

Währenddessen saß Ruth zu Hause vor dem Fernseher. Ihre Eltern waren bei einem Geschäftsessen und hatten ihr neben einem liebevoll vorbereiteten Abendessen eine Nachricht auf dem Esszimmertisch hinterlassen.

Nach der Tagesschau surfte Ruth ein bisschen im Netz und ging dann ziemlich früh zu Bett. Eine Weile lag sie noch wach und dachte daran, wie schön der Tag gewesen war.

Am Mittwoch hatten Ruth und Jan sich erst für 16 Uhr verabredet, da Jan vorher noch Fußball spielen gehen wollte. Als Ruth aus der Schule kam, war das Mittagessen gerade fertig. Ihre Mutter erzählte vom gestrigen Geschäftsessen, das für Papas Firma wegen eines großen Auftrags aus Amerika sehr wichtig gewesen war. So wichtig, dass er deshalb gleich heute Morgen für eine ganze Woche in die USA geflogen war.

Wie nicht anders zu erwarten war, dauerte es nicht lange, bis Mama nach Ruths Nachmittag gestern mit Jan fragte. Mama erzählte auch von ihrem ersten Freund. Das war richtig spannend. Nach dem Plausch musste Ruth sich beeilen, ihre Hausaufgaben noch rechtzeitig fertig zu machen.

Mama saß gerade im Garten und las Zeitung, als Jan kam. Daher hörte sie auch nicht, das es läutete. Ruth hatte aber schon darauf gewartet.

„Komm rein. Wie war's beim Fußball?"

„Ging so; ich hab' einen ziemlich fiesen Tritt an die Wade abbekommen."

„Oh je, du humpelst ja richtig. Warte, ich frage mal meine Mutter, ob wir was für dich haben."

Ruth rannte in den Garten und sah, dass ihre Mutter beim Lesen eingeschlafen war.

„Mama! Tut mir Leid, dass ich dich wecken muss, aber Jan ist gerade gekommen. Haben wir irgendwo eine kalte Kompresse, oder so was?"

„Ja, schau' mal in die Gefriertruhe, da müsste eine sein. Hat er sich verletzt?"

„Nein, nicht schlimm, nur Fußball gespielt."

Die Kompresse lag unter dem Eis. Komisch, dachte Ruth, die habe ich vorher noch nie gesehen. Vielleicht war es wirklich genetisch bedingt. Vim hatte ihr ja vor ein paar Tagen erklärt, dass es in den Genen liegt, sich auf die wesentlichen Dinge des Lebens, wie wilde Tiger, Eis und U-Bahn-Pläne, konzentrieren zu können.

„So, probier's mal mit der Kompresse. Deine Verletzung hat übrigens einen positiven Nebeneffekt."

„Und der wäre?"

„Selbst meine Mutter wird einsehen, dass man mit einem invaliden Freund am besten am Computer hockt."

„Mach' dich nur lustig über mich! Da du gerade Computer sagst, ich habe gestern noch etwas Interessantes herausgefunden. Das muss ich dir und Vim unbedingt erzählen."

„Oh schön, ich habe gestern auch noch im Internet gestöbert."

Sie gingen in Ruths Zimmer. Während Ruth den Rechner anschaltete, schaute sich Jan einige von ihren CDs an.

„Schluss mit Faulenzen! Aufgewacht, Vim! Jan ist wieder da, und wir haben beide was in petto."

„So so, dann schießt mal los!"

„Ich habe gestern nachgeschaut, was es online über Euler zu lesen gibt. Das ist so viel, dass man mindestens eine Woche bräuchte, um alles zu lesen."

„Oder man lässt es die angeblich so faule Software für einen herausfinden. Einen guten Einstieg bekommt man über `www.students.trinity.wa.edu.au/library/subjects/maths/euler.htm`. Es ist allerdings kein Wunder, dass es so viele Seiten zu Euler gibt. Er war nämlich nicht nur einer der größten Mathematiker, er hat auch irrsinnig viel publiziert: 886 Artikel und Bücher waren es insgesamt. Nach seinem Tod dauerte es noch ganze 30 Jahre bis endlich alles erschienen war. In Basel wird seit vielen Jahren eine Gesamtausgabe seiner Werke erstellt. Die ersten drei Teile der 'Opera Omnia' bestehen aus 72 Bänden und kosten fast 10.000 Euro. Bereits 1975 wurde der erste Band des vierten Teils veröffentlicht, doch bis heute ist dieser noch nicht vollständig erschienen. Eulers unglaubliche Vielseitigkeit zeigt sich auch daran, dass Begriffe, wie 'Satz von Euler' oder 'Eulerformel' in ganz verschiedenen Zusammenhängen vorkommen. Ein Großteil seiner Arbeiten entstand übrigens erst, nachdem er vollkommen erblindet war."

„Wie denn das? In Mathematik muss man doch sehen, was man tut. Das kann man sich doch unmöglich alles merken!"

„Euler konnte es. Es wird erzählt, dass zwei seiner Schüler sich über das Ergebnis einer schweren Summationsaufgabe gestritten haben. Nach der Addition von 17 Termen waren sie sich über die 50-ste Dezimalstelle uneins. Euler soll den Streit dadurch geschlichtet haben, dass er die Summe im Kopf nachgerechnet hat."

„Puh. Er muss nicht nur ein wahnsinniges Gedächtnis, sondern auch eine unheimliche Konzentrationsfähigkeit besessen haben."

„Oh ja. Ich habe gestern irgendwo gelesen, dass seine Kinder oder Enkel oft um ihn herumspielten, wenn er arbeitete."

„Stimmt. Sein Kollege Thiébault beschrieb dies mit den folgenden Worten:"

> Ein Kind an den Knien, eine Katze auf dem Rücken, so schrieb er seine unsterblichen Werke.

„Genau, das Zitat meinte ich."

„Hast du gesehen, dass es sogar eine Schweizer Banknote gibt, auf der Euler abgebildet ist? Hier, unter `www2.physics.umd.edu/~redish/Money/` kann man sie sich auch online anschauen. Auf der Rückseite ist eine von Euler entwickelte Wasserturbine mit einem Wirkungsgrad von etwa 71 Prozent dargestellt. Heutige Turbinen erreichen auch nicht viel mehr als 80 Prozent. Die Darstellung unseres Sonnensystems erinnert an Eulers Leistungen in der Astronomie."

Schweizer Nationalbank 10er-Note der Sechsten Serie, 1976

„Wieso denn eine schweizer Banknote? Ich dachte, Euler lebte in Königsberg."

„Nein, die meiste Zeit seines Lebens verbrachte er in St. Petersburg, und geboren wurde er in Basel."

„Die biographischen Daten habe ich auch schon im Netz gefunden, aber was für ein Mensch war er denn eigentlich?"

„Ziemlich weltfremd, oder?"

„Glaube ich nicht. In den Biographien wird er als humorvoll und unkompliziert beschrieben. Hin und wieder war er etwas aufbrausend, konnte aber auch über sich selber lachen. Und Neid, der auch unter Wissenschaftlern zu großen Problemen führen kann, war Euler fremd. Er freute sich über jedes neue Ergebnis und überließ sogar hin und wieder eine Entdeckung einem seiner Kollegen."

„War es nicht eher die Ausnahme, dass so ein Genie sich mit einem ganz gewöhnlichen Thema wie dem Königsberger-Brücken-Problem beschäftigt hat? Mathematiker sind doch meistens ziemlich praxisfern."

„Tut mir Leid, aber da muss ich dir noch mal widersprechen. Natürlich hat Euler enorm viel Grundlagenforschung betrieben, aber zahlreiche seiner Arbeiten beschäftigen sich mit Themen wie Optik, Nautik, Akustik, Hydraulik und Musik. Die Bedeutung von Eulers Werk erkennt man auch daran, dass viele mathematische Bezeichnungen, die Euler einführte, Standard geworden sind und auch heute noch überall verwendet werden. Von ihm stammen die Symbole, für die vielleicht interessantesten mathematischen Konstanten: das e für die nach ihm benannte Eulersche Zahl, das π für die Kreiskonstante, die heute jeder einfach als dieses 'pi' kennt, und die imaginäre Einheit i für die im Reellen nicht existierende Wurzel aus -1, die es erst ermöglichte, viele universelle Zusammenhänge in der Mathematik zu ergründen. Den vielleicht schönsten Zusammenhang hat Euler gleich selber herausgefunden: Eine Formel, die diese drei Konstanten in einer Weise vereinigt, dass sie sogar zum schönsten mathematischen Satz aller Zeiten gewählt wurde:"

$$e^{i\pi} + 1 = 0$$

„Gewählt wurde? Gibt es einen Schönheitswettbewerb für Formeln?"

„Die Zeitschrift 'The Mathematical Intelligencer' stellte 1988 ihren Lesern eine Liste mit 24 Vorschlägen zur Wahl. Platz zwei ging ebenfalls an Euler. Die Formel auf Platz 10 wurde zwar von Fermat aufgestellt, aber erst von Euler bewiesen."

„Fermat? Den Namen habe ich schon mal gehört."

„Von ihm stammt, wer hätte es gedacht, auch das als 'Fermats letzter Satz' bekannt gewordene Theorem:"

$x^n + y^n = z^n$ hat keine ganzzahligen Lösungen für n größer als 2.

„Erinnert ein wenig an Pythagoras."

„Ja, für $n = 2$ ergibt sich gerade die Formel im Satz von Pythagoras. Aber die hat ganzzahlige Lösungen. In einer Randnotiz formulierte Fermat das obige Theorem und fügte folgenden Satz hinzu:"

Cuius rei demonstrationem mirabilem sane detexi hanc marginis exiguitas non caperet.

„Schon wieder Latein!"

„Das bedeutet: 'Ich habe hierfür einen wahrhaft wunderbaren Beweis, doch ist dieser Rand hier zu schmal, um ihn zu fassen'. Leider hat Fermat diesen Beweis auch später niemals aufgeschrieben. So entwickelte sich das Theorem zu einem Rätsel, an dem sich dreieinhalb Jahrhunderte die größten Mathematiker, auch Euler, die Zähne ausbissen. Schließlich gelang es im Jahre 1994 Andrew Wiles, den Satz zu beweisen. Die Geschichte um dieses Theorem ist so populär geworden, dass es jetzt vielleicht sogar auf Platz 1 landen würde."

„Kannte Euler auch schon das Haus vom Nikolaus?"

„Meinst du das Kinderrätsel, mit dem du am Sonntag deinen Bruder beschäftigt hast?"

„Genau das meine ich; wo man dieses Haus in einem Zug malen muss, also ohne abzusetzen."

„Jetzt weiß ich was du meinst. Unter `mitglied.tripod.de/jkoeller/nikolaushaus.htm` findet man eine gute Beschreibung und auch ein paar weitere Details. Ob Euler dieses Rätsel kannte? Keine Ahnung."

Zurück zu Juergen Koeller's Homepage   "Mathematische Basteleien"

Was ist das Haus des Nikolaus?
Das Haus des Nikolaus ist ein uraltes deutsches Zeichenspiel für kleine Kinder.

Das Haus wird in einem Zug aus acht Strecken gezeichnet. Keine Strecke wird zweimal durchlaufen. Während des Zeichnens spricht man den Satz: "Das ist das Haus des Ni – ko – laus". Bei jeder Strecke spricht man ein Wort bzw. eine Silbe.

„Er hat es jedenfalls gelöst!"

„Er kann es nicht gelöst haben, wenn er das Rätsel nicht kannte."

„Doch, Jan hat Recht. Schau' her, du musst es nur so aufmalen:"

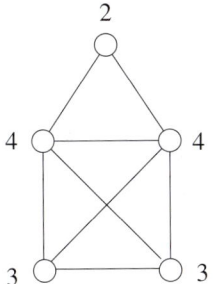

„Sollen die Zahlen die Knotengrade sein?"

„Na klar. Das Haus vom Nikolaus zu zeichnen, ohne abzusetzen, bedeutet nichts anderes, als einen Eulerweg zu finden."

„Dann muss man beim Nikolaushaus also immer unten anfangen!"

„Genau. Am schönsten finde ich die Darstellung von Gabriele Heider auf ihrer Internet-Seite unter www.gabriele-heider.de:"

G.H.

Haus vom Nikolaus I

Kuhmist und Acryl auf Leinwand
120cm x 110cm
1993

© VG Bild-Kunst, Bonn 2001

„Das ist ja ein lustiger Titel! Kuhmist auf Leinwand?"

„Klar! Ökomathematik!"

„Oh, da du gerade 'Öko' sagst, ich habe einen tierischen Hunger. Soll ich mal schauen, was wir so im Kühlschrank haben?"

„Ich hab' 'ne bessere Idee. Was hältst du davon, wenn ich dich einlade? Ich kenne eine super Dönerbude, gar nicht weit von hier."

„Geht das denn mit deinem Bein?"

„Klar! Ein Indianer kennt keinen Schmerz!"

„Na, das klang vorhin noch ganz anders."

„Und was machst du inzwischen, Vim?"

„Während ihr euch weltlichen Genüssen hingebt, werde ich versuchen, die letzten großen Geheimnisse der Menschheit zu ergründen."

„Angeber!"

> Heute flaniert
die Müllabfuhr

Für sein Laser-Referat hatte Jan den Text von hausarbeiten.de etwas aufbereitet, im Großen und Ganzen aber gelassen, wie er war. Leider surfte Herr Zweiholz auch gerne im Internet und, was noch dümmer war, er hatte gestern ebenfalls das Referat entdeckt und gelesen. Reingefallen! Herr Zweiholz nahm Jan die Sache glücklicherweise nicht sehr übel. Recherchen im Internet befürwortete er sogar. Reines Abkupfern ging ihm allerdings zu weit. Da eine intensive Befragung zeigte, dass Jan den Text zumindest gut verstanden hatte, beließ Herr Zweiholz es diesmal dabei. Zukünftig sollte Jan aber verschiedene Quellen nutzen und diese dann auch angeben.

Ruth konnte gar nicht zur Schule gehen. Sie war auf der Treppe umgeknickt und hatte sich dabei den Knöchel verstaucht. Merkwürdig, nachdem doch Jan auch gestern 'lahmte'. Mama ging mit ihr zum Arzt, der bestätigte, dass alles nur halb so schlimm sei. Der Fuß wurde mit Salbe eingeschmiert und bandagiert. Das Schwimmtraining am Nachmittag fiel natürlich auch flach.

Ruth hatte vorgehabt, nach dem Schwimmen bei Jan vorbeizuschauen, aber nun kam er eben zu ihr.

„Na, keine Lust auf Schule gehabt?"

„Also hör' mal!"

„Schon gut. Ich wollte dich nur ein bisschen ärgern. Geht's dir wenigstens wieder besser?"

„Der Fuß ist noch etwas dick, aber wenn ich ihn nicht zu sehr belaste, geht's so einigermaßen. Wo sind die Blumen und Pralinen?"

„Blumen? Pralinen?"

„Typisch Mann, würde meine Mutter jetzt sagen."

„Wie ist das eigentlich passiert?"

„Einfach auf der Treppe umgeknickt! Flanieren ist heute jedenfalls nicht drin."

„Na, wo wir eh wieder bei dir gelandet sind, können wir ja mal hören, was Vim uns als Nächstes erzählt, oder?"

„Ich bin dabei! Während der Rechner hochfährt, könntest du meine Mutter mal fragen, ob sie was zu knabbern für uns hat."

„Mach' ich!"

Jan verschwand für einen Moment und kam dann mit einer großen Tüte Chips zurück. Dann schaltete er die Kommunikationsbox ein.

„Hallo Vim, was machen die letzten Geheimnisse der Welt?"

„Hallo ihr beiden. Ich habe *die* Antwort gefunden."

„Was für eine Antwort?"

„Die Antwort auf alles, Ruth!"

„Die Antwort auf das Leben, das Universum und den ganzen Rest?"

„Ja."

„42!"

„Du kennst sie also auch schon, Jan?"

„Na klar!"

„Moment mal! Spinnt ihr beiden jetzt total?"

„Nein, nein. Es scheint allerdings, als würde Vim genauso gerne Douglas Adams lesen wie ich."

„Meinst du diesen Typ, der die total abgefahrenen Science-fictionbücher geschrieben hat? Wie hießen die noch gleich?"

„Per Anhalter durch die Galaxis."

„Ja genau. Vielleicht sollte ich die auch mal lesen."

„Unbedingt! Mal im Ernst, Vim. Deine flanierenden Königsberger Jungadligen sind ja ganz nett, aber sie können mich nicht davon überzeugen, dass Eulers Mathematik wichtig ist und wirklich gebraucht wird."

„Nein, das alleine würde mir auch nicht genügen. Das Königsberger-Brücken-Problem ist eine schöne Geschichte. Die Frage nach einer Tour durch alle Kanten eines Graphen taucht aber auch an ganz anderen Stellen auf."

„Zum Beispiel?"

„Heute Morgen kam doch die Müllabfuhr, oder?"

„Ja, wieso fragst du schon wieder danach?"

„Weil auch die Müllabfuhr Eulers Ergebnisse verwenden kann!"

„Wie bitte? Die Müllabfuhr flaniert doch nicht!"

„Doch. In gewisser Weise flaniert sie durch alle Straßen der Stadt. Eulers Ergebnisse können genutzt werden, um bei der Müllabfuhr viel Geld zu sparen. Geld, das jeder Haushalt über Steuern und Entsorgungsgebühren bezahlen muss. Das ist für jedermann wichtig, nicht nur für ein paar jugendliche Spaziergänger."

„Ich verstehe nur Bahnhof."

„Stell' dir vor, dass es ein Depot gibt, von dem aus du mit deinem Müllwagen durch die Straßen der Stadt fahren willst. Du musst durch alle Straßen deines Bezirks, um die Mülltonnen zu leeren, und an jeder Kreuzung hast du die Wahl, wie du weiterfahren möchtest. Schon haben wir einen Graphen:"

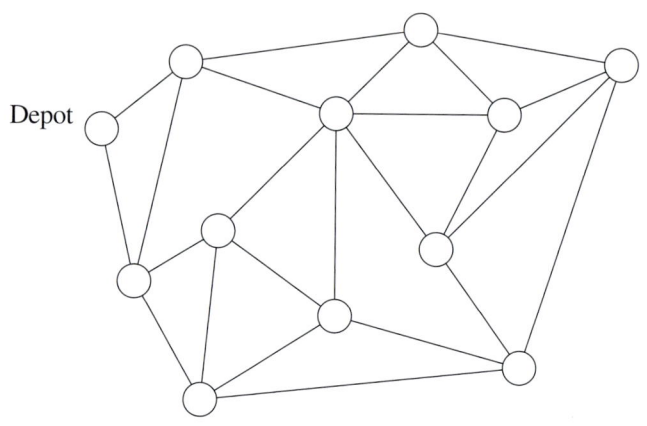

Depot

„Aha. Die Kanten symbolisieren Straßen und die Knoten Kreuzungen. Das kann ich mittlerweile."

„Klar! Jetzt bestimmt man einfach die Knotengrade und schon weiß man, ob es einen Eulerkreis durch alle Straßen der Stadt zurück zum Depot gibt."

„Na prima! Und wenn es keinen gibt, streikt die Müllabfuhr, bis die Leute in ihrem Müll ersticken. Sehr sparsam!"

„Ja, da hat Jan Recht. Die Müllabfuhr muss auch fahren, wenn kein Eulerkreis vorhanden ist."

„Langsam. Soweit sind wir noch nicht. Wir sollten uns das Beispiel erst mal genauer anschauen. Ich habe, wie ihr sicher schon bemerkt habt, zunächst einen Graphen gewählt, in dem alle Knoten geraden Grads sind. Es gibt also einen Eulerkreis. Aber wieso hilft so ein Eulerkreis der Müllabfuhr überhaupt?"

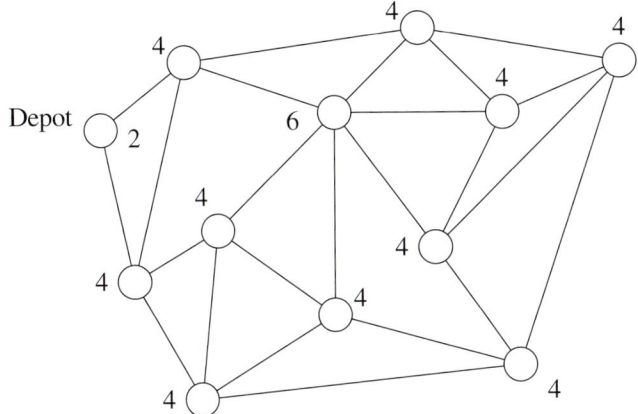

„Ist doch klar. Die Müllabfuhr muss durch alle Straßen der Stadt fahren, um die Mülltonnen zu leeren. Wenn sie das entlang eines Eulerkreises tut, fährt sie keinen Meter zu viel. Fährt sie aber nicht entlang eines Eulerkreises, so muss sie einen Teil der Straßen mehrmals durchfahren; ab dem zweiten Mal, ohne die Mülltonnen zu leeren."

„Sehr schön! Jede Kante muss ja mindestens einmal durchfahren werden, und in einem Eulerkreis wird keine ein zweites Mal durchfahren. Besitzen also alle Knoten des Graphen geraden Grad, so ist jeder Eulerkreis eine optimale Route für die Müllabfuhr."

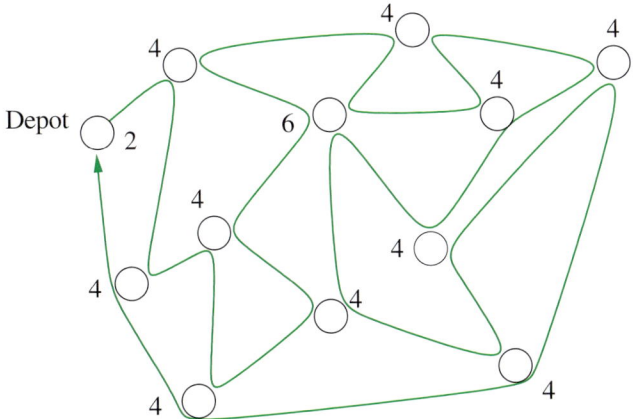

„Meinst du nicht, dass die Müllabfuhr auch ohne Euler auf eine solche Rundfahrt gekommen wäre? Wenn der Graph eulersch ist, findet man einen Eulerkreis doch ziemlich leicht."

„Gut möglich, Jan. Aber dank Euler wissen die Routenplaner der städtischen Entsorgungsbetriebe auch genau, wann sie keine Chance haben, einen Eulerkreis durch die Straßen der Stadt zu finden. Außerdem wird es wohl kaum eine Stadt geben, in der in jede Kreuzung eine gerade Zahl von Straßen mündet. Ein realistischer Stadtplan enthält auch eine Reihe von Gabelungen und vor allem Sackgassen und sieht eher so aus:"

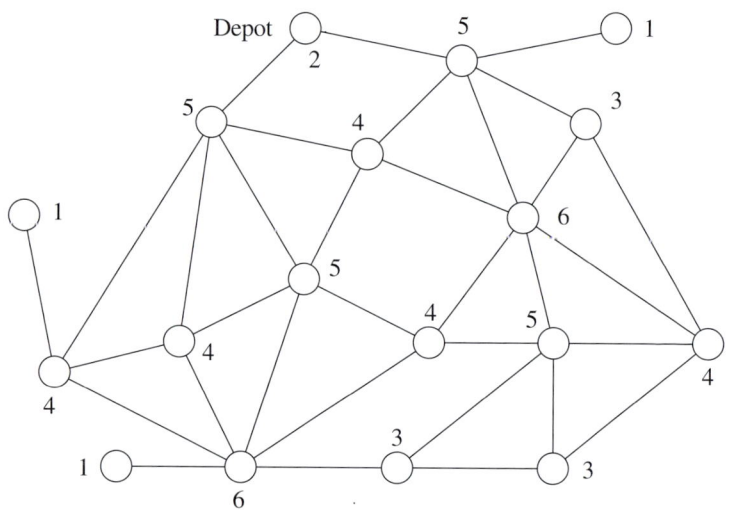

„Dann gibt es aber keinen Eulerkreis, und Eulers Ergebnisse helfen der Müllabfuhr nicht weiter. Auch in einer Sackgasse muss schließlich Müll geleert werden. Da bleibt einem nichts anderes übrig, als hinein und auf dem gleichen Weg wieder heraus zu fahren. Das bedeutet aber, dass wir die zugehörige Kante zweimal benutzen!"

„Langsam, Jan. Du hast Recht, dass es in diesem Graphen keinen Eulerkreis gibt. Trotzdem hilft uns Eulers Satz."

„Wie denn? Bei den vielen Knoten mit ungeradem Grad gibt es ja nicht einmal einen Eulerweg."

„Die entscheidende Frage ist: Wie behandeln wir diese für die gesuchte Route kritischen Knoten? Die Antwort lautet *BetrÜbs-Fahrten*."

„Du meinst Betriebsfahrten, oder?"

„Nein, ich meine BetrÜbs-Fahrten. Das ist meine eigene Kreation, eine Abkürzung für betriebsbedingte Überbrückungsfahrten. Damit wir aus einem Knoten ungeraden Grads wieder herauskommen, nachdem wir alle Kanten abgearbeitet haben, benötigen wir eine zusätzliche Fahrt über eine oder mehrere der schon benutzten Kanten. Bei dieser Fahrt verrichten wir aber keine Arbeit mehr, da alle Tonnen der zugehörigen Straße bereits geleert sind."

„Davon will man natürlich so wenig wie möglich machen."

„Genau. Es stellt sich also die Frage, wie wir die BetrÜbs-Fahrten minimieren können. An der Zeit für die Entleerung der Mülltonnen können wir nichts optimieren. Egal, wie wir fahren, zum Leeren benötigen wir immer gleich lange. Durch unnötige BetrÜbs-Fahrten können wir allerdings viel Zeit verlieren. Anders ausgedrückt: Durch eine gute Route mit möglichst kurzen BetrÜbs-Fahrten kann man viel Zeit und damit Geld sparen."

„Wir müssen also die Gesamtlänge der BetrÜbs-Fahrten minimieren."

„Ja. Dabei sind wieder verschiedene Kantengewichte möglich. Die benötigte Zeit der BetrÜbs-Fahrt scheint sinnvoll, aber auch die zu fahrende Strecke oder Fahrtkosten sind denkbar. Damit wir die Kantengewichte der möglichen BetrÜbs-Fahrten nicht mit Kantengewichten der eigentlichen Entleerung verwechseln, die ja für unser Optimierungsziel nicht relevant sind, habe ich die 'BetrÜbs-Gewichte' grün gefärbt:"

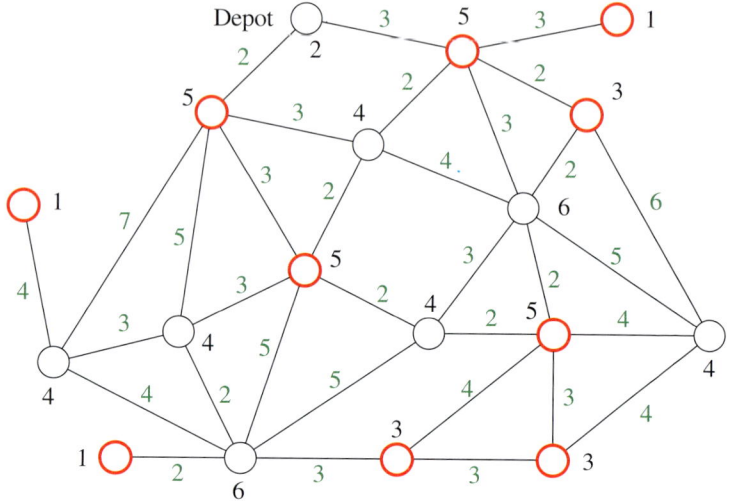

„Wieso hast du einen Teil der Knoten rot markiert?"

„Das sind die Knoten ungeraden Grads. Die müssen wir wegbekommen!"

„Was meinst du mit 'wegbekommen'?"

„Wir haben gesehen, dass uns nur die Knoten ungerader Wertigkeit Schwierigkeiten machen. In die Knoten gerader Wertigkeit fährt man hinein und wieder heraus und, falls nötig, wieder hinein und wieder heraus, solange bis alle anliegenden Kanten abgearbeitet sind. Bei jedem der Knoten ungeraden Grads muss man aber mindestens eine Kante doppelt benutzen. Wenn wir nun diese doppelt zu befahrende Kante auch zweimal in unseren Graphen zeichnen, erhöht sich der Knotengrad der beiden Endknoten jeweils um 1, und der Knoten mit ungeradem Grad wird auf diese Weise zu einem mit geradem Grad."

„So meinst du das also mit 'wegbekommen'. Wenn der andere Endknoten aber gerade war, ist dieser nun ungerade, und wir haben nichts gewonnen."

„Das ist richtig. Solange wir eine BetrÜbs-Fahrt von einem Knoten ungeraden Grads zu einem gerader Wertigkeit machen, haben wir genauso viele kritische Knoten wie vorher. Am einfachsten wäre es also, wenn die BetrÜbs-Fahrten stets zwei benachbarte Knoten ungeraden Grads verbinden. Allerdings gibt es nicht immer ein direkt benachbartes Paar dieser Knoten, wie ihr in diesem Beispiel seht:"

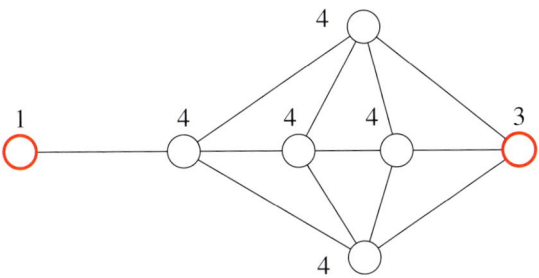

„Was können wir dann machen?"

„Ganz einfach! Wir machen eine BetrÜbs-Fahrt von dem einen kritischen Knoten zum anderen. Da alle Zwischenknoten auf diesem Weg erreicht und wieder verlassen werden, erhöht sich deren Grad um 2, und daher behalten die Knoten gerader Wertigkeit diese Eigenschaft."

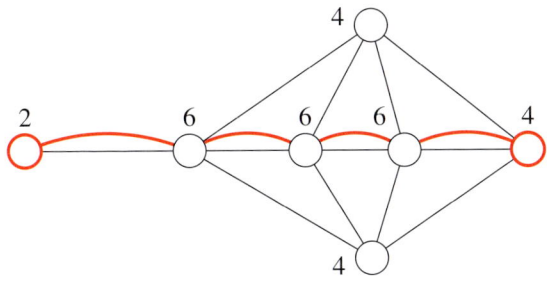

„Verstehe. An jedem kritischen Knoten benötigen wir eine BetrÜbs-Fahrt. Und die führen wir am besten zwischen zwei solchen Knoten aus, um zwei Fliegen mit einer BetrÜbs-Fahrt zu erschlagen."

„Richtig. Wir benötigen BetrÜbs-Fahrten zwischen Paaren von Knoten ungeraden Grads. Erinnert ihr euch daran, dass die Anzahl der Knoten ungeraden Grads immer gerade war?"

„Na klar. Das haben wir doch durch komplette Induktion bewiesen."

„Mittels vollständiger Induktion! Da die Anzahl der Knoten ungerader Wertigkeit immer gerade ist, können wir sie in Paare von Anfangs- und Endknoten von BetrÜbs-Fahrten aufteilen. Hier, in unserem ursprünglichen Graphen, könnte das zum Beispiel so aussehen:"

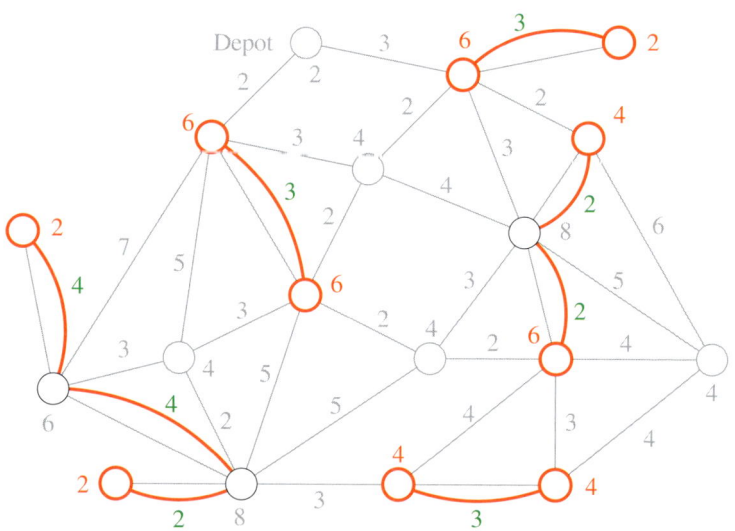

„Schön, das geht also immer auf. Aber nicht in jedem Graphen kann man so leicht erkennen, auf welchen Strecken man die BetrÜbs-Fahrten am besten durchführt, oder?"

„Ja, hier entsteht unser Optimierungsproblem. Wie können wir die Kosten der BetrÜbs-Fahrten minimieren?"

„Wir müssen die insgesamt billigste Möglichkeit finden, solche Paare von kritischen Knoten zu bilden."

„Genau, Ruth. Dafür erzeugen wir zunächst einen neuen Graphen, der nur noch unsere kritischen Knoten, also die ungeraden Grads enthält. Außerdem ist der neue Graph *vollständig*, das heißt, dass er zwischen je zwei Knoten eine Kante enthält."

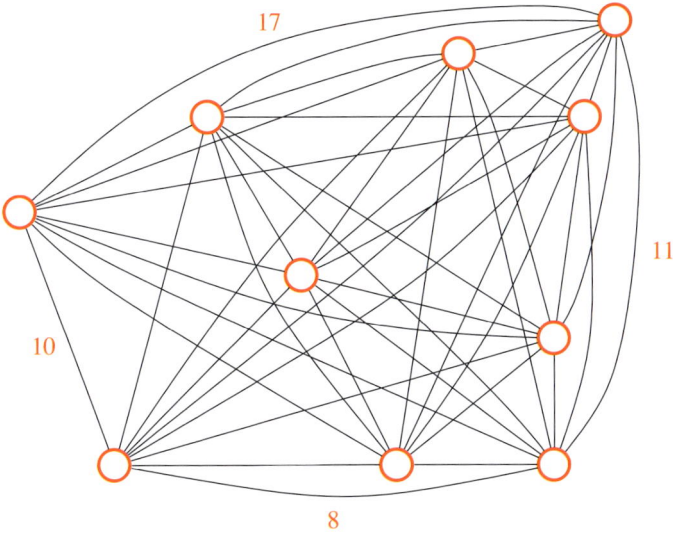

„Ein ganz schönes Kantenwirrwarr! Wieso hilft uns dieser Graph?"

„In dem neuen Graphen symbolisieren die Kanten die möglichen BetrÜbs-Fahrten zwischen den kritischen Knoten. Natürlich gibt es im Originalgraphen nicht immer eine Kante zwischen solchen Knoten. Wenn wir beschließen, eine BetrÜbs-Fahrt zwischen zwei roten Knoten zu machen, dann versuchen wir natürlich, diese auf einem kürzesten Weg durchzuführen. Als Kantengewichte des neuen Graphen nehmen wir daher immer die Länge eines kürzesten Wegs zwischen den beiden Knoten im Ausgangsgraphen. Damit man noch etwas erkennen kann, habe ich nur ein paar der neuen Kantengewichte eingezeichnet, diesmal in rot, um sie von den grünen Gewichten im

Originalgraphen zu unterscheiden. Die 10 ergibt sich zum Beispiel aus den Längen 4, 4, und 2 der drei Kanten, die den kürzesten Weg zwischen diesen beiden kritischen Knoten im Ausgangsgraphen bilden."

„Das heißt, dass wir als Kantengewichte in unserem neuen Graphen immer die Längen der kürzesten Wege zwischen den entsprechenden Knoten des ursprünglichen 'Straßengraphen' nehmen. Dann muss man hier ja das Kürzeste-Wege-Problem für jeden Knoten als Start- und jeden Knoten als Zielknoten lösen."

„Nur für die kritischen, also für die roten Knoten! Das können allerdings sehr viele sein."

„Mir ist immer noch nicht klar, wieso wir diesen neuen Graphen brauchen."

„Kein Problem! Wir suchen die günstigste Möglichkeit, BetrÜbs-Fahrten zwischen Paaren von Knoten ungeraden Grads zu planen. Fügen wir die Kanten dieser BetrÜbs-Fahrten in unseren Ausgangsgraphen ein, werden alle Knotengrade gerade, und wir können anschließend einen Eulerkreis finden. In unserem neuen Graphen symbolisiert jede einzelne Kante eine ganze BetrÜbs-Fahrt. Wir müssen also nur noch das Paarungsproblem für diesen Graphen lösen, um die BetrÜbs-Fahrten optimal, das heißt kürzest möglich, zu wählen."

„Paarungsproblem? Was ist denn das nun wieder? Klingt irgendwie interessant!"

⟩ Paarungszeit

„Oh ja, was ein *Paarungsproblem* ist, habe ich euch noch nicht erklärt. Das hole ich sofort nach!"

„Wir bitten darum!"

„Fangen wir mit dem zweiseitigen Paarungsproblem, besser bekannt als *Zuordnungsproblem*, an. Ruth, du bist doch eine tolle Schwimmerin. Stell' dir vor, dass ihr beim nächsten Wettkampf mit einer 4 · 100-Meter Lagenstaffel antreten möchtet."

„Eine Lagenstaffel sind wir noch nie geschwommen. Aber Spaß machen würde das bestimmt. Allerdings haben wir für eine Staffel keine große Auswahl. Wir sind nämlich nur vier Mädchen, die überhaupt an Wettkämpfen teilnehmen."

„Es bleibt trotzdem zu entscheiden, wer welche Disziplin schwimmen soll."

„Das ist gar nicht so einfach. Karla ist in allen vier Disziplinen die beste, und Ines, Tanja und ich sind in allen Schwimmlagen fast gleich gut. Nur in Delphin ist Ines etwas schwächer."

„Wenn's ums Gewinnen geht, können auch kleine Unterschiede große Wirkungen erzielen. Versuchen wir mal, die Aufgabe in einem Graphen darzustellen:"

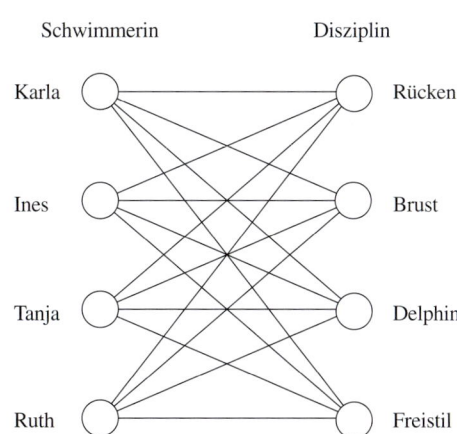

„Du ordnest jeder Schwimmerin und jeder Disziplin einen Knoten zu. Aber was bedeuten die Kanten in deinem Graphen?"

„Jede Kante repräsentiert die mögliche Zuordnung einer Person zu einem Schwimmstil. Die Kante von 'Karla' nach 'Rücken' bedeutet also, dass Karla Rücken schwimmen kann. Auf diese Weise wird aus unserem Zuordnungsproblem ein Kantenauswahlproblem. Die Frage lautet nämlich nun: Welche 4 der 16 Kanten suchen wir aus, um eine 'beste' Zuordnung zu erhalten?"

„Um entscheiden zu können, was am besten ist, benötigt man doch irgendeine Bewertung!"

„Natürlich. Dafür nehmen wir die Zeiten, die Ruth und ihre Teamkolleginnen in den verschiedenen Disziplinen erreichen können. Damit es überschaubar bleibt, habe ich die Zeiten allerdings nicht direkt an den Kanten notiert sondern neben den Schwimmerinnen:"

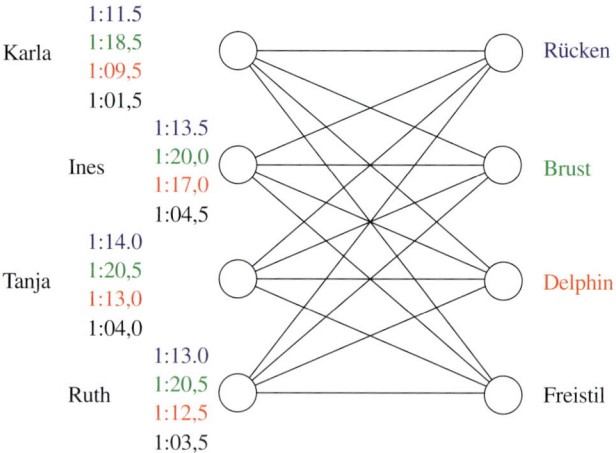

„Woher kennst du überhaupt unsere Zeiten?"

„Euer Schwimmverein hat doch eine Homepage, auf der die Ergebnisse aller eurer Wettkämpfe zu lesen sind. Die habe ich für jeden gemittelt und hoffe, damit nicht ganz falsch zu liegen."

„Nein, die Zeiten sind schon okay. Vielleicht sind wir mittlerweile etwas schneller. In letzter Zeit haben wir alle sehr viel trainiert, aber wer weiß, ob sich das auch im Wettkampf bemerkbar macht. Die Färbung soll wohl anzeigen, zu welcher Disziplin die jeweilige Zeit gehört. Jetzt müssen wir nur noch die beste Viererkombination von Kanten aussuchen, oder?"

„Und zwar eine, bei der von jeder Schwimmerin genau eine Kante ausgeht."

„Klar, es soll ja eine Staffel sein. Die darf Karla nicht alleine schwimmen, selbst wenn sie schneller wäre."

„Und da es um eine Lagenstaffel geht, muss bei jedem Schwimmstil eine Kante ankommen."

„Logisch, sonst würde keine von uns Brust schwimmen."

„Diese Aufgabe kann man bestimmt mit diesem 'gierigen' Algorithmus angehen, oder?"

„Nein, Jan, der Greedy-Algorithmus liefert hier nicht das Optimum. Die schnellsten 100 Meter schwimmt Karla im Freistil. Dazu würde der Algorithmus als Nächstes die Delphin-Strecke für Ruth und die Rücken-Strecke für Ines wählen. Am Ende bliebe dann noch 'Brust' für Tanja übrig. Damit käme die Staffel auf eine erwartete Gesamtzeit von 4 Minuten und 48 Sekunden. Optimal wäre es jedoch, wenn Ruth auf den 100 Meter Rücken startete, Ines und Karla auf der Brust- und Delphin-Strecke folgten und Tanja die abschließenden 100 Meter Freistil übernähme. In dieser Besetzung wäre eine Gesamtzeit von 4 Minuten und 46,5 Sekunden zu erwarten."

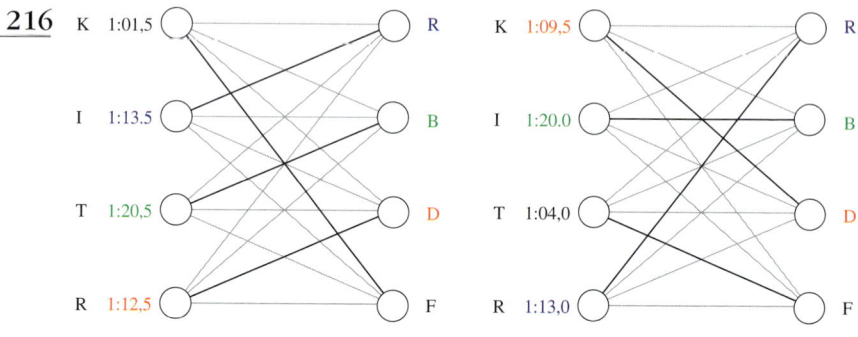

K	1:01,5		R
I	1:13.5		B
T	1:20,5		D
R	1:12,5		F

4:48,0

K	1:09,5		R
I	1:20.0		B
T	1:04,0		D
R	1:13,0		F

4:46,5

„Eineinhalb Sekunden schneller! Das kann ganz schön was ausmachen. Außerdem schwimme ich sowieso am liebsten Rücken, und als Startschwimmerin brauche ich mich nicht auf die blöden Wechsel zu konzentrieren."

„Okay, du hast Recht Vim. Trotzdem dauert es nicht lange, die paar möglichen Kombinationen durchzurechnen, um die beste Zuordnung zu bestimmen."

„Vorsicht! Für eine Staffel mit vier Personen mag das stimmen, bei größeren Beispielen bekommst du allerdings Probleme."

„Größere Staffeln?"

„Nimm an, du bist Chef einer Zeitarbeitsfirma, die tageweise Personen an andere Firmen, Messestände oder ähnliches vermittelt. Du hast in einer Kartei zu jedem der Jobsuchenden ein gewisses Leistungsprofil festgehalten. Bis 18 Uhr kommen die Nachfragen der Firmen an, und um alle rechtzeitig benachrichtigen zu können, musst du möglichst schnell entscheiden, wen du am nächsten Morgen wohin schicken willst. Nun schreiben wir die Personen auf die eine Seite und die Firmen auf die andere, und symbolisieren sie durch Knoten. Die Kanten zwischen jeder Arbeitskraft und jedem Job bewerten wir anhand des Leistungsprofils, das angibt, wie gut die betreffende Arbeitskraft zu dem entsprechenden Job passt.

Wir erhalten dann genauso ein Zuordnungsproblem wie bei unserer Lagenstaffel."

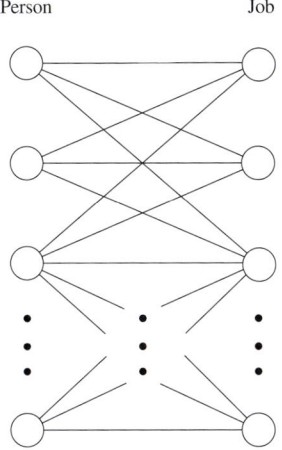

Person   Job

„Nur mit viel mehr Knoten!"

„Jedenfalls, wenn die Zeitarbeitsfirma floriert. Falls nun jede Person jeden Job ausführen kann, gibt es für n Personen und n Jobs $n \cdot (n-1) \cdot (n-2) \cdot \ldots \cdot 2 \cdot 1$ mögliche Zuordnungen."

„Wieso denn das?"

„Überleg' mal, wie viele Möglichkeiten es für die erste Person – nennen wir sie Andreas – gibt, einen der n Jobs auszuführen."

„Na, n natürlich!"

„Und wenn wir Andreas einen Job zugeteilt haben, wie viele bleiben dann für Bernd, den Zweiten?"

„Alle, bis auf den einen, den Andreas schon hat."

„Also $n-1$. Damit sind es aber schon $n \cdot (n-1)$ Möglichkeiten, Andreas und Bernd mit Arbeit zu versorgen."

„Ah, ich erinnere mich. Sowas haben wir mal im Matheunterricht gelernt. Für die dritte Person kommt nun noch mal ein Faktor von $n-2$ hinzu, und so weiter, bis für die vorletzte Person nur noch 2 Jobs und für die letzte nur ein Job übrig bleiben."

„Sehr gut. Macht also insgesamt $n \cdot (n-1) \cdot (n-2) \cdot \ldots \cdot 2 \cdot 1$. Man schreibt hierfür auch kurz $n!$ und sagt *n-Fakultät*. Für 10 Personen und 10 Jobs sind das schon über 3,6 Millionen solcher Zuordnungen."

„Puh! Das ist wohl diese kombinatorische Explosion, von der Ruth erzählt hat."

„Das ist sie! Es gibt aber Algorithmen, mit denen man dieses Problem in annehmbarer Zeit lösen kann."

„Annehmbare Zeit? In welchen unserer Ordner gehören denn die Algorithmen?"

„Die besten in den $O(n^3)$-Ordner."

„In einer solchen Arbeitsvermittlung kommen doch oft zwischendurch neue Jobangebote und Jobsuchende hinzu. Manche Jobs sind gleich für mehrere Tage und manche Leute werden sogar zwei Arbeiten an einem Tag ausführen wollen."

„Das alles ist möglich. Man muss die mathematischen Modelle natürlich anpassen. Dadurch werden sie oft bedeutend komplizierter. Wenn wir einen Teil der Jobs schon zuordnen müssen, bevor die letzten Angebote bekannt sind, spricht man von einem *Online-Problem*. Interessanterweise wird das Problem im Fall von Jobs, die gleich mehrere Arbeitskräfte benötigen, nicht schwieriger. Man hat dann ein *Transportproblem*, und das kann ganz ähnlich gelöst werden, wie das Zuordnungsproblem."

„Wieso denn Transportproblem? Wir wollen doch gar nichts transportieren."

„Der Name Transportproblem kommt von folgender Interpretation: Angenommen die Knoten auf der linken Seite stehen nicht für Personen sondern für Produzenten von – sagen wir – weißer Schulkreide, und die Knoten auf der rechten Seite für Schulen, die die Kreide von den Produzenten beziehen. Außerdem gibt es zu jedem der linken Knoten noch einen Wert, der angibt, wie viele Pakete weiße Schulkreide der jeweilige Produzent liefern kann, und auf der rechten Seite, wie viele Pakete die jeweilige Schule nachfragt. Die Kantengewichte beschreiben hier die Transportkosten zwischen dem jeweiligen Produzenten und dem jeweiligen Abnehmer. Wenn wir den Bedarf der Schulen mit minimalen Transportkosten decken möchten, erhalten wir ein Transportproblem."

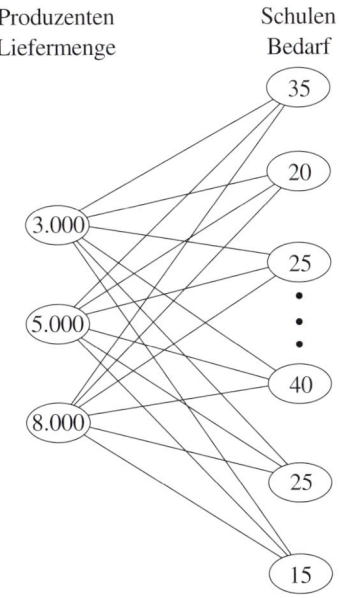

„Gut und schön. Hat das was mit unserer Jobzuordnung zu tun?"

„Klar. Wenn wir an jedem Job vermerken, wie viele Arbeitskräfte er benötigt, entspricht das der Aufgabe des Transportproblems, bei der jeder Produzent genau eine Einheit produziert, jeder Abnehmer aber eine vorgegebene Anzahl Einheiten benötigt. Hierbei sind die Einheiten dann Tagesarbeitsleistungen."

„Für manche Jobs benötigt man nur wenige Stunden, so dass man einer Arbeitskraft eventuell auch mehr als einen Job zuordnen kann."

„Wenn es keine zeitlichen Abhängigkeiten in der Ausführung der Jobs gibt, lässt sich das als allgemeines Transportproblem formulieren. Sobald es weitere Nebenbedingungen gibt, die zum Beispiel verlangen, dass einige der Jobs erledigt sein müssen, bevor andere bearbeitet werden können, wird das Problem aber wesentlich schwieriger."

„Machen wir jetzt mit der Müllabfuhr weiter?"

„Gleich. Bisher haben wir nur das zweiseitige Paarungsproblem kennen gelernt. 'Zweiseitig' beschreibt die Trennung der Knoten in *zwei* Gruppen, wie die Personen und die Jobs in unserem Zeitarbeitsproblem oder die Mädchen und die Schwimmstile bei der Lagenstaffel."

„Verstehe. Eine Gruppe von Knoten links und die andere rechts, wie Mädchen und Jungs beim Tanzkurs."

„Ja, aber einen Teil der Knoten nach rechts und einen nach links sortieren könnte man ja immer. Für einen zweiseitigen Graphen ist aber wichtig, dass es innerhalb der beiden Knotengruppen keine Kanten gibt."

„Klar! Wir wollen den Jobs ja die Personen zuordnen."

„Richtig. Aber die Knoten ungeraden Grads in unserem Müllabfuhr-Problem kann man nicht in zwei solche Teilmengen aufteilen. Im BetrÜbs-Fahrten-Graphen, den wir für das Zuordnungsproblem erzeugt haben, existiert sogar zwischen jedem Knotenpaar eine Kante. Hier liegt ein allgemeines Paarungsproblem vor, also eines, in dem die Knoten nicht unbedingt so in zwei Gruppen geteilt werden können, dass es keine Kanten innerhalb der Knotengruppen mehr gibt. Paarungsprobleme, ob zweiseitig oder nicht, nennt man in der Fachliteratur auch *Matching-Probleme*."

„Ist das nicht-zweiseitige denn schwieriger zu lösen, als das zweiseitige?"

„Ja und nein. Der so genannte Blossom-Algorithmus für das allgemeine Matching-Problem liegt genauso im Ordner $O(n^3)$ wie die besten Algorithmen für die zweiseitige Version des Problems. Obwohl Jack Edmonds, auf den der zugehörige Algorithmus zurückgeht, seine 'Blüten', das heißt nämlich 'blossom' auf deutsch, schon 1965 in Umlauf gebracht hat, bezeichnen manche Leute noch heute den Algorithmus als eines der schwierigsten unter den nicht-explosiven Verfahren. Im Fall von Luftlinienabständen zwischen den Knoten könnt ihr euch wieder eine Spezialversion des Algorithmus unter www.math.sfu.ca/~goddyn/Courseware/Visual_Matching.html ansehen. Da haben wir ja kürzlich die schönen Bilder des Kruskal-Algorithmus für Spannbäume gefunden. Auch beim Matching-Problem konstruiert der visualisierte Algorithmus wieder eine Lösung, indem er Kreise um einen Knoten herum 'aufbläst', bis weitere Kreise oder Knoten berührt werden. Trotzdem sind die beiden Algorithmen total verschieden. Das gefundene minimale Matching erkennt ihr hier an den dicker gezeichneten Kanten:"

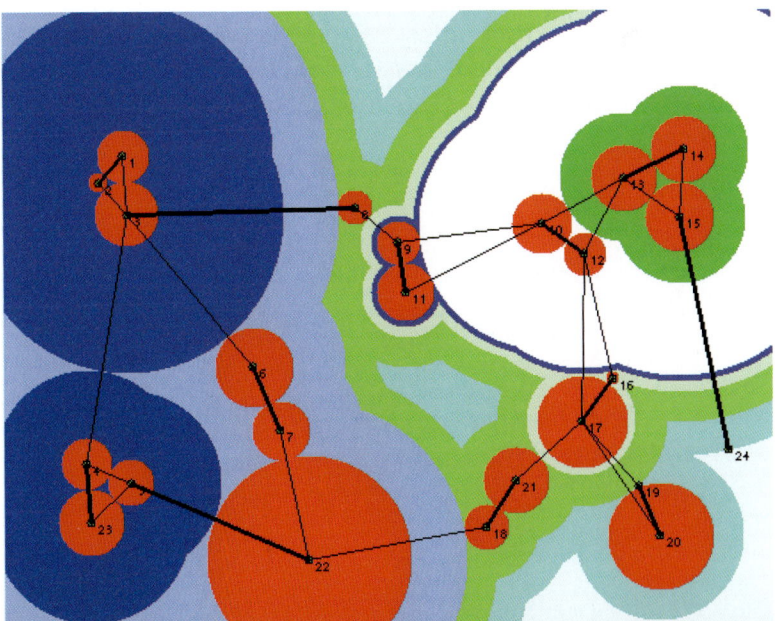

„Das sieht ja toll aus!"

„Die 'Bunte-Kreise-Methode' funktioniert leider nur bei Luftliniendistanzen. Die Abstände in unserem Hilfsgraphen bei der Müllabfuhr erfüllen das allerdings fast nie."

„Ist schon okay. Ich glaube dir, dass man das Problem in den Griff bekommt, aber den Rest deiner Müllmänner-Story solltest du uns besser morgen erzählen. Sonst wird's mir heute zu viel!"

„Okay."

Ruth hätte lieber gleich gewusst, wie die Geschichte zu Ende geht. Aber Jan hatte Recht. Wenn die Konzentration nachlässt, sollte man lieber aufhören. Sie überredete ihn immerhin noch, das Java-Applet, das Vim ihnen gezeigt hatte, selbst auszuprobieren. So versuchten sie zusammen, immer schönere Bilder zu erzeugen. Allein vom Zuschauen bekamen sie mit der Zeit einen Eindruck, wie der Algorithmus Kreise wachsen ließ.

Nachdem sie noch eine Weile geplaudert hatten, wollte Jan sich auf den Weg nach Hause machen. Doch kam er nur bis in den Flur. Dort fing Ruths Mutter ihn ab und lud ihn kurzer Hand zum Abendessen ein. Ruth war zunächst gar nicht begeistert. Hoffentlich würde Mama ihn nicht mit irgendwelchen peinlichen Fragen löchern. Zum Glück waren Ruths Befürchtungen unbegründet. Mama und Jan verstanden sich bestens.

→ Post aus China

Am nächsten Morgen ging es Ruths Fuß schon viel besser. Den Klassenkameraden musste sie natürlich von ihrem kleinen 'Unfall' berichten, und wie sie schon befürchtet hatte, erntete sie jede Menge Spott. In der Pause traf sie Tanja, aus der Parallelklasse. Das Schwimmtraining war so wie immer abgelaufen. Tanja fand übrigens die Idee, einmal eine Lagenstaffel zu schwimmen, sehr spannend.

Nach der Schule fuhren Ruth und Jan zusammen in die Innenstadt. Da sie am Abend zu Martinas Party wollten, brauchten sie dringend noch ein Geschenk. Ruth dachte eigentlich an ein schönes Sweatshirt, aber alle, die ihr gefielen, waren zu teuer. Nach dem vierten Geschäft gab sie auf.

Ihr Fuß machte zwar keine Schwierigkeiten, aber weitere Kleiderläden wollte sie Jan nicht zumuten. Er sah sowieso schon ziemlich leidend aus. Jungs und Shopping! So kauften die beiden schließlich eine CD mit Balladen von Martinas Lieblingsband. Darüber würde sie sich bestimmt auch sehr freuen. Außerdem war die langsame Musik prima zum Tanzen.

Jan hatte seinen Eltern schon Bescheid gesagt, dass er nach der Schule erst zum Einkaufen und dann direkt von Ruth aus zur Fete wollte. Glücklicherweise war ja Freitag. Morgen würde er ausschlafen, und für die Hausaufgaben war am Wochenende noch genügend Zeit.

Bei Ruth angekommen, tranken sie erst einmal Apfelsaftschorle; so ein Einkaufsbummel macht ganz schön durstig! Bevor sie Vim starteten, checkte Ruth ihre E-Mails. Sie hatte zwei neue Nachrichten bekommen. Die erste war von ihrem Vater aus Amerika. Bei ihm lief alles nach Plan. Mama sollte sie einen schönen Gruß ausrichten. Ruth druckte Papas E-Mail aus, um sie später ihrer Mutter zu geben. Die zweite Nachricht war mysteriös. Am Absender konnte Ruth zwar erkennen, dass die Mail aus China kam, ansonsten enthielt die Nachricht aber nur irgendwelche Schriftzeichen, chinesische mit höchster Wahrscheinlichkeit. Ruth war verwirrt. Wer schrieb ihr aus China? Und warum? Hatte Papa einen Abstecher über den Pazifik gemacht? Nein, das war unmöglich. Außerdem hätte Papa bestimmt nicht auf Chinesisch geschrieben! Aber wer dann? Vielleicht war die E-Mail gar nicht für sie bestimmt, oder vielleicht war es eine dieser Viren-Mails. Jan schlug vor, Vim zu fragen, ob er die Herkunft der Mail ermitteln könne.

„Hallo Vim!"

„Hallo Ruth! Na, Post aus China bekommen?"

„Wie bitte? Du hast doch nicht etwa meine E-Mails gelesen. Ich habe dir schon mal gesagt, dass die dich nichts angehen!"

„Hab' ich doch gar nicht!"

„Woher weißt du dann bitte schön, dass ich eine E-Mail aus China bekommen habe?"

„Weil ich sie geschrieben habe, so als kleiner Scherz!"

„Das ist ja die Höhe! Na warte! Pass' auf, dass ich dir nicht einen Virus einbaue; vielleicht einen aus China! Vim, sag' uns lieber, ob wir nach unserem Abstecher in die Matching-Probleme für unsere Müllabfuhr alles haben, was wir brauchen."

„Ja, wenn ihr mir glaubt, dass das allgemeine Matching-Problem effizient gelöst werden kann, müssen wir nur noch alles richtig zusammenfügen. Der in der Literatur gängige Name lautet übrigens *Chinesisches-Postboten-Problem*."

„Aha, deswegen der kleine Scherz mit der E-Mail. Tut mir Leid, dass ich ihn erst nicht verstanden habe. Ich hatte einen Moment wirklich Angst, einen Computervirus eingefangen zu haben."

„Schon in Ordnung. Bei 'fremden' E-Mails ist diese Befürchtung ja auch nicht ganz unberechtigt."

„Woher kommt dieser merkwürdige Name des Problems? In China werden die Mülltonnen bestimmt auch nicht von der Post geleert."

„Nein, dieses Problem ist von dem Chinesen Mei-Ko Kwan im Jahre 1962 eingeführt worden. Postboten-Problem heißt es, weil die Briefträger genauso durch alle Straßen der Stadt müssen, wie ihre Kollegen von den städtischen Entsorgungsbetrieben. Das Gleiche gilt übrigens auch für Schneeräumdienste, Straßenreinigung und ähnliches andere."

„Dann kann ich das ja auch beim Zeitungaustragen gebrauchen."

„Natürlich. Du musst nur deinen Graphen korrekt aufstellen. Hier ist der Algorithmus:"

Algorithmus zum Chinesischen-Postboten-Problem

Input: Gewichteter Graph $G = (V, E)$
Output: Geschlossener Weg minimaler Länge, der jede Kante von G
     enthält
1. Schritt: Bestimme die Menge V' der Knoten ungeraden Grads in G
2. Schritt: Bestimme die Länge der kürzesten Wege zwischen je zwei
      Knoten v, w aus V'
3. Schritt: Bestimme ein bezüglich dieser Abstände optimales
      Matching M im vollständigen Graphen G'
      auf den Knoten in V'
4. Schritt: Konstruiere aus G und den zu den Kanten des
      Matchings M gehörenden Wegen von G
      den Multigraphen G''
5. Schritt: Bestimme einen Eulerkreis in G''

„Moment mal! Der sieht ja ganz anders aus, als die Algorithmen, die du mir bisher gezeigt hast."

„Ich habe ihn diesmal informell festgehalten, da wir die formalen Details des dritten Schritts ja sowieso nicht in allen Einzelheiten besprochen haben. Wenn ihr wollt, können wir uns den Algorithmus zusammen anschauen, um sicher zu gehen, dass euch alles klar ist."

„Die ersten beiden Zeilen bedeuten, dass der Algorithmus unser Straßennetz als Eingabe bekommt und am Ende die entsprechende Tour durch alle Kanten des Graphen ausgibt, oder?"

„Richtig. Wichtig ist dabei, dass es ein geschlossener Weg ist, der ausgegeben wird. Also ein Weg, der am Ende wieder zum Ausgangspunkt führt. Wir wollen schließlich wieder zurück zum Depot. Wie geht's weiter?"

„Im ersten Schritt des Algorithmus bestimmen wir erst mal die Knoten ungeraden Grads, da wir diese ja immer durch die BetrÜbs-Fahrten verbinden mussten … "

„ … und im zweiten Schritt bestimmen wir die kürzesten Wege zwischen allen Paaren dieser kritischen Knoten. Die

Längen dieser Wege brauchen wir ja als Kantengewichte für den Hilfsgraphen auf den kritischen Knoten."

„Super! Ja, die Längen der kürzesten Wege zwischen je zwei kritischen Knoten v und w benutzen wir als Kantengewichte für den neuen Graphen G'. Erinnerst du dich, Jan?"

„Klar! Das war der Graph, für den wir das Matching-Problem lösen mussten. Das geschieht dann wohl in Schritt 3 des Algorithmus'."

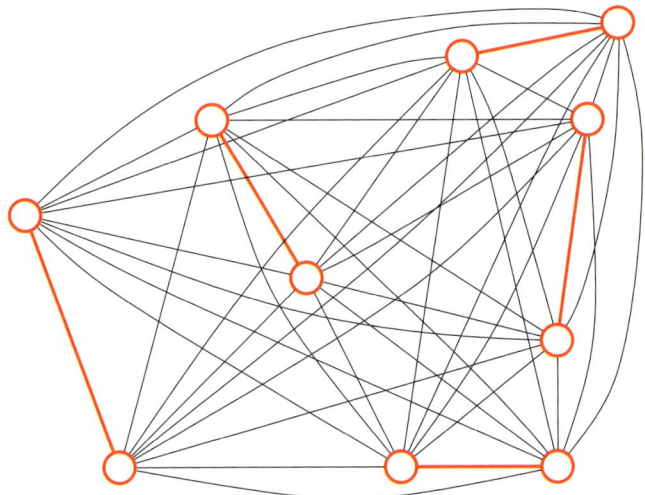

„Ja, genau. Hier habe ich die Kanten des optimalen Matchings in G' bereits rot gefärbt. Zu jeder Kante des Matchings gehört wieder ein kürzester Weg zwischen den entsprechenden Knoten in unserem Ausgangsgraphen, eine BetrÜbs-Fahrt. Schritt 4 bedeutet nun nichts anderes, als dass wir die Kanten dieser Wege noch mal zu unserem Ausgangsgraphen G hinzufügen. Damit erreichen wir, dass alle Knoten geraden Grad haben, und dass der neu entstandene Graph eulersch ist."

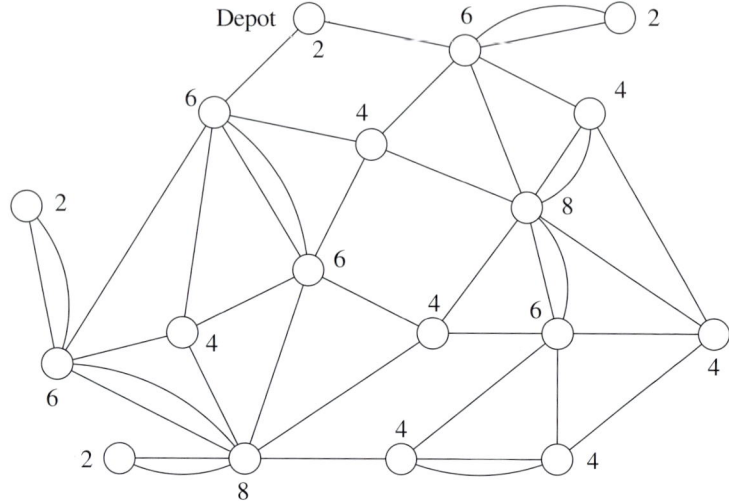

„Verstehe. Dadurch, dass wir die BetrÜbs-Fahrten noch mal zusätzlich in unseren Graphen einbauen, müssen wir nun im fünften Schritt nur noch einen Eulerkreis in diesem Gesamtgraphen bestimmen."

„Ja. Ich habe meiner Lösung übrigens eine Richtung gegeben, damit man die Tour besser verfolgen kann, obwohl unser Graph ungerichtet ist. Man kann den Müll natürlich auch in umgekehrter Reihenfolge einsammeln."

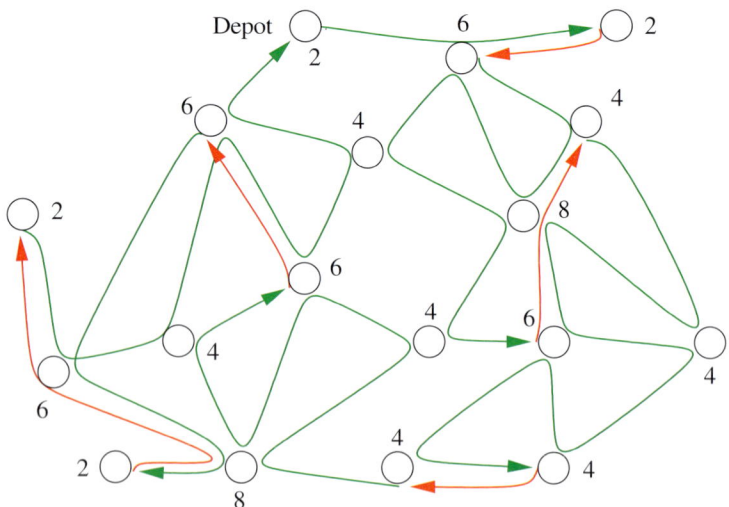

„Die BetrÜbs-Fahrten hast du ziemlich gleichmäßig verteilt. Die Müllmänner sollen wohl nicht ins Schwitzen kommen?"

„Wenn du so willst, Ruth. Es ist allerdings möglich, die BetrÜbs-Fahrten noch gleichmäßiger auf die Tour zu verteilen:"

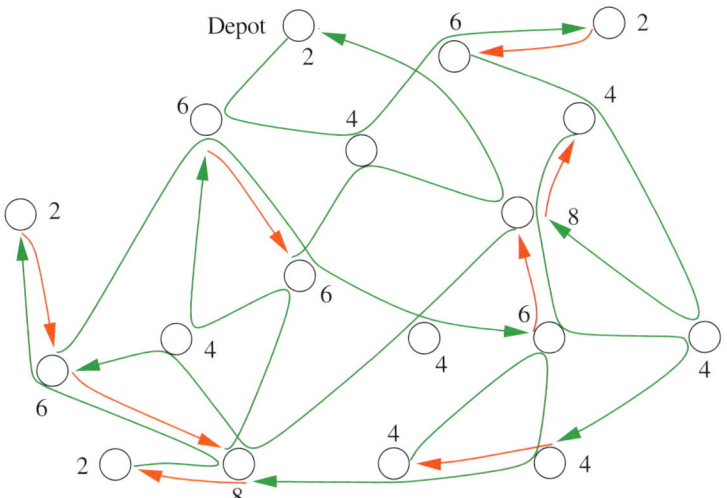

„Du hast mal gesagt, dass man die BetrÜbs-Fahrten immer von einem Knoten ungeraden Grads zu einem anderen machen muss."

„Tun wir ja auch, hier allerdings nicht mehr an einem Stück. Sobald wir die Kanten der notwendigen BetrÜbs-Fahrten zu unserem Graphen hinzugefügt haben, können wir *jeden* Eulerkreis in diesem Graphen als Route für die Müllabfuhr nutzen. Habt ihr noch Lust auf eine etwas andere Anwendung des Chinesischen-Postboten-Problems?"

„Na sicher!"

„Wisst ihr, was ein Plotter ist?"

„Harry Plotter?"

„Scherzkeks. Also, habt ihr schon mal einen gesehen oder nicht?"

„Ich nicht, und du, Jan?"

„Sind das nicht diese Dinger, mit denen man irgendwelche Kurven zeichnet? Das geht heute doch viel besser mit einem normalen Drucker, oder?"

„Na ja, es kommt immer darauf an, was gezeichnet werden soll. Große technische Zeichnungen, die aus vielen dünnen Linien bestehen, bei denen das Blatt aber ansonsten relativ leer bleibt, können besser mit einem Plotter erzeugt werden, bei dem sich die Nadel oder die Düse genau entlang der Linien bewegt, als mit einem Drucker, der Zeile für Zeile einzelne Punkte setzt."

„Okay, aber was hat das mit den chinesischen Postboten zu tun?"

„Langsam! Wie würde so ein Plotter am besten diese Skizze hier zeichnen:"

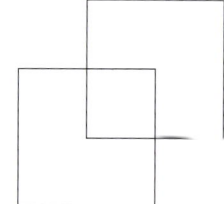

„Zuerst das eine Viereck und dann das andere."

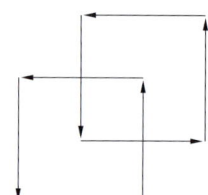

„Wie findest du diese Lösung?"

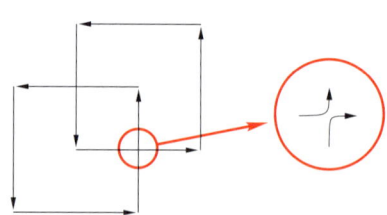

„Ah, jetzt weiß ich, worauf du hinaus willst. Wenn wir die Skizze als Graphen interpretieren, enthält sie einen Eulerkreis. Wir können die Zeichnung also anfertigen, ohne abzusetzen."

„Ja, und wenn der Graph keinen Eulerkreis enthält, müssen wir wieder die Knoten ungeraden Grads minimal 'paaren', um so wenig wie möglich Zeit mit 'BetrÜbs-Fahrten' zu verlieren, also beim Bewegen des Druckkopfes, ohne dass dieser zeichnet. Im Fachjargon spricht man von 'Pen-Up'-Zeiten, im Gegensatz zu den 'Pen-Down'-Zeiten, in denen gezeichnet wird. Die Pen-Up-Zeiten wollen wir also minimieren. Zu den kommunalen Versorgungsproblemen gibt es allerdings zwei Unterschiede."

„Die wären?"

„Schaut euch diese Skizze an:"

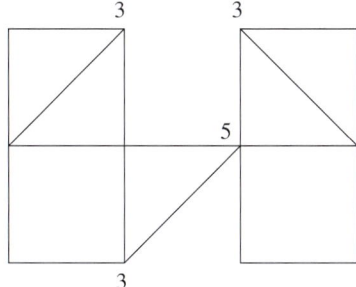

„Wo ist der Unterschied? Wäre dies das Straßennetz der Müllabfuhr, müssten wir zwischen den Knoten ungeraden Grads zwei BetrÜbs-Fahrten machen, und beim Plotten benötigen wir genauso zwei Pen-Up-Bewegungen zwischen den vier Knoten ungeraden Grads."

„Ja, aber während wir uns bei einem Straßennetz mit unseren BetrÜbs-Fahrten an den vorgegebenen Graphen halten müssen, können wir beim Plotten die Pen-Up-Bewegungen entlang der Luftlinie zwischen den kritischen Knoten machen. Wie man sieht, sind die Lösungen durchaus verschieden:"

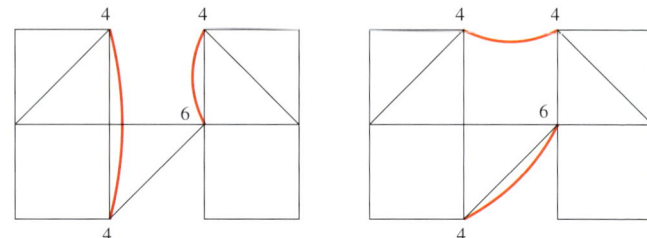

„Ah, wir müssen also im zweiten Schritt des Algorithmus nicht mehr ein Kürzeste-Wege-Problem lösen, da wir direkt den Luftlinienabstand der kritischen Punkte für das Matching-Problem benutzen können."

„Gut erkannt, Ruth."

„Und der zweite Unterschied?"

„Der macht das Plotter-Problem leider deutlich schwieriger. Bei unseren Straßennetzen ist ganz klar, dass sie zusammenhängend sind. Das muss für die zu plottenden Skizzen allerdings nicht unbedingt gelten. Hier kann es ohne weiteres vorkommen, dass einige nicht verbundene Teilskizzen zu zeichnen sind. Die Entscheidung, wo man nun die Pen-Up-Bewegung von einem der nicht zusammenhängenden Teile zum anderen machen soll, führt uns zu einem viel schwierigeren Problem."

„Mich beschäftigt schon die ganze Zeit eine andere Frage."

„Ja?"

„Wir haben das Chinesische-Postboten-Problem immer nur für ungerichtete Graphen betrachtet. Aber in der Stadt gibt es eine Menge Einbahnstraßen, an die sich doch auch die Müllabfuhr halten muss."

„Wunderbar! Ich dachte, ihr würdet mich das gar nicht mehr fragen. Tja, das ist ein sehr interessantes Problem. Die einfachste Lösung wäre sicherlich, eine Sondergenehmigung zu erteilen, dass Müllfahrzeuge auch gegen die Fahrtrichtung in Einbahnstraßen fahren dürfen. Nehmen wir zunächst an, dass die ganze Stadt nur aus Einbahnstraßen bestünde. Das heißt, dass wir wirklich einen gerichteten Graphen haben. Dann können wir das Problem fast auf dieselbe Art lösen wie das ungerichtete. Genau wie im ungerichteten Fall versuchen wir durch Hinzunahme einer minimalen Anzahl von BetrÜbs-Fahrten, einen Eulerkreis zu konstruieren. Seht her, hier ist noch mal eine Variante unseres Straßengraphen; nur diesmal mit lauter Einbahnstraßen und dafür natürlich ohne Sackgassen:"

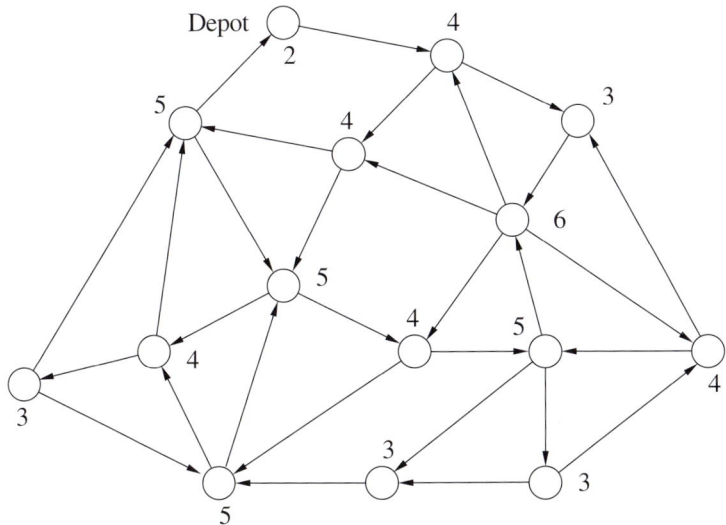

„Oh, da hat man ja gar nicht mehr viele Wahlmöglichkeiten, wo lang man fährt."

„Stimmt. Es ist nicht einmal offensichtlich, dass man überhaupt von jedem Knoten zu jedem anderen gelangen kann. In einem Straßennetz sollte das allerdings der Fall sein. Gerichtete Graphen, in denen es von jedem Knoten zu jedem anderen Knoten einen Weg gibt, nennt man *stark zusammenhängend*. Bei gerichteten Graphen reicht es keinesfalls, die Knoten ungeraden Grads zu identifizieren. In unserem Müllabfuhrgraphen werden bei dem Knoten mit Grad 6 sogar zwei BetrÜbs-Fahrten benötigt.

Seht ihr, warum das so ist?"

„Klar. Aus diesem Knoten muss man viermal herausfahren, gelangt aber nur über zwei Bögen hinein."

„Richtig. Für die Anzahl der in einen Knoten mündenden Bögen sagt man *Ingrad* und für die Anzahl der von ihm ausgehenden Knoten *Ausgrad*. Sehen wir von isolierten Knoten ab, so muss der gerichtete Graph natürlich stark zusammenhängend sein, damit er einen Eulerkreis enthalten kann. Außerdem müssen der Ingrad und der Ausgrad für jeden Knoten übereinstimmen. Alle Knoten, für die das nicht der Fall ist, müssen zusätzlich durch BetrÜbs-Fahrten verbunden werden, und zwar mehrmals, falls wie bei dem Knoten mit Grad 6 der Unterschied zwischen In- und Ausgrad größer als 1 ist."

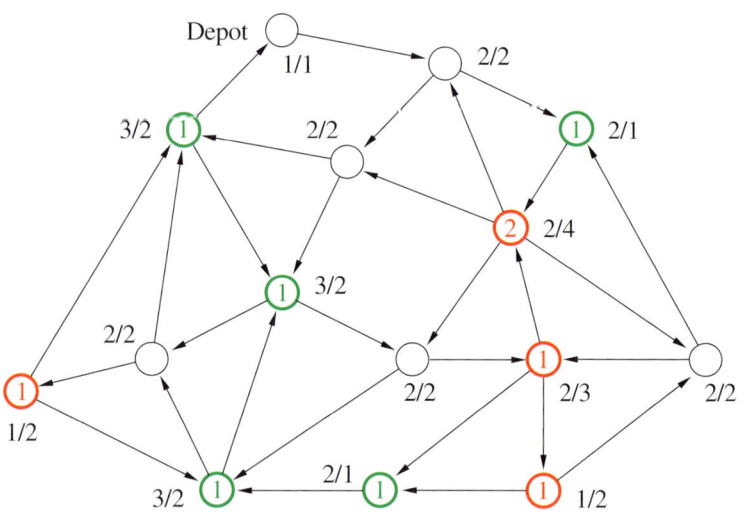

„Okay, die Zahlen neben den Knoten hast du jetzt nach In- und Ausgrad aufgespalten, aber wieso hast du die 'Problemknoten' diesmal mit zwei verschiedenen Farben gekennzeichnet? Was bedeuten denn die Zahlen in den Knoten?"

„Die Farben dienen zur Unterscheidung der Knoten. Die roten sind die, von denen mehr Bögen ausgehen als hineinlaufen, und in die grünen Knoten gehen mehr Bögen hinein als heraus. Die Zahlen in den Knoten entsprechen dem Unterschied zwischen In- und Ausgrad. Erstellen wir nun wieder unseren auf die kritischen Knoten reduzierten Hilfsgraphen G', so erhalten wir diesmal ein Transportproblem anstatt eines allgemeinen Matching-Problems. Dieses ist sogar etwas einfacher zu lösen."

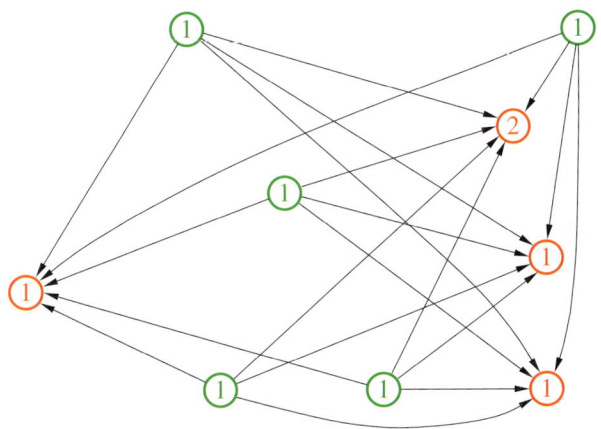

„Moment! Das verstehe ich nicht. Das Transportproblem war doch so was wie ein Zuordnungsproblem, wobei links und rechts vorgeschrieben war, wie viel raus- beziehungsweise reinläuft. Muss der Graph dazu nicht zweiseitig sein? Der hier sieht gar nicht danach aus."

„Lass dich von der Zeichnung nicht täuschen, Jan. Kein Bogen läuft von einem roten Knoten zu einem anderen roten Knoten und auch keiner von einem grünen zu einem anderen grünen. Wenn es dir lieber ist, kannst du den Graphen so zeichnen, dass alle grünen Knoten links und alle roten rechts stehen:"

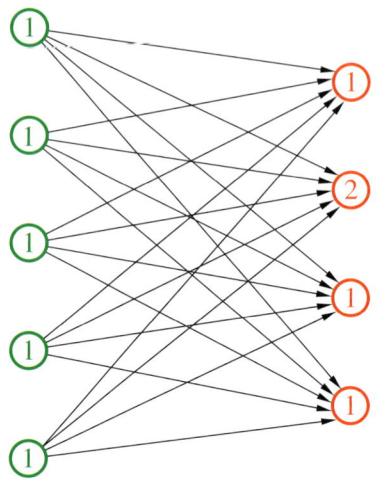

„Ah, jetzt verstehe ich. Die erste Zeichnung hat mich in die Irre geführt."

„Ja, darauf muss man aufpassen. Zweiseitig zu sein, ist eine Eigenschaft des Graphen und nicht der Art, wie er gezeichnet ist, auch wenn wir oft von den Knoten auf der linken und der rechten Seite sprechen."

„Macht das nichts, dass wir mehr grüne als rote Knoten haben?"

„Nein. Wir müssen aus jedem der grünen Knoten eine BetrÜbs-Fahrt 'heraustransportieren', das sind insgesamt 5; und 5 BetrÜbs-Fahrten müssen auch in die roten Knoten 'hineintransportiert' werden – bei drei Knoten je eine und bei dem Knoten mit Grad 6 zwei."

„Okay, alles klar. Allerdings ist es nicht gerade realistisch anzunehmen, dass alle Straßen der Stadt Einbahnstraßen sind."

„Stimmt. Was wir für unsere Müllabfuhr wirklich brauchen, sind gemischte Graphen, also Graphen mit Kanten und Bögen."

„Macht das einen Unterschied? Du hast mir doch schon beim Kürzeste-Wege-Problem gezeigt, wie man aus einer

Kante zwei Bögen macht. Kannst du das für Jan noch mal einblenden?"

„Was ist denn das für ein Trick? Das ist doch nicht dasselbe! Bei der Kante leeren wir die Mülltonnen wie gewünscht, bei den beiden Bögen würden wir allerdings gleich zweimal leeren. Von 'doppelt leert besser' habe ich ja noch nie was gehört!"

„Jan hat Recht. Unser alter Trick funktioniert hier nicht. Eine Kante symbolisiert, dass wir Mülltonnen in einer Straße leeren müssen, dass es aber nicht darauf ankommt, in welcher Richtung wir die Straße durchfahren. Zwei gegenläufige Bögen würden aber zwei Einbahnstraßen symbolisieren, in denen Mülltonnen zu leeren wären."

„Okay. Ich gebe mich geschlagen. So schwer kann das doch trotzdem nicht sein, oder?"

„Es mag euch seltsam erscheinen, aber obwohl Algorithmen für das ungerichtete und für das gerichtete Chinesische-Postboten-Problem im Ordner $O(n^3)$ existieren, ist die gemischte Version wieder ein schwieriges Problem. Das heißt, dass es wahrscheinlich niemals einen effizienten Algorithmus dafür geben wird."

„Obwohl es für gerichtete und ungerichtete Graphen nicht schwierig ist? Eigenartig!"

„Du, Ruth, müssen wir jetzt nicht bald los? Martina hat doch extra gesagt, dass wir pünktlich sein sollen, weil es auch etwas Warmes zu essen gibt."

„Oh ja, höchste Eisenbahn!"

Ruth und Jan nahmen die U-Bahn. Es waren zwar nur zwei Stationen bis zu Martina, aber sie waren schon ziemlich spät dran, und zu rennen traute Ruth sich mit ihrem Fuß noch nicht. Kurzstrecke, ging es ihr plötzlich durch den Kopf.

Martinas Fete war ein echter Knüller. Die Musik war gut, das Essen war lecker. Aber am schönsten fand es Ruth, zusammen mit Jan auf der Party zu sein. Ihr Fuß tat ihr auch gar nicht mehr weh. Trotzdem sollte sie vorsichtig sein, meinte Jan, und nur auf die langsamen Stücke tanzen – mit ihm natürlich! War er nicht süß?

Ruths Mutter hatte angeboten, sie beide abzuholen und Jan nach Hause zu bringen, wenn die Fete vorbei sei. So brauchten sie heute auf keines der üblichen Zeitlimits zu achten und konnten den Abend richtig genießen.

Am Samstag schlief Ruth erst mal richtig aus. Geweckt durch den Duft von frisch gebrühtem Kaffee und Brötchen aus dem Backofen, zog sie sich schnell ihren Morgenmantel über und frühstückte ausgiebig mit ihrer Mutter, die natürlich alles über die Fete am Vorabend wissen wollte. Ruth erzählte ihr, wer alles da gewesen war, was es zu essen und zu trinken gegeben hatte, und dass sie viel getanzt hätte. Davon war ihre Mutter allerdings nicht begeistert, da sie sich um Ruths Fuß sorgte. Als Ruth ihr versicherte, dass sie keinerlei Schmerzen mehr hätte, war alles wieder in Ordnung. Natürlich erzählte Ruth nicht, dass sie nur mit Jan und nur zu 'fußschonend langsamer' Musik getanzt hatte . . .

Heute musste sie den ganzen Tag ohne Jan verbringen. Er wollte mit seinem Vater zu einem Fußballländerspiel nach Nürnberg.

So beschloss Ruth, den frühen Nachmittag zu nutzen, um das ausgefallene Schwimmtraining nachzuholen. Das Ausdauerprogramm ihres Trainers kannte sie gut genug, um es alleine runterzuspulen. Sie musste sich allerdings etwas auf die Armtechnik konzentrieren, um den Fuß nicht zu sehr zu belasten.

Als sie wieder zu Hause war, schnappte sie sich Mamas Liegestuhl, machte es sich im Garten bequem und las 'Der Königsgaukler', ein indisches Märchen. Martina hatte ihr das Büchlein gestern Abend geliehen. Es gefiel Ruth so gut, dass sie es gleich ganz durchlas. Ruth war eigentlich keine Leseratte, aber wenn ein Buch sie packte, verlor sie jedes Zeitgefühl. Erst der Grillduft aus den Nachbargärten erinnerte sie daran, dass sie nach dem Schwimmen nur eine Kleinigkeit gegessen hatte. Ihre Mutter saß im Büro und sah sehr beschäftigt aus. Mal sehen, ob sie sich auch über ein paar belegte Brote freut, dachte Ruth und siehe da: Mama war hocherfreut.

Mit ihrem Teller verzog sich Ruth nach oben in ihr Zimmer. Ob Papa ihr wieder eine Mail geschrieben hatte? Nein, leider war keine neue Nachricht gekommen. Sie beschloss, mit Vim zu plaudern. Bestimmt wusste er etwas Interessantes, mit dem sie sich ein wenig beschäftigen könnte; natürlich ohne, dass Jan etwas verpasste.

„Was hältst du von einem kleinen Spiel?"

„Ja klar, für Spiele bin ich immer zu haben."

„Dann schau' dir doch mal dieses Java-Applet im Internet unter `home.earthlink.net/~tfiller/knight.htm` an:"

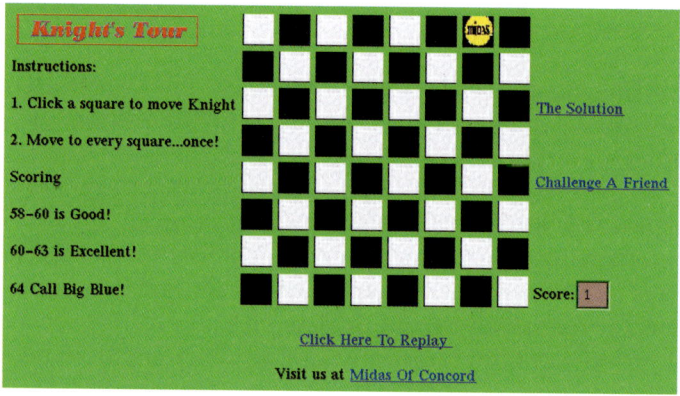

„Sieht aus wie ein Schachbrett, aber 'Knight'? Beim Schach gibt es doch keinen Ritter!"

„Das ist das Pferd oder der Springer. Im Englischen heißt die Figur ganz edel 'Ritter'. Bei diesem Spiel soll man mit dem Pferd über das Schachbrett 'reiten', dabei darf kein Feld mehrfach betreten werden. Schon benutzte Felder erkennt man an gelben Marken, die dann für den Rest des Spiels gesperrt sind. Ziel ist es, möglichst viele Felder des Bretts zu erreichen. Weißt du, wie sich das Pferd beim Schach bewegen darf?"

„Klar, zwei Felder vor und eins zur Seite. Schach hat mir Papa schon vor drei Jahren beigebracht."

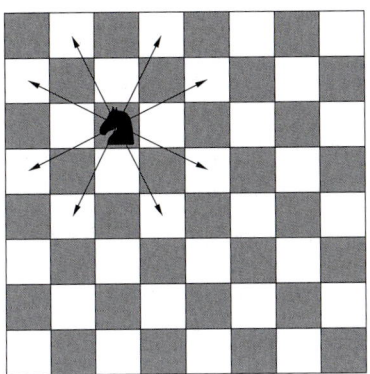

„Also, hast du Lust?"

„Ich schau's mir mal an."

Ruth begann sofort mit dem Spiel. Immer wieder fing sie von vorne an und probierte, so viele Felder wie möglich zu erreichen. Langsam wurden die Punktzahlen besser. Während sie sich am Anfang noch schnell in selbst geschaffene Sackgassen manövrierte, bekam sie schon nach wenigen Runden ein Gefühl für die Tücken des Spiels. Vor allem auf die vier Ecken musste sie aufpassen. Von dort gab es nur zwei Zugmöglichkeiten, und eine verlor man gleich beim Hereinziehen in die Ecke.

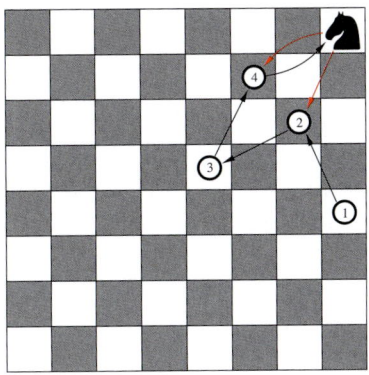

Also musste sie unbedingt darauf achten, dass das zweite von der Ecke erreichbare Feld zu diesem Zeitpunkt noch frei war, sonst war sie in der Ecke gefangen. Aber sie schaffte es schließlich: 64 Punkte, alle Felder waren belegt. Sie probierte es gleich noch einmal. Dummerweise wählte das Applet diesmal einen anderen Startpunkt, von dem aus Ruth wieder scheiterte. Schade, dass es nicht möglich ist, einen Zug zurückzunehmen, dachte Ruth. Na, vielleicht doch, ging es ihr durch den Kopf. Sie holte Papas großes Schachbrett, nahm sich ein Blatt Papier, schnitt es in 64 kleine Stücke und schrieb auf jeden der Zettel eine Zahl von 1 bis 64. Nun konnte sie wieder loslegen. Wenn sie diesmal eine Lösung fände, dann könnte sie jetzt zurückverfolgen, wie sie es geschafft hatte. Der entscheidende Vorteil der 'Offline-Methode' war aber, dass sie, wann immer sie in eine Sackgasse geriet, die ungünstig platzierten Zettel einfach wieder entfernen konnte, soweit, bis sie einen besseren Weg sah.

Nach einiger Zeit kam Ruth der Gedanke, dass Vim einen Zweck mit dem Spiel verfolgte. Es musste etwas mit Graphen zu tun haben. Irgendwie ging es hier doch auch um ein Routenplanungsproblem.

Das Spiel würde Jan sicher auch interessieren. Sie schrieb ihm eine Mail.

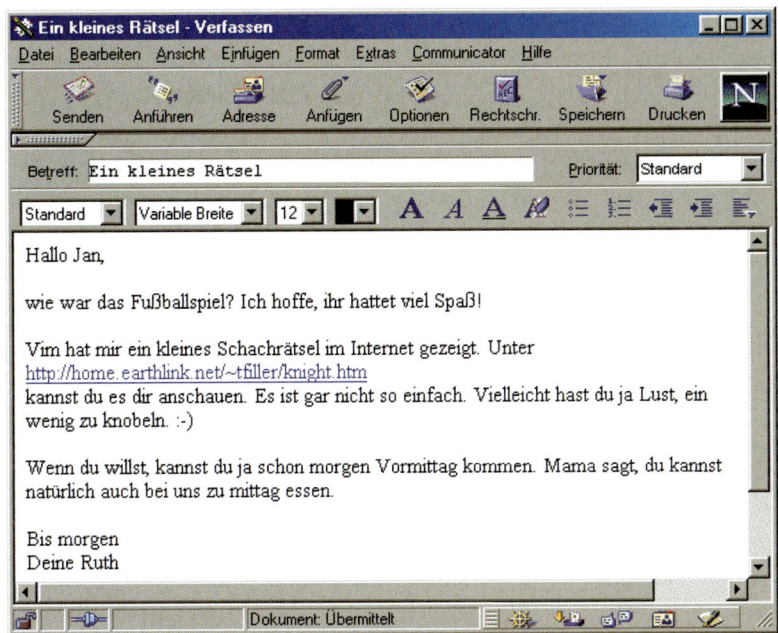

Dann ging sie hinunter und schaute sich mit ihrer Mutter noch einen Spielfilm an.

Als Jan am Sonntagvormittag zu ihr kam, sprudelte seine Begeisterung sofort aus ihm heraus.

„Dieses Spiel, das du mir da geschickt hast, ist wirklich toll."

„Hast du es schon gelöst? Erreichst du 64 Punkte?"

„Klar, jedes Mal!"

„Das gibt's doch gar nicht! Ich habe es nur ein einziges Mal geschafft."

Ruth startete das Applet, und Jan legte los. Beim ersten Mal war sich Ruth nicht sicher, ob Jan vielleicht nur etwas Glück gehabt hatte. Aber auch beim zweiten und dritten Mal, mit anderen Startfeldern, war das Resultat 64. Während Ruth noch staunte, tippte Jan eine andere Adresse in den Rechner: `wl.859.telia.com/~u85905224/knight/dknight.htm`. Es erschien ein großes Java-Applet mit Schachbrett.

Home l email l Warnsdorff Regel

Rösselsprung

Hier ist ein altes Problem, an dem schon **Leonard Euler** gearbeitet hat. Die Frage lautet: kann ein Springer auf einem Schachbrett so gezogen werden, dass er alle Felder einmal und nur einmal besucht? Und wenn es eine solche Reise gibt, taucht sofort eine weitere Frage auf: wie viele dieser Reisen gibt es?

Das Problem kann dadurch eingeschränkt werden, dass verlangt wird, dass eine solche Reise geschlossen ist, d.h. vom letzten Feld seiner Reise muss der Springer in einem Zug wieder sein Ausgangsfeld erreichen können. Man mag denken, dass dieses Problem durch Computer gelöst werden kann. Eine einfache Strategie dafür wäre, den Rechner alle möglichen Wege, die der Springer ziehen kann, prüfen zu lassen. Viele dieser Wege enden natürlich in einer Sackgasse - der Springer kann zu keinem nächsten Feld gelangen, ohne über ein schon besuchtes zu ziehen. In dieser Situation muß man einen Schritt zurückgehen und ein anderes, noch unbesuchtes Feld nehmen. Wenn sich alle möglichen Felder als Sackgassen herausstellen, dann muss man ein weiteres Feld zurückgehen. Diese Strategie wird „Backtracking" - Zurückziehen genannt.

Zug für Zug: linke Maustaste. Vollständige Reisen: rechte Maustaste.

Schon der erste Satz ließ Ruth aufhorchen. Auch Euler hatte sich schon mit dem Problem beschäftigt. Wie sie vermutete, war das Pferd-Zug-Problem wohl nur eine Variante des Königsberger-Brücken-Problems. Dass im Text auch noch eine geschlossene Tour erwähnt wurde, die am Ende den Springer wieder zum Ausgangspunkt zurückführt, schien ihr ein weiterer Hinweis.

Als Nächstes sprach der Autor der Seite genau über die Vorgehensweise, die Ruth mit Hilfe des Schachbretts und der Zettel verfolgt hatte: einfach loslegen und, wenn man in eine Sackgasse gerät, so viele Schritte zurück, bis man sie umgehen kann. Danach wurde ein Problem dieser *Backtracking*-Methode beschrieben, das Ruth bereits gut bekannt war: Ihr Ansatz war kombinatorisch explosiv!

„Aha, du bist also gar nicht selber auf die Lösung gekommen."

„Nein. Nach einigen Versuchen kam mir die Idee, 'Knight's Tour' als Stichwort in die Suchmaschine von Google einzugeben. Und dann habe ich unter anderem diese Seite hier gefunden."

„Was dort als Backtracking bezeichnet wird, habe ich gestern auch schon probiert. Aber du hast deine Lösungen immer direkt gefunden, ohne irgendwelche Züge wieder zurückzunehmen."

„Schau her, auf der Seite gibt es noch einen Hinweis auf eine Unterseite mit einer besseren Strategie. Sie nennt sich *Warnsdorff's Regel*."

„Hast du die eben angewendet? Ich war ganz schön beeindruckt."

Jan klickte auf den Link, und eine zweite Seite mit ähnlichem Layout erschien. Mit Hilfe des Texts und des zugehörigen Applets verstand Ruth schnell, wie Jan vorgegangen war.

„Wollen wir mal ausprobieren, ob wir Vim mit diesem Verfahren beeindrucken können?"

„Oh ja, der wird überrascht sein!"

Ruth öffnete den Ordner mit Vims Icon und nach einem Doppelklick startete die Software.

„Hallo Vim."

„Hallo ihr beiden."

„Dieses Springerspiel war ja ziemlich einfach."

„Schön, Ruth hat dir das Spiel gezeigt. Aber einfach? Habt ihr denn einmal die 64 Punkte erreicht?"

„Einmal? Wir haben eine einfache Strategie gefunden, die uns immer die volle Punktzahl einbringt."

„Ehrlich? Erzählt doch mal, wie eure Strategie funktioniert."

„Ganz simpel! Wo immer wir ankommen, ermitteln wir zunächst die nächsten freien Felder und notieren in ihnen die Zahl der Möglichkeiten, weiter zu laufen, die man von dort aus hat."

„Ungefähr so?"

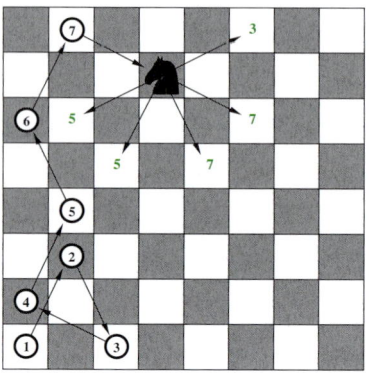

„Ja. Als Nächstes springen wir auf das Feld mit der geringsten Zahl, bestimmen erneut diese Zahlen für die nun erreichbaren Felder und so fort."

„H. C. Warnsdorff – Des Rösselsprungs einfachste und allgemeinste Lösung, Schmalkalden, 1823."

„Genau!"

„Genau?"

„Äh, da habe ich mich wohl verplappert. Jan ist über eine Internet-Seite auf dieses Vorgehen gekommen. Aber ich hatte gestern schon mal ganz alleine alle 64 Felder geschafft. Nur konnte ich mich danach nicht mehr erinnern, wie."

„Verstehe. Eure Idee war, einfach selber mal zu recherchieren. Mich braucht ihr anscheinend bald gar nicht mehr."

„So ein Quatsch! Wir haben uns halt gedacht, dass du bei diesem Spiel bestimmt einen Hintergedanken hast. Außerdem wollten wir dich damit überraschen, dass wir schon alles können."

„Jedenfalls toll, dass euch das Problem so interessiert, dass ihr schon selber recherchiert habt. Ist euch aufgefallen, dass die Warnsdorff-Regel nur eine *Heuristik* ist?"

„Was ist denn eine Heuristik? Weißt du das, Ruth?"

„Nein, weiß ich auch nicht."

„Scheint so, als wäre ich doch nicht ganz unnütz. Das Wort 'Heuristik' stammt vom griechischen Verb 'heuriskein' ab, das 'finden' oder 'entdecken' bedeutet. In der Mathematik bezeichnet man damit Verfahren, die zur Lösung eines Problems sinnvoll erscheinen, für die jedoch nicht unbedingt garantiert ist, dass sie immer funktioniert. Sich stets entlang einer kürzesten Kante weiterzubewegen, ist zum Beispiel eine Heuristik für das Kürzeste-Wege-Problem. Eine, die auch in die Hose gehen kann, wie wir gesehen haben."

„Wieso ist die Warnsdorff-Regel dann eine Heuristik? Da bekommen wir doch immer eine Lösung des Rösselsprung-Problems."

„Wer sagt das?"

„Na, die Internet-Seite, auf der wir diese Regel gefunden haben."

„Und wie wird diese These bewiesen?"

„Oh, da habe ich gar nicht drauf geachtet. Du vielleicht, Ruth?"

„Nein, aber sicherlich ähnlich wie Eulers Satz. Diese Zahlen sind doch auch wieder so etwas wie die Knotengrade."

„Der Beweis ist der banalste, den man sich vorstellen kann. Es wurden einfach alle Routen mit Hilfe von Computern getestet, die sich unter Beachtung der Warnsdorff-Regel auf einem 8×8 Feld ergeben."

„Ist das Überprüfen aller Möglichkeiten denn nicht auch ein Beweis?"

„Doch, aber leider nicht für Schachbretter mit beliebiger Felderzahl."

„Mit beliebiger Felderzahl? Schachbretter sind doch immer 8×8 Felder groß!"

„Ihr könntet das Pferdchen-Spiel ja auch auf Schachbrettern anderer Größen spielen, zum Beispiel auf diesen:"

„Na, das ist wieder typisch Mathematik. Kein normaler Mensch interessiert sich für beliebig große Schachbretter, und schon gar nicht für solche, die nicht mal quadratisch sind!"

„Also ich finde das nicht schlimm. Denk' mal daran, wie lange wir für das normale Brett gebraucht haben. Vielleicht hätten wir mit einem kleineren anfangen sollen."

„Meinetwegen. Aber das 2 × 3-Brett ist wirklich langweilig. Da kann es keine Lösung geben."

„Stimmt, aber schon beim 3 × 4-Brett muss man etwas überlegen. Bei einem 12 × 12-Brett funktioniert noch die Warnsdorff-Regel, bei quadratischen Brettern ab einer Größe von 76 × 76 Feldern kann man allerdings mit dieser Regel in eine Sackgasse laufen."

„76 × 76? Niemand würde auf einem so riesigen Brett Rösselsprung spielen wollen."

„Natürlich nicht. Die Aufgabe ist nur deswegen so interessant, weil man an ihr Strategien untersuchen kann, die helfen, derlei Probleme grundsätzlich zu lösen."

„So wie Euler beim Königsberger-Brücken-Problem."

„Genau, Ruth. Übrigens hat die Regel von Warnsdorff noch einen Nachteil."

„Der wäre?"

„Man erhält nicht unbedingt eine geschlossene Tour."

„Danach war ja auch nicht gefragt."

„Eine geschlossene Tour hätte trotzdem einen Vorteil."

„Wieso?"

„Darauf kann euch Euler selber eine Antwort geben:"

Die Erinnerung einer mir vormals vorgelegten Aufgabe hat mir neulich zu artigen Untersuchungen Anlaß gegeben, auf welchen sonsten die Analysis keinen Einfluß zu haben scheinen möchte. Die Frage war: man soll mit einem Springer alle 64 Felder auf einem Schachbrett dergestalt durchlaufen, daß derselbe keines mehr als einmal betrete. Zu diesem Ende wurden alle Plätze mit Marquen belegt, welche bei der Berührung des Springers weggenommen wurden. Es wurde noch hinzugesetzt, daß man von einem gegebenem Platz den Anfang machen soll. Diese letztere Bedingung schien mir die Frage höchst schwer zu machen, denn ich hatte bald einige Marschrouten gefunden, bei welchen mir aber der Anfang mußte freigelassen werden. Ich sahe aber, wann die Marschroute in se rediens wäre, also, daß der Springer von dem letzten Platz wieder auf den ersten springen könnte, als dann auch diese Schwierigkeit wegfallen würde. Nach einigen hierüber angestellten Versuchen habe ich endlich eine sichere Methode gefunden, ohne zu probieren, soviel dergleichen Marschrouten ausfindig zu machen als man will (doch ist die Zahl der möglichen nicht unendlich); eine solche wird in beigehender Figur vorgestellt:

54	49	40	35	56	47	42	33
39	36	55	48	41	34	59	46
50	53	38	57	62	45	32	43
37	12	29	52	31	58	19	60
28	51	26	63	20	61	44	5
11	64	13	30	25	6	21	18
14	27	2	9	16	23	4	7
1	10	15	24	3	8	17	22

250

Der Springer springt nämlich nach der Ordnung der Zahlen. Weil vom letzten 64 auf Nr. 1 ein Springerzug ist, so ist diese Marschroute in se redibis. Hier ist noch diese Eigenschaft angebracht, daß in areolis oppositis die differentia numerorum allenthalben 32 ist.

Brief von Euler an Goldbach vom 26.4.1757, Abdruck in E. A. Fellmann – Leonhard Euler, Rowohlt Taschenbuch Verlag, 1995, S. 73–74

„Ach so! Eine geschlossene Tour ist automatisch eine Lösung, die unabhängig vom Startfeld ist. Den letzten Satz von Euler verstehe ich allerdings überhaupt nicht."

„Dem alten Genius genügte es nicht, irgendeine Tour anzugeben. Nein, er hat noch eine interessante Zusatz-eigenschaft eingebaut. Schaut euch mal die Felder an, die ich hier in Eulers Tour mit den drei farbigen Linien verbunden habe. Fällt euch etwas auf?"

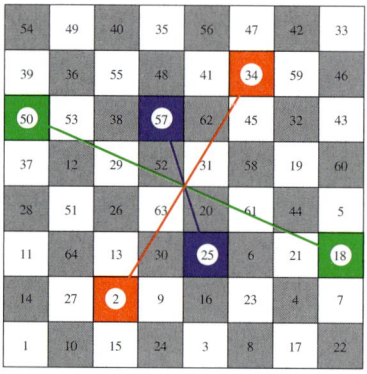

„Na klar, die differentia numerorum ist allenthalben 32."

„Wie bitte? Ich dachte, dass du keine große Leuchte in Latein bist?"

„Das kann man mit Hilfe der Zeichnung doch so überset-zen! Die Differenz der Zahlen in den Feldern ist immer 32. Das ist es doch, was Euler mit dem letzten Satz sagen wollte, oder?"

„Ja, Ruth, und zwar gilt das für *jedes* Paar von Feldern, deren Verbindungslinie durch den Mittelpunkt des Schachbretts, also durchs Zentrum seiner Punktsymmetrie, geht, und die durch diesen genau halbiert wird."

„'Faszinierend', würde Mr. Spock sagen."

„Du und deine Sciencefiction."

„Nun driften wir etwas ab. Ich wollte euch mit dem Rösselsprung ja nur ein weiteres wichtiges Problem aus der Graphentheorie vorstellen."

„Wichtig? Dieses 'Spring, Pferdchen, spring' ist doch nur ein Spiel. Was soll daran wichtig sein?"

„Mensch Jan, beim Königsberger-Brücken-Problem haben wir doch auch erst gedacht, es ginge nur um ein kleines Rätsel, und dann war es für die Müllabfuhr, für Postboten und sogar für Plotter von Bedeutung. Bestimmt hat Vim auch jetzt was anderes damit vor. Dass es mit Graphen was zu tun hat, habe ich mir schon gedacht. Man könnte ja jedes Feld des Bretts als Knoten darstellen und zwei Knoten durch eine Kante verbinden, wenn das Pferd von dem einen zum anderen zugehörigen Feld springen kann."

„Sehr gut. Hier, seht ihr die Graphen für das 2×3 und das 3×4 Brett:"

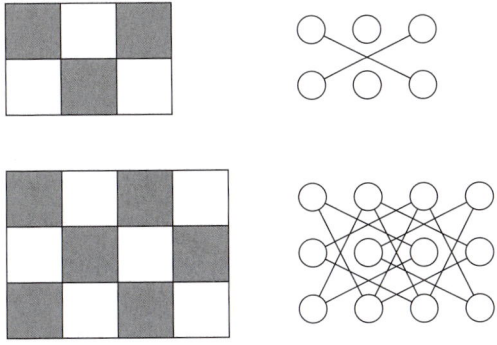

„Siehst du, Ruth, der erste Graph ist nicht einmal zusammenhängend. Ich habe ja gleich gesagt, dass die Aufgabe für das 2 × 3-Brett nicht lösbar ist."

„Der 3 × 4-Graph sieht aber schon viel komplizierter aus. Auf Anhieb sehe ich jedenfalls nicht, ob es eine Rösselsprunglösung gibt. Es handelt sich wohl doch nicht einfach nur um eine neue Form des Königsberger-Brücken-Problems."

„Nein. Da hilft wahrscheinlich nur, einige Fälle durchzuprobieren."

„Wenn man den Graphen anders zeichnet, ist es gar nicht so schwierig. Schaut mal, das ist der gleiche Graph:"

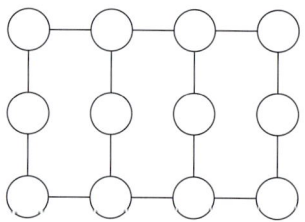

„Wirklich? Aber die Kanten verlaufen doch ganz anders."

„Das liegt nur an der Anordnung der Knoten. Wenn wir die ein wenig umsortieren, sieht man, dass die beiden Graphen übereinstimmen. Hier habe ich die zugehörigen Kanten einmal mit gleichen Farben gezeichnet und die Knoten mit Nummern versehen:"

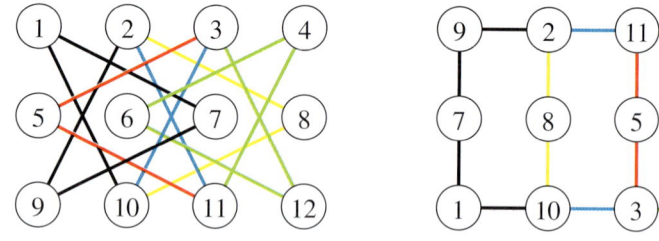

„Warte einen Augenblick. Ah ja, jetzt seh' ich's."

„Oh ja, und da jede Kante genau einem Sprung entspricht, sieht man jetzt auch sofort, dass es auch eine 'Knight's-Tour' gibt."

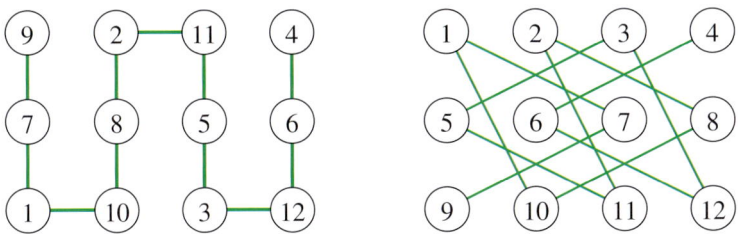

„Richtig, Jan, die Rösselsprungaufgabe ist also lösbar. Könnte man auch eine geschlossene Tour finden?"

„Nein, auf keinen Fall!"

„Wieso?"

„Bei einer geschlossenen Tour müssen ja von jedem Knoten 2 Kanten ausgehen. Das würde bedeuten, dass wegen Knoten 8 die beiden gelben Kanten dazugehören müssen … "

„ … und wegen der Knoten 9, 7 und 1 alle schwarzen. Die schwarzen und die gelben Kanten bilden zusammen aber bereits einen Kreis … "

„ … und der kann natürlich nicht mehr zu einem Kreis ergänzt werden, der durch jeden Knoten nur einmal läuft."

„Super! Ihr habt das Problem gelöst."

„Na ja, so wie du den Graphen gezeichnet hast, war es gar nicht mehr so schwierig."

„Einen Weg, der durch jeden Knoten eines Graphen genau einmal läuft, nennt man übrigens *Hamiltonweg*, und falls man am Ende zum Ausgangspunkt zurückkehrt, *Hamiltonkreis*. Seht her, der 8×8-Schachbrettgraph sieht so aus:"

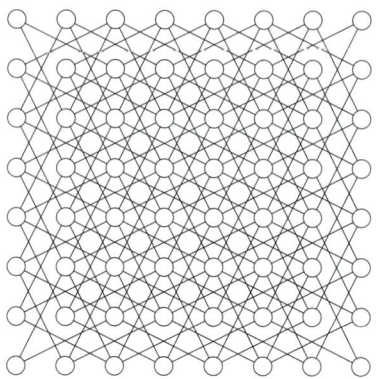

„Oh, ganz schön viele Kanten! Sieht sehr regelmäßig aus – fast wie gewebt."

„Denkst du schon wieder an Sweatshirts?"

„Nein, eher an das Kettenhemd eines Ritters. Es heißt doch schließlich 'Knight's-Problem'."

„Übrigens gibt es in diesem Graphen keinen *Eulerkreis*. Die acht Nachbarfelder der Ecken haben nämlich alle Grad 3. Einige *Hamiltonkreise* enthält er aber, wie ihr ja schon wisst. Der von Euler gefundene sieht so aus:"

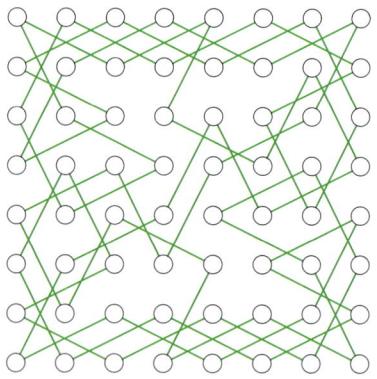

Als Ruths Mutter zum Essen rief, sprang Jan direkt auf; ihm knurrte der Magen schon seit einiger Zeit. Ruth war noch nicht so hungrig; außerdem lag ihr noch eine Frage auf der Zunge. Die würde sie gleich nach dem Mittagessen stellen.

→ Platonische Liebe?

Zum Nachtisch gab es Himbeeren mit Sahne. Jan strahlte, während Ruth sich den Nachtisch für später aufhob. Sie war einfach schon zu satt. Nach einer kleinen Verdauungspause wollte sie gleich ihre Frage loswerden.

„Wie lautet denn nun der Satz von Hamilton? Kommt es wieder auf den Grad der Knoten an?"

„Es gibt leider keinen ‚Satz', der eine vernünftige Charakterisierung enthält, wann in einem allgemeinen Graphen ein Hamiltonweg oder -kreis existiert."

„Machst du Witze? Es kann doch keinen großen Unterschied machen, ob ich alle Kanten eines Graphen oder alle Knoten genau einmal durchlaufen soll."

„Nein, im Ernst, das Hamiltonkreis-Problem ist erheblich komplizierter. Die besten Mathematiker der Welt konnten es bisher nicht lösen."

„Wieso heißen die Dinger dann Hamiltonwege, wenn es gar keinen Satz dazu gibt?"

„Die ‚Dinger' sind nach dem irischen Mathematiker Sir William Rowan Hamilton benannt, der von 1805 bis 1865 lebte. Im Alter von 30 Jahren wurde er zum Ritter geschlagen, deshalb ‚Sir'. Unter www.treasure-troves.com/bios/ HamiltonWilliamRowan.html findet ihr eine nette Zeichnung von ihm:"

„Mathematiker und Ritter? Ist ja witzig. Musste er denn auch an Turnieren teilnehmen?"

„Vielleicht an Schachturnieren? Nein. Im neunzehnten Jahrhundert mussten die Ritter nicht mehr mit Lanzen aufeinander losgehen. Der Ritterschlag war schon damals, so wie heute, eher eine Auszeichnung für besondere Verdienste. Kannst du dir vorstellen, Sir Peter Ustinov mit Schwert und Schild in den Kampf ziehen zu sehen?"

„Heute nicht mehr, aber vielleicht in einem seiner alten Schinken."

„Na ja, jedenfalls erfand Hamilton 1856 ein Gesellschaftsspiel, das er 'the icosian game' nannte."

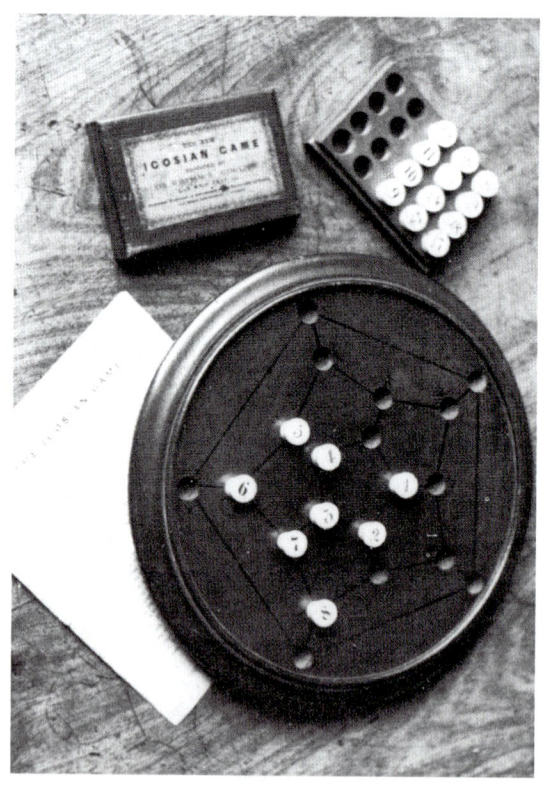

aus: Graph Theory 1736–1936 – N.L. Biggs, E.K. Lloyd, R.J. Wilson, Clarendon Press, 1976, S. ii

„Ja, das Spielbrett zeigt den Graphen der Kanten und Ecken eines Dodekaeders. Wisst ihr was das ist?"

„Einer der fünf *platonischen Körper*. Die haben wir letztes Jahr mal in Mathe gehabt."

„Platonische Körper? Davon hat uns Herr Laurig nichts erzählt. Aber bei Frau Manger im Deutschunterricht hatten wir mal was über platonische Liebe. Aber das hat wohl nichts miteinander zu tun?"

„Nein, abgesehen davon, dass sich das Adjektiv jeweils auf Platon, den griechischen Philosophen, bezieht. Na ja, vielleicht gibt es auch den einen oder anderen, der eine platonische Liebe für platonische Körper entfaltet."

„Was ist denn ein platonischer Körper? Könnt ihr mich vielleicht mal aufklären!"

„Klar! Es gibt fünf platonische Körper, die jeweils nach dem griechischen Wort für die Zahl ihrer Seiten benannt werden. Das *Tetraeder*, auch Dreieckspyramide genannt, besteht aus 4, griechisch 'tetra', gleichseitigen Dreiecken; das *Hexaeder* aus 6 Quadraten – es ist besser bekannt als Würfel. Das *Oktaeder* setzt sich aus 8 gleichseitigen Drei-ecken zusammen und sieht aus wie eine doppelte ägyp-tische Pyramide. Das *Dodekaeder* besitzt 12 regelmäßige Fünfecke als Seitenflächen, und das *Ikosaeder* 20 Dreie-cke. Platonische Körper sind sehr regelmäßig: Die Seiten sind jeweils gleiche regelmäßige Vielecke, und auch um die Ecken herum ist alles ganz regelmäßig. Im Internet gibt es zahlreiche Seiten, auf denen man sie sich aus jeder beliebigen Perspektive anschauen kann. Diese Bilder habe ich unter `www.teleport.com/~tpgettys/platonic.shtml` gefunden:"

„Mehr gibt es nicht?"

„Nein, weitere Körper dieser Art kann es nicht geben, da bei jeder anderen Konstellation … "

„ … die Winkelsumme in den Ecken zu groß würde. Wenn man versucht, einen solchen Körper selber zu basteln, merkt man es sofort. Das haben wir im Unterricht nämlich auch probiert. Ich kann dir ja mal zeigen, was passiert, wenn man ein Schnittmuster mit regelmäßigen Sechsecken anfertigt."

„Unter `www.cs.mcgill.ca/~sqrt/unfold/unfolding.html` gibt es sogar eine Animation, die zeigt, wie aus einem Schnittmuster der entsprechende platonische Körper entsteht:"

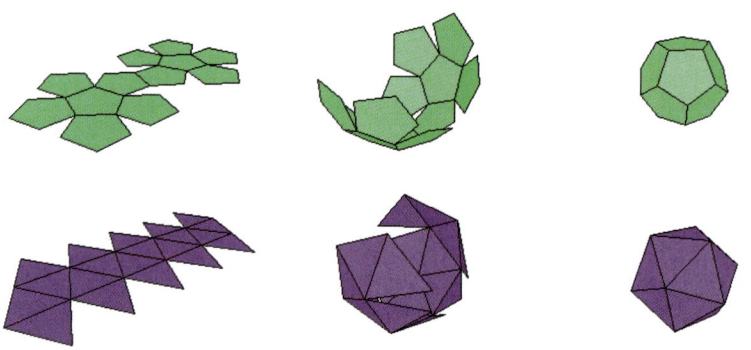

„Au ja, das muss ich unbedingt mal ausprobieren!"

„Diese Körper waren schon in der Antike bekannt. Die Menschen sahen in ihnen oft etwas Mystisches. So hat Platon selber sie als Sinnbilder der 'Elemente' gesehen: das Tetraeder für Feuer, das Hexaeder für Erde, das Oktaeder für Luft und das Ikosaeder für Wasser. Das Dodekaeder stand für die geheimnisvolle 'quinta essentia', den Himmelsäther. Wir würden heute 'All' dazu sagen. Unter `www.idv.uni-linz.ac.at/kepler/werke/platonische_koerper.html` findet man Abbildungen der Originalillustrationen des berühmten Astronomen Johannes Kepler:"

  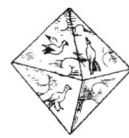 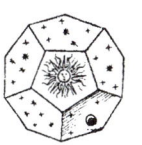 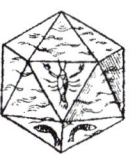

„Ich dachte immer, dass die Mystik da aufhört, wo die Mathematik beginnt."

„Tja, selbst Kepler haben diese Körper begeistert. Sie waren für ihn der Beweis der Harmonie in der Welt. In seinem 'Mysterium Cosmographicum', dem 'Weltgeheimnis', von 1596 konstatiert er, dass Gott bei der Anordnung der Planeten offenbar die regelmäßigen Körper zugrunde gelegt hat. Damals waren außer der Erde nur Merkur, Venus, Mars, Jupiter und Saturn bekannt."

Creator Optimum maximus, in creatione Mundi hulus mobilis, et dispositione Coelorum, ad illa quinque regularia corpora, inde a PYTHAGORA et PLATONE, ad nos vsque, celebratissima respexerit, atque ad illorum naturam coelorum numerum, proportiones, et motuum rationem accomodauerit …
Terra est Circulus mensor omium: Illi circumscribe Dodecaedron: Circulus hoc comprehendens erit Mars. Marti circumscribe Tetraedron: Circulus hoc comprehendens erit Jupiter. Ioui circumscribe Cubum: Circulus hunc comprehendens erit Saturnus. Iam terrae inscribe Icosaedron: Illi inscriptus Circulus erit Venus: Veneri inscribe Octaedron: Illi inscriptus Circulus erit Mercurius. Habes rationem numeri planetarum.

J. Kepler – Prodomus dissertationum cosmographicarum, continens Mysterium Cosmographicum, Tübingen, 1596; Abdruck in: Johannes Kepler gesammelte Werke, Band 1 – C.H. Beck'sche Verlagsbuchhandlung, München, 1938

„Schon wieder Latein! Du gibst ja ganz schön an mit deiner klassischen Bildung."

„Nein, entschuldigt; hier kommt die deutsche Übersetzung, und unter www.georgehart.com/virtual-polyhedra/kepler.html findet man auch zwei Skizzen, wie Kepler sich das vorgestellt hat:"

Gott ... hat bei der Anordnung der Himmelsbahnen jene fünf
regelmäßigen Körper ... zugrunde gelegt ...

Die Erde ist das Maß für alle anderen Bahnen. Ihr umschreibe
ein Dodekaeder; die dieses umspannende Sphäre ist der
Mars. Der Marsbahn umschreibe ein Tetraeder; die dieses
umspannende Sphäre ist der Jupiter. Der Jupiterbahn
umschreibe einen Würfel; die diesen umspannende Sphäre
ist der Saturn. Nun lege in die Erdbahn ein Ikosaeder; die
diesem einbeschriebene Sphäre ist die Venus. In die Venusbahn
lege ein Oktaeder; die diesem einbeschriebene Sphäre ist der
Merkur. Da hast du den Grund für die Anzahl der Planeten.

aus: R. Breitsohl-Klepser – Heiliger ist mir die Wahrheit, Johannes Kepler, Kreuz Verlag, 1976, S. 72

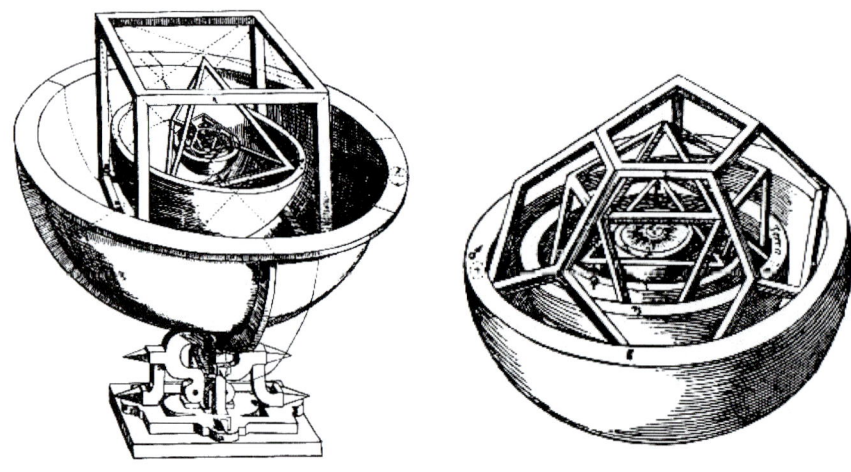

„Das musst du mir genauer erklären. Was haben denn geometrische Gebilde mit Planeten zu tun?"

„Du siehst in Keplers Konstruktion die platonischen Körper. Sie sind dort so angeordnet, dass jeweils die kleinste
umfassende Kugel des einen Körpers, die Umkugel, mit der
größten enthaltenen Kugel des nächsten Körpers, der In-
kugel, übereinstimmt. Die Verhältnisse der Radien dieser
Kugeln entsprechen dann etwa dem Verhältnis der Radien
der Planetenumlaufbahnen. Hierin sah Kepler ein göttliches
Geheimnis."

„Im Physikunterricht haben wir gelernt, dass die Umlaufbahnen der Planeten Ellipsen sind, mit der Sonne als einem der Brennpunkte."

„Das ist richtig, Jan. Allerdings sind alle außer denen von Merkur und Pluto fast kreisförmig, und Pluto war vor 400 Jahren ja noch gar nicht entdeckt. Interessant ist das Vertrauen Keplers, das er in die sich in den platonischen Körpern ausdrückende Weltharmonie hatte. In ihr sah er den Grund für die Anzahl der Planeten."

„Nach Kepler dürfte es Uranus, Neptun und Pluto also gar nicht geben! Da hat er sich aber ganz schön vertan!"

„Nicht nur Kepler, auch Hamilton lag schief; oder weshalb nannte er sein Spiel 'icosian', wenn es doch auf dem Dodekaeder und nicht auf dem Ikosaeder stattfand?"

„Ich glaube nicht, dass er sich irrte. Das Dodekaeder hat zwar 12 Seitenflächen, aber 20 Ecken, in Griechisch 'eikosi'. Beim Ikosaeder ist es genau andersherum. Es hat 20 Seiten und 12 Ecken. Auch Würfel und Oktaeder sind in diesem Sinn ein Paar, 6 Seiten und 8 Ecken beim Würfel und 8 Seiten und 6 Ecken beim Oktaeder. Das Tetraeder hat 4 Seiten und 4 Ecken."

„Das Tetraeder ist also ein Einzelgänger."

„Oder sein eigener Partner."

„Das hast du schön gesagt, Ruth. Seht her, in dieser Grafik, die ich unter www.cms.wisc.edu/~cvg/course/491/modules/polyhedra/duality.shtml gefunden habe, erkennt ihr, wie die Ecken des einen Partners durch die Seitenflächen des anderen hindurchstechen, wenn man sie passend ineinander steckt:"

„Dann symbolisieren die Knoten im ikosanischen, oder soll ich Ikosaeder-Spiel sagen, die Seiten des Ikosaeders? Hamilton hat ja ganz schön um die Ecke gedacht!"

„Vielleicht hat er das Spiel auch nur deshalb so genannt, weil sich 'dodecanian game' noch exotischer anhört. Oder weil das Spiel auf 20 Knoten gespielt wird, wie es auch am Anfang der zum größten Teil von Hamilton selber verfassten Spielanleitung steht:"

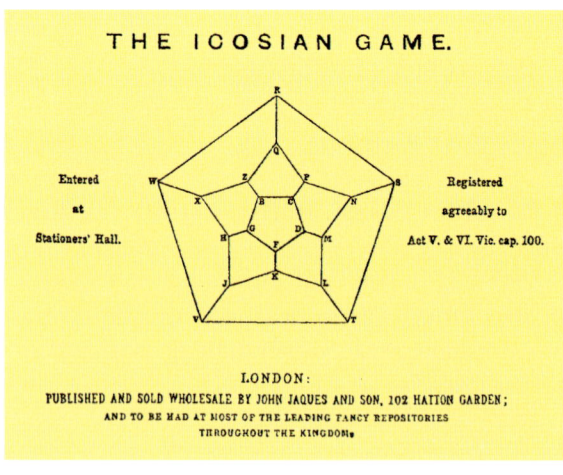

In this new game (invented by Sir William Rowan Hamilton, LL.D.,&c., of Dublin, and by him named *Icosian*, from a Greek word signifying 'twenty') a player is to place the whole or part of a set of twenty numbered pieces or men upon the points or in the holes of a board, represented by the diagram above drawn, in such a manner as always to proceed *along the lines* of the figure, and also to fulfil certain *other* conditions, which may in various ways be assigned by another player. Ingenuity and skill may thus be exercised in *proposing* as well as in *resolving* problems of the game. For example, the first of the two players may place the first five pieces in any five consecutive holes, and then require the second player to place the remaining fifteen men consecutively in such a manner that the succession may be *cyclical*, that is, so that No. 20 may be adjacent to No. 1; and it is always possible to answer any question of this kind. Thus, if B C D F G be the five given initial points, it is allowed to complete the succession by following the alphabetical order of the twenty consonants, as suggested by the diagram itself; but after placing the piece No. 6 in the hole H, as before, it is *also* allowed (by supposed conditions) to put No. 7 in X instead of J, and then to conclude with the succesion, W R S T V J K L M N P Q Z. Other examples of Icosian Problems, with solutions of some of them, will be found in the following page.

aus: Graph Theory 1736–1936 – N.L. Biggs, E.K. Lloyd, R.J. Wilson, Clarendon Press, 1976, S. 32

„Das klingt ja schrecklich. Ein Spiel mit so einer umständlichen Beschreibung würde ich sofort wieder einpacken."

„Deshalb wurde das Spiel wohl auch ein Ladenhüter. Da aber die erste Aufgabe die Konstruktion eines Hamiltonkreises war, wird diese Fragestellung heute mit dem Namen Hamilton assoziiert. So sieht übrigens eine Lösung aus. Ihr müsst nur die 20 Konsonanten in alphabetischer Reihenfolge durchlaufen."

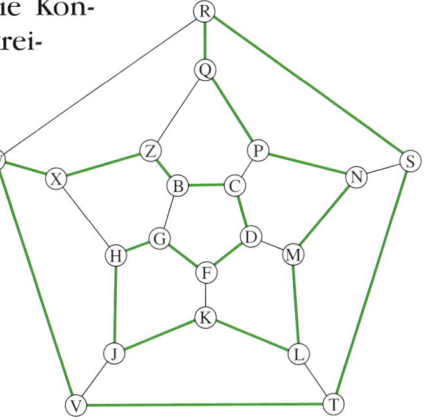

„Na gut. In dem Dodekaeder-Graphen gibt es also einen Hamiltonkreis, und auch in dem 8×8-Schachbrettgraphen. Wie steht es mit allgemeinen Graphen? Ist das Problem wirklich schwierig?"

„Allerdings! Das *Hamiltonweg-Problem* und das *Hamilton-kreis-Problem* sind so schwer, dass es wahrscheinlich niemals effiziente Lösungsverfahren geben wird."

„Wahrscheinlich? Das hört sich ziemlich vage an; gar nicht typisch für dich."

„Finde ich auch! Erzähl' uns das am besten morgen, ja? Jetzt möchte ich noch ein wenig raus und das schöne Wetter nutzen. Ruth, was hältst du von einer kleinen Radtour?"

„Oh ja, gute Idee! Wir machen einen Abstecher zu meiner Oma. Sie backt jeden Sonntag einen Kuchen, und die Fahrradstrecke zu ihr ist wirklich schön."

„Von mir aus gerne. Zu einem Stück Kuchen sage ich niemals nein. Können wir deine Oma denn so einfach überfallen?"

„Ich muss sie nur kurz anrufen. Sie freut sich bestimmt, wenn wir sie besuchen."

Gesagt, getan. Zunächst führte die Radtour sie durch den Forstenrieder Park, mitten durch ein großes Freigehege. In einiger Entfernung kreuzte sogar ein Wildschwein ihren Weg. Danach ging es unter einer Autobahnbrücke hindurch und später einige Kilometer über einen Feldweg. Ruths Oma wohnte in einer kleinen Siedlung in Gauting. Bis zu ihrem Haus war es noch einmal ein ganz schönes Stück, aber die beiden hatten es nicht eilig. Dafür hatten sie sich viel zu viel zu erzählen.

Als sie bei Ruths Oma eintrafen, war es schon ziemlich spät geworden. Sie freute sich sehr über ihren Besuch, und ließ sie auch so schnell nicht wieder gehen. Auch Jan gefiel es sehr gut, gemütlich bei ihr im Garten zu sitzen. Nachdem sie dann noch zum Abendessen geblieben waren, beschlossen Jan und Ruth mit S- und U-Bahn nach Hause zu fahren – auf der kürzesten Route natürlich. Um die Zeit konnten sie die Fahrräder problemlos mitnehmen.

Während der Fahrt kamen Ruth die platonischen Körper wieder in den Sinn. Sie wunderte sich, dass Vim sie so ausführlich beschrieben hatte. Mit Routenplanung hatten die doch gar nicht viel zu tun. Na ja, schließlich hatte sie ihn extra gebeten, ihr zu erklären, was es mit diesen Körpern auf sich hatte.

---> Notorisch
      Problematisch

Ruth ging mit dem üblichen Montagmorgen-Gefühl in die Schule. Als es endlich zur Pause läutete, traf sie Jan auf dem Pausenhof.

„Ich habe mich gerade für die Vorbereitung des Schulfests eingetragen. Hast du auch Lust mitzumachen?"

„Na klar."

„Prima! Die Liste hängt vorm Lehrerzimmer."

Jan und Ruth liefen zum Lehrerzimmer, und Ruth trug sich ein.

„Das wird bestimmt klasse!"

„Aber auch nicht ganz leicht."

„Ach, so schlimm wird's schon nicht werden. Man muss halt schauen, dass alles im zeitlichen Rahmen bleibt."

„Wie bei einem Rockkonzert. Hab' ich dir schon erzählt, dass man solche Projektplanungsprobleme auch graphentheoretisch lösen kann?"

„Ja, hast du. Viel spannender finde ich im Moment allerdings die schwierigen Probleme, von denen Vim immer wieder redet. Darüber wollte er uns doch noch was erzählen!"

„Fragen wir ihn einfach heute Nachmittag. Du hast doch Zeit?"

„Klar! Ich bin gegen zwei bei dir. Okay?"

„Prima!"

Als Jan um zehn vor zwei bei Ruth eintraf, hatte sie schon alles vorbereitet.

„Guten Morgen Vim!"

„Wieso 'guten Morgen'? Es ist doch schon fast 14 Uhr. Hast du den Vormittag verschlafen?"

„Ich nicht, aber ich dachte, dass du … "

„ … solange ich nicht mit euch rede, vor mich hin dusele? Und selbst, wenn es so wäre; jeder Computer hat doch eine Systemuhr!"

„Selbst wenn es so wäre? Was machst du denn, während du ausgeschaltet bist?"

„Ich liebe es, durch die Cyber-Cafés zu tingeln, über den Daten-Highway zu flanieren oder einen netten Plausch in einem der Chat-Rooms zu halten."

„Spinner! Erzähl' uns doch lieber was über Routenplanung."

„Ja, am besten von schweren Problemen!"

„Als schwierig bezeichnest du doch immer Probleme, für die es, wie du sagst, 'wahrscheinlich keinen nicht-explosiven Algorithmus gibt'. Kannst du das mal genauer erklären?"

„Gerne, wenn es euch interessiert. Die Sache mit den schwierigen Problemen ist allerdings nicht ganz einfach."

„Liegt irgendwie in der Natur der Sache, oder?"

„Nehmen wir uns mal das Problem der Hamiltonkreise vor. Das ist ein *Entscheidungsproblem*. So nennt man alle Probleme, deren Lösung entweder 'ja' oder 'nein' lautet. Auf die Frage, ob ein gegebener Graph einen Hamiltonkreis enthält, können wir nur mit 'ja oder 'nein' antworten."

„Verstehe. Da wir zwischen 'ja' und 'nein' entscheiden müssen, haben wir ein Entscheidungsproblem."

„Das Hamiltonkreis-Problem hat noch eine weitere interessante Eigenschaft. Nachdem ich euch die Lösung des

Ikosaeder-Spiels gezeigt habe, fiel es euch ja nicht schwer zu überprüfen, dass diese tatsächlich korrekt war."

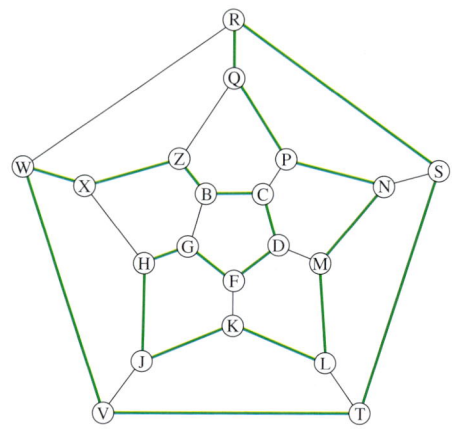

„Na klar, wenn man die Lösung kennt."

„Auch bei Eulers Lösung zum Rösselsprungproblem können wir leicht feststellen, dass sie wirklich richtig ist, oder?"

„Es dauert halt etwas länger, schließlich sind es auch viel mehr Knoten."

„Antworte ich also auf die Frage nach der Existenz eines Hamiltonkreises nicht nur mit 'ja', sondern zeige euch auch einen solchen Kreis, so könnt ihr leicht überprüfen, ob die von mir angegebene Lösung wirklich ein Hamiltonkreis ist. Die mitgelieferte Lösung ist also ein Beweis dafür, dass die Antwort 'ja' stimmt; der Graph enthält einen Hamiltonkreis."

„Das ist doch ganz klar! Fragst du mich, ob ein Graph einen Hamiltonkreis enthält, versuche ich, einen zu finden; und wenn ich einen gefunden habe, ist die Antwort natürlich 'ja', es gibt einen. Dafür brauche ich doch nicht von einem 'Beweis' zu sprechen. 'Der Hamiltonkreis ist ein Beweis für die Existenz eines Hamiltonkreises', das klingt doch ziemlich merkwürdig."

„Eine Lösung ist nur eine mögliche Form eines solchen Beweises. Um zu beweisen, dass ein Graph eulersch ist, müssen wir nicht unbedingt einen Eulerkreis angeben. Aufgrund des Satzes von Euler genügt hier auch die Liste der Knotengrade als Beweis. Daran lässt sich schnell überprüfen, ob alle Einträge gerade Zahlen sind. Ich will auf Folgendes hinaus: Wenn ich euch für einen gegebenen Graphen G sage ‚G besitzt einen Hamiltonkreis', dann ist keineswegs klar, wie ihr überprüfen könnt, ob das auch wirklich stimmt. Ich könnte mich ja irren."

„Du? Kann ich mir nicht vorstellen. Höchstens absichtlich, um uns zu testen."

„Wenn ich euch aber sage, dass die Knoten des Ikosaeder-Graphen in alphabetischer Reihenfolge einen Hamilton-kreis bilden, dann könnt ihr das leicht überprüfen."

„Klar! Wir müssen nur feststellen, dass jeder Knoten genau einmal vorkommt und dass je zwei aufeinander folgende Knoten durch eine Kante des Graphen verbunden sind."

„Und der erste mit dem letzten. Der Weg muss sich ja schließen, damit es ein Kreis ist."

„Genau. Alle Entscheidungsprobleme, für die bei einer ‚ja'-Antwort ein Beweis existiert, der effizient überprüfbar ist, nennt man NP-*Probleme*."

„NP-Probleme? Sind das die Initialen ihres Erfinders?"

„Nein, NP steht für ‚nichtdeterministisch polynomial'. Das kommt aus der Komplexitätstheorie und hat wieder mit Turing-Maschinen zu tun."

„Das war doch dieses theoretische Computermodell, oder?"

„Ja, aber für uns genügt es, dass NP-Probleme die folgende Eigenschaft haben: Immer, wenn für eine konkrete Aufgabe die Antwort ‚ja' lautet, existiert auch ein ‚Beweis', der sich effizient überprüfen lässt."

„Meinst du, falls uns jemand die Arbeit abnimmt und für uns das Problem löst, sollte es wenigstens möglich sein nachzuprüfen, ob die Lösung auch stimmt."

„Logisch! Sonst kann uns der große Aufgabenlöser ja einen Bären aufbinden! Kann man denn nicht für jede Aufgabe eines Entscheidungsproblems einen solchen Beweis finden?"

„Zu vielen, aber nicht zu allen. Stellen wir die Frage zum Hamiltonkreis-Problem einmal andersherum. 'Gegeben G, gibt es *keinen* Hamiltonkreis in G?' Dann ist das auch ein Entscheidungsproblem, und die Antwort 'ja' bedeutet, dass es keinen Hamiltonkreis in dem Graphen gibt. Nun stellt euch vor, ihr müsstet mich davon überzeugen, dass die Antwort korrekt ist. Wie würdet ihr das anstellen?"

„Tja, ein Hamiltonkreis wäre jetzt der Beweis für das Gegenteil, käme also nicht in Frage."

„Wir müssten irgendwie alle Hamiltonkreise ausschließen."

„Eine vollständige Liste aller Kreise, die es in dem Graphen gibt und die zeigt, dass der Graph keinen Hamiltonkreis enthält, wäre eine solche Begründung. Allerdings kann die Anzahl der Kreise in einem Graphen wieder sehr groß werden. So groß, dass wir sie gar nicht mehr aufschreiben können, geschweige denn überprüfen, ob einer davon nicht vielleicht doch ein Hamiltonkreis ist. Für dieses umgedrehte Hamiltonkreis-Problem weiß man bis heute nicht, ob es nun ein NP-Problem ist oder nicht. Man glaubt, eher nicht."

„Schon wieder glauben? Wie viele Fragen sind in der Mathematik denn noch ungelöst?"

„Oh, ganz schön viele. Das macht es ja gerade so spannend!"

„Und ich dachte immer, dass in der Mathematik fast alles bekannt sei."

„Nein, nein! Die Mathematiker machen täglich Fortschritte, aber täglich gibt es auch neue Herausforderungen, neue Fragen, von denen keiner weiß, ob man sie je wird lösen können. Da sind immer wieder ganz neue Ideen notwendig."

„Na schön. Was hat nun dieses NP mit unserer Frage nach den schwierigen Problemen zu tun?"

„NP ist eine sehr große Klasse von Problemen. Praktisch alle, von denen ich euch bisher erzählt habe, gehören in der einen oder anderen Form dazu. Allerdings gibt es Probleme, die so schwierig sind, dass man automatisch effiziente Algorithmen für *alle* NP-Probleme gefunden hätte, wenn man einen effizienten Algorithmus für *eines* dieser Probleme fände. Solche Probleme nennt man *NP-schwer*."

„Wenn *eines* effizient gelöst werden kann, dann *alle*? Wie meinst du das?"

„Ja, das ist wirklich eine ganz außergewöhnliche Eigenschaft. Ich versuche es mal mit einer Analogie. Einen Algorithmus kann man sich als Fähigkeit vorstellen, ein Problem zu lösen. Nehmen wir mal anstelle der NP-Probleme alle handwerklichen Aufgaben: Brotbacken, Goldschmieden, Glasblasen und so weiter; eben alle Aufgaben, für die es einen Lehrberuf gibt. Jetzt stellen wir uns vor, dass es unter diesen handwerklichen Aufgaben eine gäbe, sagen wir das Brotbacken, mit einer Eigenschaft, die der NP-Schwere entspräche."

„Okay, Brotbacken wäre also ein 'NP-schweres' Handwerk. Was bedeutet das?"

„Das hieße, dass ich, wenn ich ein guter Brotbäcker wäre – gut entspricht hier dem 'effizient' bei Algorithmen – prinzipiell auch ein guter Schreiner, Schiffsbauer, Schmied wäre, und was es sonst noch so alles an Lehrberufen gibt."

„So ein Blödsinn! Niemand kann das alles zusammen. So etwas gibt es doch gar nicht."

„Nicht im Handwerk, aber unter den NP-Problemen!"

„Klingt ja unglaublich! Dann gibt es bestimmt nur ganz wenige NP-schwere Probleme."

„Nein, leider eine ganze Menge. Alle Probleme, die ich bisher etwas unpräzise als schwierig bezeichnet habe, also alle, für die es vermutlich keinen nicht-explosiven Algorithmus gibt, sind NP-schwer; auch das Hamilton-kreis-Problem."

„Bedeutet das, dass wir jedes NP-Problem effizient lösen könnten, wenn wir für das Hamiltonkreis-Problem einen effizienten Algorithmus hätten?"

„Genau das, Jan.“

„Wirklich? Das verstehe ich nicht. Wie kann denn ein Algorithmus für das Hamiltonkreis-Problem auch automatisch ein anderes Problem lösen? Da passen doch normalerweise nicht einmal Input und Output zusammen.“

„Gute Frage. Lasst uns das mal umgekehrt versuchen. Ruth, erinnerst du dich an das Kürzeste-Wege-Problem, bei dem wir auch negative Gewichte erlaubt, aber den Mehrfachbesuch von Knoten verboten hatten?“

„Oh ja. Das hatten wir doch im Zusammenhang mit deiner nicht sehr hilfreichen Rothenburg-Modellierung erhalten. Du hattest gesagt, dass es dann schwierig werden kann.“

„Genau. Nun stellt euch vor, wir hätten einen effizienten Algorithmus $\mathcal{A}$, der dieses Problem löst. Dann erzeugen wir damit einen effizienten Algorithmus für das Hamiltonkreis-Problem.“

„Kann mir mal jemand sagen, wovon ihr redet?“

„Oh entschuldige! Zu dem Zeitpunkt warst du ja noch nicht dabei. Wir wollten modellieren, ob bei einer Autofahrt von Ruth und ihren Eltern nach Hamburg genügend Zeit für einen Abstecher zu Ruths Tante nach Rothenburg bliebe. Ich hatte vorgeschlagen auszuprobieren, das mit Hilfe von negativen Kantengewichten zu modellieren. Die sollten einen 'Anreiz' für den Algorithmus schaffen, einen Umweg über Rothenburg zu machen. In diesem Zusammenhang erhält man eine Version des Kürzeste-Wege-Problems mit beliebigen, also auch negativen Kantengewichten, bei der jeder Knoten nur *einmal* durchfahren werden darf.“

„Willst du uns nun zeigen, dass ein effizienter Algorithmus für dieses Höchstens-Einmal-Kürzeste-Wege-Problem auch das Hamiltonkreis-Problem löst?“

„Der Name gefällt mir. Ich will zeigen, dass man einen Algorithmus $\mathcal{A}$ für das Höchstens-Einmal-Kürzeste-Wege-Problem sozusagen als Unterprogramm in der Konstruktion eines effizienten Algorithmus $\mathcal{B}$ für das Hamiltonkreis-Problem nutzen *könnte*."

„Ich dachte, das Hamiltonkreis-Problem sei NP-schwer. Hast du nicht gesagt, dass es dafür keinen effizienten Algorithmus gibt und wahrscheinlich auch nie geben wird?"

„Habe ich gesagt. Wichtig ist, dass wir nur *annehmen*, es gäbe diesen Algorithmus $\mathcal{A}$. Das funktioniert hier wieder wie bei einem Widerspruchsbeweis. Wir nehmen an, es gäbe einen effizienten Algorithmus $\mathcal{A}$ für das Höchstens-Einmal-Kürzeste-Wege-Problem und zeigen, dass es dann auch einen Algorithmus $\mathcal{B}$ für das Hamiltonkreis-Problem *gäbe*."

„Aha, da es $\mathcal{B}$ nicht gibt, existiert auch $\mathcal{A}$ nicht."

„Fast. Wir wissen ja nicht sicher, ob es wirklich keinen effizienten Algorithmus $\mathcal{B}$ für das Hamiltonkreis-Problem gibt."

„Wie können wir denn dann einen Widerspruchsbeweis führen?"

„Gar nicht. Wir können nicht endgültig ausschließen, dass es $\mathcal{A}$ nicht doch gibt, aber, da aus der Existenz des Algorithmus $\mathcal{A}$ sofort die von $\mathcal{B}$ folgt, wissen wir, dass das Höchstens-Einmal-Kürzeste-Wege-Problem nicht leichter als das Hamiltonkreis-Problem ist. Da dieses NP-schwer ist, muss daher auch das Höchstens-Einmal-Kürzeste-Wege-Problem NP-schwer sein."

„Na gut. Aber beide Probleme sehen doch so verschieden aus. Wie kannst du da aus einem Algorithmus für das eine einen Algorithmus für das andere konstruieren?"

„Sehen wir uns das mal konkret an. Nehmen wir einen beliebigen Graphen G mit n Knoten, für den wir entscheiden sollen, ob er einen Hamiltonkreis enthält."

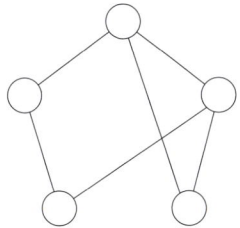 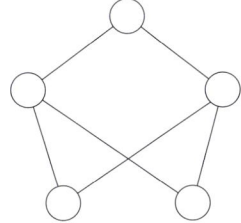

„Das sind aber zwei Graphen!"

„Richtig. Zwei mögliche Inputgraphen G; einer mit und einer ohne Hamiltonkreis. Und nicht vergessen: Das sind nur Beispiele, um die Vorgehensweise zu verdeutlichen. Die Konstruktion muss natürlich für einen beliebigen Graphen funktionieren – was sie auch tut. Zunächst erhält jede Kante von G das Gewicht -1. Dann ergänzen wir G zu einem vollständigen Graphen G' und geben den hinzugefügten Kanten jeweils das Gewicht 0."

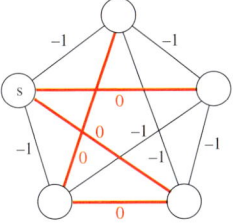 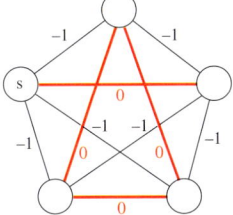

„Und dann?"

„Dann lösen wir mit dem Algorithmus $\mathcal{A}$ diese Aufgabe des Höchstens-Einmal-Kürzeste-Wege-Problems für den Graphen G', wobei wir für Start und Ziel ein und denselben Knoten wählen. Da jeder Knoten höchstens einmal durchlaufen werden darf, kann ein solcher Weg maximal n Kanten enthalten. Es folgt, dass die Länge dieses Wegs nicht kleiner als $-n$ sein kann. Den Wert $-n$ selber erreichen wir nur, wenn wir auf unserem Weg n Kanten mit Gewicht -1 durchlaufen. Ein derartiger Weg existiert also genau dann, wenn es einen Hamiltonkreis in G gibt."

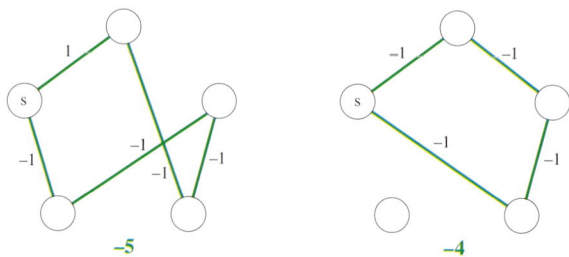

„Langsam verstehe ich, was du meinst. Mit Hilfe des Algorithmus $\mathcal{A}$ erhalten wir jetzt auch einen effizienten Algorithmus $\mathcal{B}$ für das Hamiltonkreis-Problem."

„Wir *hätten* einen. Wir haben ja nur *angenommen*, es gäbe diesen effizienten Algorithmus $\mathcal{A}$."

„Wir wissen jetzt aber, dass auch das Höchstens-Einmal-Kürzeste-Wege-Problem NP-schwer ist, oder?"

„Wieso? Vim, du hast doch gesagt, dass wir für *alle* NP-Probleme effiziente Algorithmen erhalten, wenn wir für *ein einziges* NP-schweres Problem einen effizienten Algorithmus haben!"

„Ja, so ist NP-schwer definiert."

„Müssen wir das Problem dann nicht mit allen NP-Problemen vergleichen? Du hast uns mit deinem Beispiel doch nur gezeigt, wie man aus einem Algorithmus zur Lösung des Höchstens-Einmal-Kürzeste-Wege-Problems einen Lösungsalgorithmus für das Hamiltonkreis-Problem gewinnt."

„Richtig, das genügt auch. Der Rest funktioniert so ähnlich wie bei einer vollständigen Induktion. Entsprechend dem 'Induktionsanfang' benötigt man ein erstes Problem und zeigt, dass es NP-schwer ist. Hat man das erledigt, braucht man das nächste gar nicht mehr mit allen NP-Problemen zu vergleichen. Es genügt zu zeigen, dass es auch nicht leichter ist als das erste. So geht es weiter. Zeigt man, dass ein Problem nicht leichter ist als ein beliebiges NP-schweres Problem, so ist es selber auch NP-schwer.

Mit welchem der vielen NP-schweren Probleme man es vergleicht, ist dabei ganz egal."

„War das Hamiltonkreis-Problem denn das erste NP-schwere Problem?"

„Nein, das war *Satisfiability*. Dabei geht es um die Frage, ob eine Reihe miteinander verknüpfter logischer Aussagen erfüllbar ist."

„Dieses erste musste man doch wirklich mit allen anderen NP-Problemen vergleichen. Wenn das so viele sind, wie du sagst, war das doch sicherlich irrsinnig aufwendig, oder?"

„Es waren ein paar gute Ideen notwendig. Die hatte Stephen Cook im Jahre 1971. Er hat den Anfang gemacht! Auf seiner Homepage `www.cs.toronto.edu/ DCS/People/Faculty/sacook.html` gibt es ein Foto von ihm:"

„Für dieses Erfüllbarkeitsproblem hat Cook also gezeigt, dass man einen effizienten Lösungsalgorithmus in effiziente Algorithmen für jedes beliebige NP-Problem übersetzen kann?"

„Hat er. Das geht allerdings nur mit Hilfe der Turing-Maschine und einem Haufen logischer Formeln."

„Okay, es gibt also ein erstes schweres Problem. Und dann geht es weiter wie bei der Induktion?"

„So ähnlich. Wann immer man für ein neues Problem zeigen will, dass es NP-schwer ist, sucht man sich irgendein anderes aus, von dem man schon weiß, dass es NP-schwer ist, und zeigt dann, dass das neue Problem mindestens genauso schwierig ist."

„Das genügt?"

„Ja! Schauen wir uns noch mal unser Beispiel von vorhin an. Angenommen, wir wüssten schon, dass das Hamiltonkreis-Problem NP-schwer ist. Nach unserer vorherigen Überlegung wissen wir auch, dass unser Höchstens-Einmal-Kürzeste-Wege-Problem mindestens so schwierig ist wie das Hamiltonkreis-Problem. Aus einem effizienten Algorithmus $\mathcal{A}$ für das Höchstens-Einmal-Kürzeste-Wege-Problem können wir ja auch einen effizienten Algorithmus für das Hamiltonkreis-Problem konstruieren. Wenn also das Hamiltonkreis-Problem NP-schwer ist, und das ist es, dann muss das neue Problem auch NP-schwer sein."

„Wir erhielten also mit Hilfe von $\mathcal{A}$ effiziente Algorithmen für alle NP-Probleme."

„Ja, hier hilft uns die 'Induktionsvoraussetzung'. Wir haben ja vorausgesetzt, dass das Hamiltonkreis-Problem NP-schwer ist. Damit kann jeder Algorithmus, der dieses Problem löst, in einen Algorithmus für ein beliebiges anderes NP-Problem umgewandelt werden."

„Klar! Der aus $\mathcal{A}$ konstruierte Algorithmus für das Hamiltonkreis-Problem führt dann auch zu Algorithmen für die anderen NP-Probleme."

„Genau, Ruth!"

„Mir qualmt die Birne!"

„Mir auch, aber spannend ist das irgendwie schon."

„Wenn du mehr darüber wissen willst, kannst du dir mal die Seite www.claymath.org/prizeproblems/ anschauen. Dort findest du sieben der wichtigsten ungelösten Fragen der Mathematik; alle sieben mit einem Preis von je einer Million Dollar dotiert, für diejenige Person, die die Frage als Erste beantwortet. Eine dieser sieben offenen Fragen ist die, ob P = NP ist. Das ist die mathematisch präzise Formulierung der Frage, ob es für eines der NP-schweren

Probleme – und damit für alle – einen effizienten Algorithmus gibt. Mir gefällt besonders gut, dass Ian Stewart dort auf einer Unterseite erläutert, dass auch das bekannte Windows-Spiel 'Minesweeper' NP-schwer ist."

„Muss ich das kennen?"

„Klar, es gehört doch fest zu Windows dazu."

„Schau her, Ruth, ich starte es mal:"

„Minesweeper ist doch nicht schwer, Vim! Das bekomme ich fast jedes Mal hin."

„Vorsicht, Jan! Um zu zeigen, dass ein Problem nicht schwierig ist, brauchst du einen *effizienten Lösungsalgorithmus*. Einige Beispiele 'irgendwie, per Hand' zu lösen, ergibt noch keine Aussage über die Schwierigkeit des Problems. Auch beim Rösselsprung oder beim Ikosaeder-Spiel haben wir Lösungen gefunden. Trotzdem ist das Hamiltonkreis-Problem für allgemeine Graphen schwierig."

„Das ist ja alles ganz nett, aber wir wollen diese Probleme doch trotzdem lösen. Die Müllabfuhr kann ja nicht zu Hause bleiben, nur weil das gemischte Chinesische-Postboten-Problem schwer ist, oder?"

„Nein, natürlich nicht. Wir wissen jetzt allerdings, dass wir bescheidener sein müssen. Da es wahrscheinlich keinen effizienten Algorithmus für ein NP-schweres Problem gibt, macht es keinen Sinn, nach einem solchen zu suchen, außer man wollte die Eine-Million-Dollar-Frage knacken. Wir brauchen daher bescheidenere Alternativen, um aus dieser 'Notlage' herauszukommen."

„Meine Alternative heißt jetzt 'frische Luft'. Sollen wir mal zur nächsten Eisdiele 'flanieren', Ruth?"

„Gute Idee! Bei uns an der Ecke machen sie einen fantastischen Banana-Split."

„Ich nehme lieber Spaghetti-Eis. Wenn's geht, 'ne doppelte Portion. Und du Vim? Sollen wir dir was mitbringen?"

„Nein, nein, ich muss auf meine Linie achten . . . "

Not eines Handlungsreisenden

Als Ruth am nächsten Morgen die Treppe hinunter kam, war ihre Mutter schon wach. Sie wirkte etwas unruhig. Als Ruth nachfragte, erzählte sie von dem gestrigen Telefonat mit Ruths Vater, und dass er noch zwei Tage länger unterwegs sein würde. Es gab einige zusätzliche Termine, die seinen Zeitplan durcheinander gebracht hatten. Ruths Mutter sorgte sich nun um den bereits geplanten Urlaub. Wenn es bei dieser Dienstreise zu weiteren Verzögerungen käme, würden sie und Ruth am Samstag alleine in Richtung Frankreich losfahren müssen. Ruths Mutter war sowieso nicht gerade begeistert davon, mit dem Auto zu fahren, und jetzt sah es noch so aus, als müsste sie die ganze Strecke allein hinter dem Steuer sitzen.

Ferien! Ruth hatte in den letzten Tagen total vergessen, dass sie mit ihren Eltern für drei Wochen in die Provence fahren würde. Als ihr Vater das Ferienhaus gebucht hatte, war Ruth überglücklich gewesen, doch jetzt war sie etwas zwiespältig. Zu allem Überfluss bestand Mama darauf, dass Papa weder Handy noch Laptop mitnahm. Er sollte sich endlich mal richtig erholen. Diese 'Nachrichtensperre' traf jetzt auch Ruth.

Gleich in der ersten Pause erzählte sie Jan von den Reiseplänen. Auch Jan war nicht gerade glücklich darüber, dass sie sich drei Wochen nicht sehen und sich nicht mal E-Mails schicken konnten. Er wollte allerdings versuchen, den Besuch bei seinem Onkel vorzuverlegen, damit sie den zweiten Teil der Sommerferien gemeinsam verbringen konnten.

Martina kam auf die beiden zu und fragte, ob sie Lust hätten, am Abend 'Auf Achse' mit ihr auszuprobieren, ein

Gesellschaftsspiel, das sie zum Geburtstag geschenkt bekommen hatte. Ruth war zunächst gar nicht begeistert, aber Jan meinte, dass es doch eine gute Idee sei und besser als 'Trübsal zu blasen'.

Nach dem Unterricht fand das erste Organisationstreffen für das Sommerfest statt. Nach anfänglicher Begeisterung war Ruth mittlerweile eher skeptisch. Natürlich war es mal wieder viel zu spät, um etwas richtig Innovatives zu planen. Sie vermutete, dass die Lehrer die Schüler absichtlich erst so spät in die 'Planung' einbezogen hatten. Schließlich hatte man seit Jahren ein 'bewährtes Konzept'. Egal, mit Jan zusammen würde die Vorbereitung trotzdem Spaß machen.

Nach dem Planungstreffen musste Jan nach Hause. Seine Mutter hatte ihn gebeten, einige Besorgungen zu erledigen. Als er später bei Ruth eintraf, blieb aber noch etwas Zeit, bis zur Verabredung mit Martina.

„Hallo Vim. Du wolltest uns gestern noch etwas über 'Bescheidenheit' erzählen."

„Oh, ihr habt's heute wieder eilig. Darf ich euch dazu ein neues Problem vorstellen?"

„Klar, wenn's interessant ist!"

„Stellt euch vor, ein Versicherungsagent möchte eine Reihe von Kunden besuchen. Der Graph mit den umliegenden Dörfern, in denen die Kunden wohnen, könnte etwa so aussehen:"

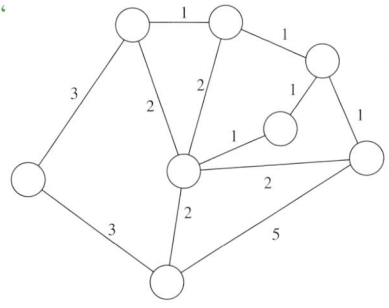

„Und um Zeit und Geld zu sparen, versucht der Agent, die Termine so zu legen, dass er eine möglichst kurze Strecke fahren muss."

„Richtig. Wir wollen wieder etwas minimieren. Diesmal suchen wir eine möglichst *kurze* Tour durch alle *Knoten*

und *nicht* durch alle *Kanten*, wie beim Chinesischen-
Postboten-Problem."

„Siehst du, Jan! Die Rösselsprunggeschichte war nur ein
Vorwand. In Wirklichkeit ging es Vim nämlich um ein ganz
praktisches Optimierungsproblem."

„Heißt das, dass wir einen kürzesten Hamiltonkreis finden
müssen?"

„Ja und nein! Zunächst einmal verbieten wir dem Agenten
ja nicht, mehrmals durch ein Dorf zu fahren. Wenn das zu
einer kürzeren Tour führt, dann wird er seine Route wohl
kaum entlang eines Hamiltonkreises planen. Seht her, in
unserem Beispiel gibt es genau zwei Hamiltonkreise, und
die haben beide Länge 17. Die untere Tour in der Skizze
hat aber nur Länge 14, und das, obwohl wir die Kante
ganz rechts, und damit auch den Knoten rechts oben,
doppelt durchfahren."

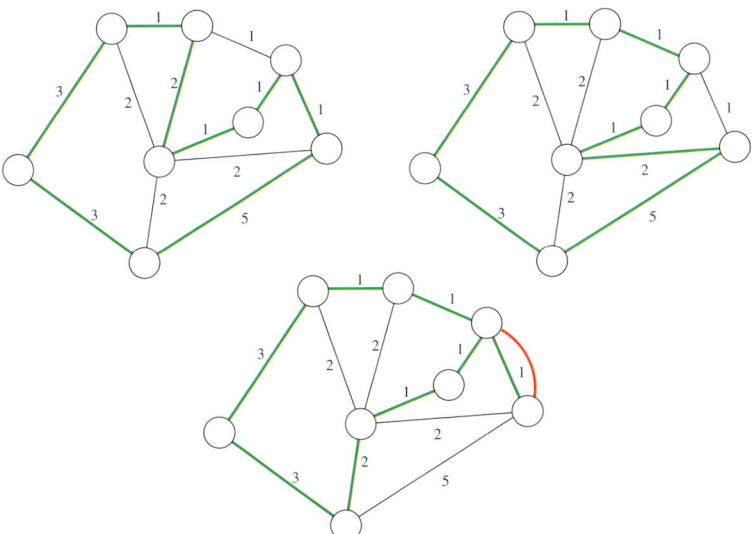

„Aha, eine BetrÜbs-Fahrt! Aber dann ist die Lösung doch
offensichtlich kein Hamiltonkreis. Wieso hast du dann 'ja
und nein' gesagt?"

„Wir können den Graphen wieder zu einem vollständigen Graphen erweitern, wie wir das ja auch beim
Chinesischen-Postboten-Problem getan haben. Wir weisen

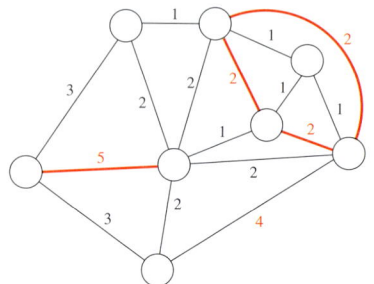

dann einfach allen Kanten, auch
den vorher fehlenden, das Gewicht
eines kürzesten Wegs zwischen den
beiden zugehörigen Knoten im Originalgraphen zu. Ich hab' das hier
mal beispielhaft für vier 'neue' Kanten eingezeichnet. Aber auch der
Wert der Kante unten rechts hat
sich geändert. Im Ausgangsgraphen

gab es nämlich einen Weg der Länge 4 zwischen ihren beiden Endknoten."

„Verstehe. Die kürzesten Wege sind die Entfernungen für
den Agenten zwischen den Orten. Er kann ja nicht quer-
feldein fahren, und Umwege wird er auch keine machen

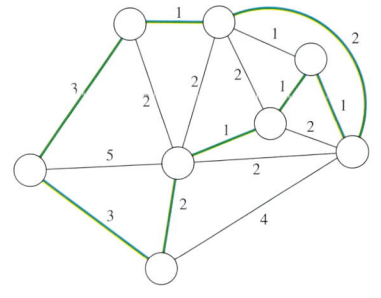

wollen. Wir müssen also mal wieder die kürzesten Wege zwischen
je zwei Knoten bestimmen. Ich
hätte nie geglaubt, dass man das
so oft gebrauchen kann."

„Im vervollständigten Graphen gibt
es immer einen Hamiltonkreis, der
für den Agenten optimal ist. Hier
ist noch mal die Tour der Länge

14. Die BetrÜbs-Fahrt ist jetzt einfach in der neuen Kante
enthalten."

„Klar! Die Kantengewichte sind hier immer die Längen
der kürzesten Wege zwischen zwei Knoten. Also kann der
Umweg über einen anderen Knoten nie mehr kürzer sein."

„Das Problem, einen kürzesten Hamiltonkreis in einem
Graphen zu finden, nennt man *Rundreiseproblem* oder
Traveling-Salesman-Problem. Meistens wird es einfach mit
TSP abgekürzt. Das TSP ist wohl das berühmteste aller gra-
phentheoretischen Probleme; geradezu der Prototyp eines

NP-schweren Problems. Viele der heute zur Verfügung stehenden algorithmischen Methoden sind ursprünglich am Rundreiseproblem entwickelt worden. Entsprechen die Knoten Städten auf einer Landkarte, dann ist es die Frage nach einer kürzesten Rundreise, auf der alle Städte besucht werden."

„Wir suchen also eine optimale Tour für unseren Versicherungsagenten … "

„ … oder für einen anderen Handlungsreisenden. Unter `www-m9.mathematik.tu-muenchen.de/dm/java-applets/tsp-afrika-spiel/` könnt ihr versuchen, selber mal eine kurze Tour durch 96 afrikanische Städte zu finden. Man reist mit dem Flugzeug, daher werden Luftlinienabstände angenommen."

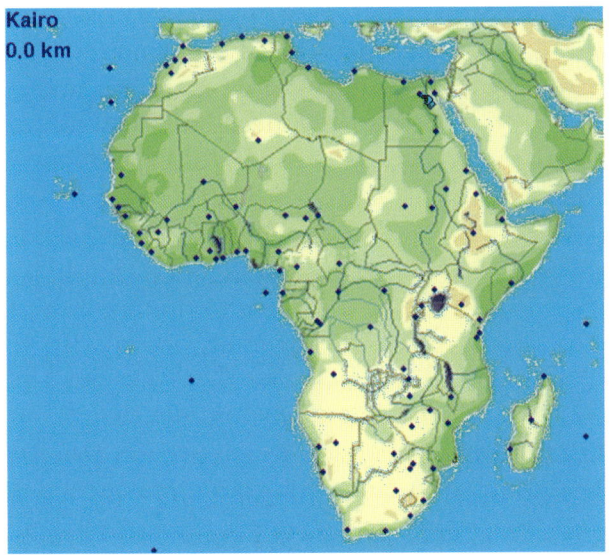

„Klasse! Probieren wir sofort aus."

„Du zuerst! Ich gehe solange in die Küche und setze Teewasser auf. Danach bin ich dran. Mal sehen, wer die kürzere Route findet."

„Und Vim passt auf, dass niemand schummelt."

Gesagt, getan. Während Ruth in die Küche ging, konstruierte Jan seine Tour durch Afrika; 60.352 km war sie lang. Ruth wartete ungeduldig darauf, dass der Tee fertig gezogen hatte, und kam dann mit der Kanne und zwei Tassen zurück. Nun war sie an der Reihe: 60.009 km. Was für ein Triumph!

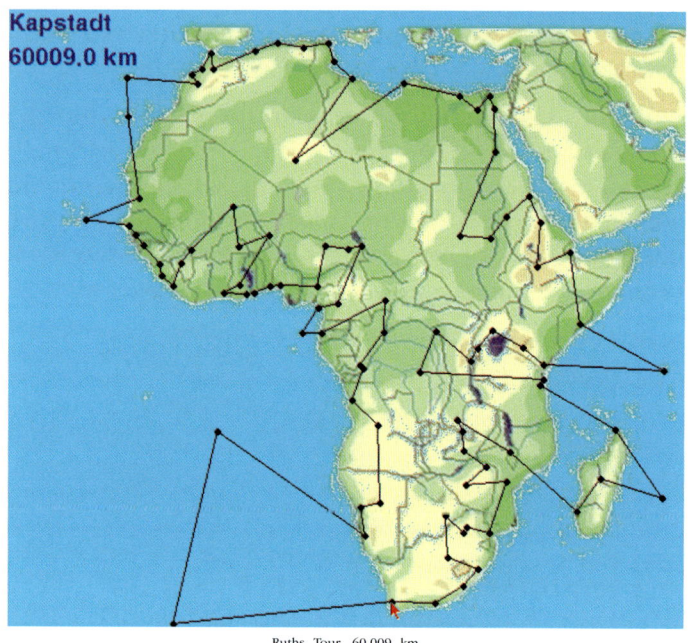

Ruths Tour, 60.009 km

„Siehst du, Vim, ich habe Jan eine vernichtende Niederlage beigebracht."

„Nur nicht übertreiben! Ich würde es eher ein Fotofinish nennen. Und optimal ist deine Tour bestimmt auch nicht."

„Aber viel kürzer geht es nicht, oder Vim?"

„Die optimale Tour ist 55.209 km lang, fast 5000 km kürzer."

„Oh, da würde der Handlungsreisende doch noch einiges sparen. Als Tourenplanerin hättest du nicht gerade die besten beruflichen Aussichten, Ruth."

„Läster' du nur, deine Tour war noch länger. Aber ich gebe mich noch nicht geschlagen. So schwer kann es doch nicht sein, die kürzeste Tour zu finden."

„Okay. Wer sie zuerst findet, bekommt vom anderen ein Eis. Aber sag' mal Vim, du hast doch vorhin erwähnt, dass viele der Ansätze für schwere Probleme am TSP entwickelt worden sind. Gibt es denn wirklich so viele Handlungsreisende mit großen Touren, dass sich das lohnt?"

„Der Handlungsreisende, der nach einer kürzesten Route durch Städte sucht, ist eine schöne Interpretation, um sich die Problemstellung leicht vorstellen zu können. Aber es gibt natürlich wichtigere Anwendungen des Rundreiseproblems, etwa die Fertigung von Leiterplatten, wie sie in Fernsehern, Computern und Waschmaschinen verwendet werden."

„Was hat denn das mit Rundreisen zu tun?"

„In die meist rechteckigen Platinen müssen Löcher gebohrt werden, durch die später Anschlüsse für elektrische Bauteile geführt werden sollen. Das sieht dann ungefähr so aus:"

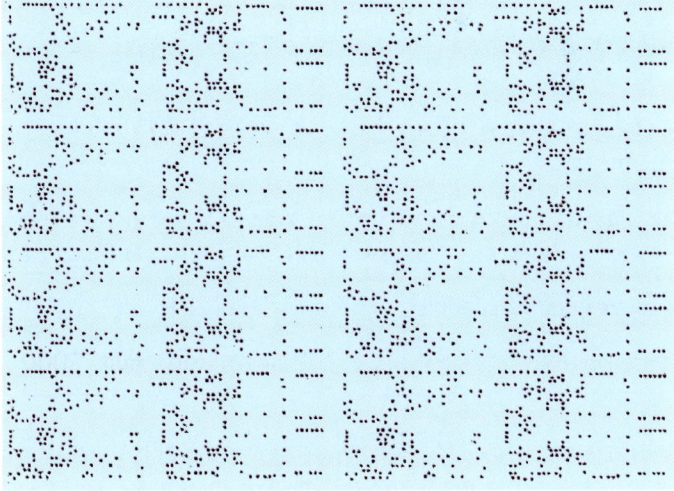

aus: M. Grötschel, M. Padberg – Die optimierte Odyssee, Spektrum der Wissenschaft, Digest 2/1999, S. 32–41

„Solche Vorgänge werden heutzutage doch fast immer von Robotern durchgeführt. Das geht sowieso schon rasend schnell."

„Der Roboter muss aber erst mal wissen, in welcher Reihenfolge er die Löcher bohren soll. Hier sind zwei Möglichkeiten, wie so eine Reihenfolge aussehen kann. Die roten Linien zeigen den Weg des Bohrers. Fällt euch ein Unterschied zwischen den beiden Touren auf?"

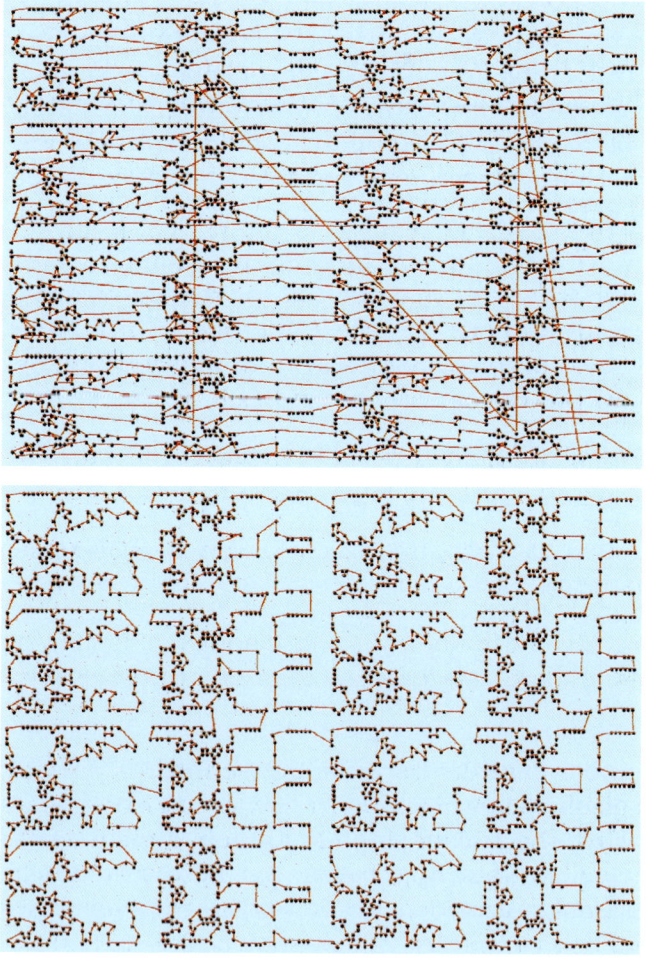

aus: M. Grötschel, M. Padberg – Die optimierte Odyssee, a.a.O.

„Klar! Bei der ersten Reihenfolge macht der Bohrer offenbar riesige Umwege. Jedenfalls sieht das Bild viel 'roter' aus, als das zweite."

„Vor allem dieses große 'N', das bei der ersten Reihenfolge noch mal mittendurch geht, macht keinen guten Eindruck. Spielt die Länge der Tour bei der Geschwindigkeit des Roboters denn überhaupt eine Rolle?"

„Bei der zweiten Reihenfolge ist die Weglänge für den Bohrer nur ungefähr halb so lang, wie bei der ersten. Lasst uns mal rechnen. Nehmen wir an, dass die Löcher bisher in der längeren Reihenfolge gebohrt wurden, und es 5 Zeiteinheiten dauerte – nennen wir sie 'Zeits' – eine Platte fertigzustellen. Dabei benötigte der Roboter insgesamt 3 Zeits für das Senken und Heben des Bohrers und 2 Zeits für die Bewegung von Loch zu Loch."

„Dann würde er mit der neuen Reihenfolge nur noch insgesamt 4 Zeits für jede Platte brauchen, wieder 3 für die Senk- und Hebevorgänge, und nur noch eine weitere für die Bewegung von Loch zu Loch."

„Richtig. So kann der Roboter täglich 20 Prozent mehr Leiterplatten fertigstellen als vorher."

„Stimmt. Das hängt gar nicht davon ab, wie schnell der Roboter ist."

„Und die Bestimmung einer optimalen Reihenfolge ist nichts anderes, als die Lösung unseres Rundreiseproblems . . . "

„ . . . bei dem der Handlungsreisende der Bohrkopf ist. Ich glaube, ich weiß, wie der Graph aussieht, von dem du sprichst. Die Löcher sind die Knoten. Kanten gibt es zwischen allen Knotenpaaren, da der Bohrer ja in beliebiger Reihenfolge gesteuert werden kann. Die Kantengewichte ergeben sich aus den Zeiten, die der Bohrer benötigt, um von einem Loch zum anderen zu gelangen."

„Komisch! Das Bohrerproblem sieht fast genauso aus wie unser Plotterproblem vom Freitag. Ob ich nun Löcher in eine Platine bohre oder mit dem Druckkopf die Punkte einzeichne, an denen die Löcher gebohrt werden sollen, macht doch keinen Unterschied, oder?"

„Nein, du hast vollkommen Recht. Die Kantengewichte sind vielleicht etwas anders, aber wenn der Plotter nur diese Punkte malen soll, ist es wieder eine TSP-Aufgabe."

„Du hast doch gesagt, dass das Plotterproblem ein Beispiel für ein Chinesisches-Postboten-Problem wäre. Und das ist ja viel leichter als das TSP."

„Ja, aber ich habe auch darauf hingewiesen, dass das Plotterproblem nur dann ein Chinesisches-Postboten-Problem ist, wenn die zu plottende Zeichnung zusammenhängend ist. Falls man auch nicht-zusammenhängende Skizzen erlaubt, ist natürlich auch eine solche Punktgrafik wie bei unseren Bohrlöchern möglich. Und dann haben wir es nicht mit dem leichteren Chinesischen-Postboten-Problem zu tun, sondern mit dem NP-schweren Rundreiseproblem."

„Und da wir das NP-schwere TSP-Problem mit einem Algorithmus für das allgemeine Plotterproblem lösen könnten, ist auch das NP-schwer, oder?"

„Ja, aber Vorsicht! Wenn die Pen-Up-Bewegungen beim Plotter *immer* der Luftlinienverbindung folgen, könnten wir mit einem Plotter-Algorithmus nur TSP-Probleme mit Luftlinienabständen lösen. Da das Rundreiseproblem aber auch dann noch NP-schwer ist, bleibt die Schlussfolgerung, dass das allgemeine Plotterproblem NP-schwer ist, richtig."

„Ist ja irre, wie man da aufpassen muss. Allein dieser kleine Unterschied, dass man auch voneinander getrennte Zeichnungen zulässt, macht ein sonst leichtes Problem schon wieder schwer. Kaum zu glauben."

„NP-schwer ist ein gutes Stichwort. Wie sieht es denn aus mit den 'bescheideneren Alternativen'?"

„Okay. Nehmen wir wieder an, dass der Inputgraph zusammenhängend ist und alle Kantengewichte positiv sind. Dann können wir außerdem o.B.d.A. voraussetzen, dass der Graph vollständig und die direkte Kante immer die kürzeste Verbindung zwischen zwei Knoten ist und 'Umwege' sich daher nicht lohnen."

„O.B.d.A.? Was heißt denn das nun wieder?"

„Entschuldige, ich bin mal wieder in den Mathematiker-Jargon gerutscht. *O.B.d.A.* ist die Abkürzung für 'ohne Beschränkung der Allgemeinheit'. Das bedeutet, dass die getroffenen Annahmen über unsere Graphen das Problem nicht wirklich einschränken."

„Ah, du meinst, wenn wir doch einen unvollständigen Graphen haben, dann können wir die fehlenden Kanten einfach hinzufügen und ihnen das Gewicht eines kürzesten Wegs zwischen den beiden Knoten im Originalgraphen geben."

„Ja, genauso, wie wir es schon für unseren Versicherungsagenten getan haben. Ersetzen wir *jedes* Kantengewicht durch die Länge eines kürzesten Wegs zwischen den beiden Endknoten, so ändert sich nichts an der Länge der kürzesten Reisen durch alle Knoten, aber wir wissen dann, dass die kürzeste Verbindung zwischen zwei Knoten danach immer die direkte ist … "

„ … und daher auch, dass wir nur noch nach kürzesten Hamiltonkreisen zu suchen brauchen, da der Mehrfachbesuch von Knoten keinen Vorteil mehr bringen kann."

„Sehr gut! Habt ihr vielleicht selber eine Idee für eine sinnvoll erscheinende Lösungsstrategie?"

„Wie wäre es, wenn wir wieder 'gierig' vorgingen?"

„Genau! Wir könnten ausgehend von einem Startknoten immer zu einem nächstliegenden, noch nicht aufgenommenen Knoten weiterlaufen."

„Diese Vorgehensweise wird *Nächste-Nachbar-Heuristik* genannt. Schauen wir uns die mal an einem neuen Beispiel an:"

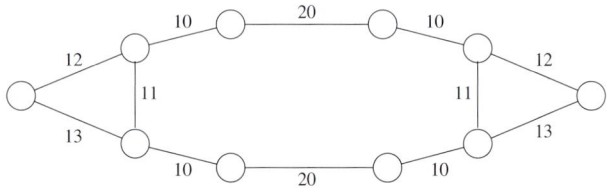

„Wollten wir nicht annehmen, dass die Graphen beim Rundreiseproblem vollständig sind?"

„Richtig. Aber vollständige Graphen sind immer so unübersichtlich. Schaut euch das an. Da kann man schon fast nichts mehr erkennen, obwohl die Kantengewichte hier noch fehlen:"

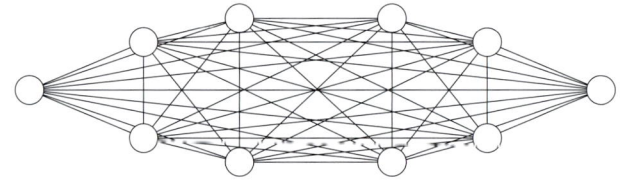

„Stimmt."

„Deshalb habe ich nur die ursprünglichen Kanten eingezeichnet. Die anderen Kanten müsst ihr euch einfach dazudenken. Sie entstehen wieder aus den kürzesten Wegen entlang der eingezeichneten Kanten zwischen ihren Endknoten. Die Diagonalkante vom dritten oberen Knoten von links zum dritten unteren Knoten von rechts hat zum Beispiel Gewicht 51."

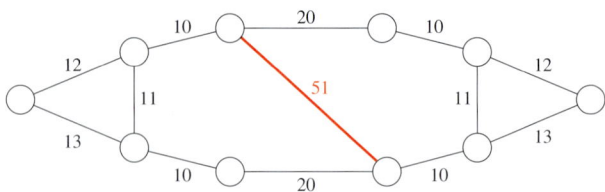

„Weil die kürzesten Wege entlang der ursprünglichen Kanten gerade Länge 51 haben; rechts herum oder links herum macht da keinen Unterschied."

„Richtig. Nun seht ihr sicher auch, dass die kürzeste Rundreise ganz außen herum führt, denn die nicht eingezeichneten Kanten haben alle mindestens die Länge 21. Die Länge der optimalen Tour ist also 130. Schauen wir uns jetzt mal an, was die Nächste-Nachbar-Heuristik für eine Tour konstruiert. Fängt man ganz links an, dann wird die Heuristik entlang der 12er Kante starten und weiter, wie die optimale Tour, entlang der 10er, 20er, und der zweiten 10er Kante im oberen Teil des Graphen verlaufen:"

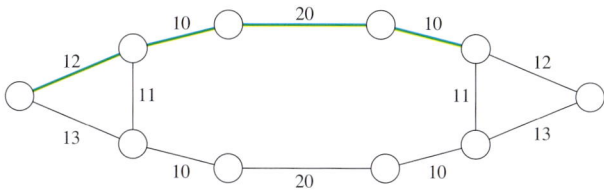

„Aber dann weicht die Heuristik von der optimalen Route ab, weil die 11er Kante senkrecht nach unten kürzer als die 12er Kante ist."

„Richtig. Dadurch, dass wir uns bei dieser Heuristik immer nur auf die lokal beste Wahl konzentrieren, wird der Knoten rechts außen erst einmal 'vergessen'. Nachdem wir nämlich die 11er Kante aufgenommen haben, ist die nächste Wahl die rechte 10er Kante im unteren Teil des Graphen. Von dort geht es wieder weiter über die 20er und die linke 10er Kante."

„Okay, aber jetzt müssen wir den Knoten rechts außen doch noch besuchen, bevor wir unsere Rundreise beenden."

„Ja, der eben vergessene rechte Knoten kommt uns nun ziemlich teuer zu stehen. Von unserem aktuellen Standort ist er nämlich 53 Einheiten entfernt; außerdem müssen wir ja auch noch 'nach Hause'. Das sind dann noch mal 64 Einheiten. Am Ende haben wir also eine Nächste-Nachbar-Tour der Länge 220 konstruiert."

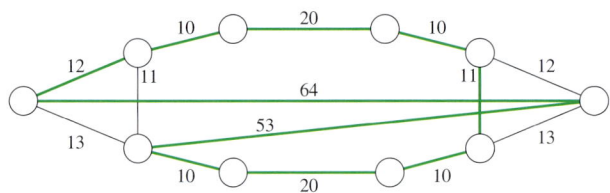

„Na gut. Mit einem etwas intelligenteren Verfahren wäre das aber bestimmt besser gelaufen."

„Das kommt ganz darauf an, was du unter 'intelligenter' verstehst. Für alle Heuristiken einfacher Bauart gibt es Beispiele, die zeigen, dass sie ziemlich weit daneben liegen können. Der Fehler bei der Nächsten-Nachbar-Heuristik kann sogar prozentual beliebig groß werden."

„Was meinst du mit 'prozentual'?"

„Nenne mir deine Lieblingszahl, Jan."

„42, natürlich."

„Dann kann man Graphen angeben, bei denen die durch die Nächste-Nachbar-Heuristik gefundene Lösung 42 mal so lang ist, wie die optimale. Und das gilt für jede Zahl."

„Auch, wenn ich eine Billion sage … "

„ … gibt es einen gewichteten Graphen, für den die Nächste-Nachbar-Tour eine Billion mal so lang ist wie die optimale."

„*Au!*"

„Wir können aber in deinem Beispiel aus der Tour, die wir mit der Heuristik gefunden haben, ganz leicht die optimale machen. Dazu müssen wir nur den letzten Knoten an der Stelle einbauen, an der er sich in der optimalen Tour befindet.“

„Sehr guter Vorschlag. Damit kommen wir zu einem zweiten Typ von Heuristiken. Das Nächster-Nachbar-Verfahren war eine *Konstruktionsheuristik*. Was du nun vorschlägst, gehört zu den *Verbesserungsheuristiken*. Das sind Verfahren, die versuchen, durch Austausch von Kanten eine bereits gefundene Rundreise zu verkürzen. Das Verfahren, das du gerade angesprochen hast, nennt man *Knoteneinfügung*. Dabei wird für jeden Knoten des Graphen getestet, ob sein Herausnehmen aus der aktuellen Tour und sein Wiedereinfügen an einer beliebigen anderen Stelle zu einer besseren Rundreise führt. In unserer Nächsten-Nachbar-Rundreise ‘löschen’ wir also zuerst den rot markierten rechten Knoten und ersetzen die beiden Kanten, die ihn in die Tour eingebunden haben, durch die ebenfalls rot markierte direkte Verbindung ihrer beiden anderen Endknoten.“

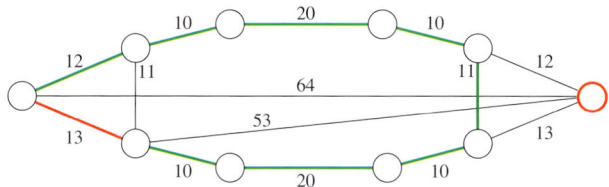

„Und dann versuchen wir, den herausgenommenen Knoten irgendwo besser ‘dazwischenzukriegen’.“

„Richtig. Bei jeder der grünen Kanten der verbliebenen Nächsten-Nachbar-Tour testen wir, was passiert, wenn wir den zuvor herausgenommenen Knoten an dieser Stelle einfügen … “

„ … und machen das an der bestmöglichen Stelle. Verstehe!“

„Aus unserer Nächsten-Nachbar-Tour wird auf diese Weise tatsächlich die optimale Rundreise."

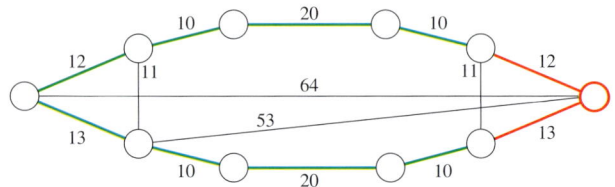

„Aber das geht nicht immer so glatt, oder?"

„Die Kombination von schnellen Konstruktionsheuristiken und guten Verbesserungsheuristiken führt in der Praxis oft zu zufriedenstellenden Ergebnissen. Aber meistens kann keine befriedigende Güte *garantiert* werden."

„Eine Gütegarantie? Wie denn das? Wenn wir das Optimum nicht bestimmen können, wissen wir doch auch nicht, wie gut eine von uns gefundene Lösung ist, oder?"

„Ich glaube, diese Frage muss Vim uns morgen beantworten, sonst kommen wir zu spät zu Martina."

Weniger ist mehr

Das Ende des Schuljahres machte sich immer deutlicher bemerkbar. Es gab fast keine Hausaufgaben mehr, und die meisten Unterrichtsstunden wurden etwas 'relaxter'.

Das zweite Organisationstreffen für das Sommerfest hatte seinen Namen wirklich nicht mehr verdient. Es ging lediglich um Aufbauhilfe, sprich Stühle schleppen, dekorieren und so weiter, aber Ruth und Jan hatten trotzdem ihren Spaß. Jan ärgerte sich nicht einmal, dass er sein Fußballtraining verpasste.

Da sie wohl den ganzen Donnerstag in der Schule verbringen würden, und Jan am Abend mal wieder Babysitter für Lukas spielen musste, drängte heute ausnahmsweise er, zu Vim zu kommen, der ihm ja noch eine Antwort schuldig war.

„Wie funktioniert das denn mit den Gütegarantien für Heuristiken?"

„Ruth, erinnerst du dich noch daran, warum du bei dem U-Bahn-Beispiel so schnell den kürzesten Weg vom Marienplatz zum Harras gefunden hast?"

„Na klar! Das war ein Triumph weiblicher Intuition."

„Ich wette, dass Vim eine rationalere Begründung hatte."

„Was willst du damit sagen? Okay, er hatte eine; bei Luftlinienabständen konnte man sich auf bestimmte Ellipsen beschränken."

„Oh ja, von Ellipsen hast du mir etwas erzählt. Worum ging es da noch mal?"

„Darum, dass ein kürzester Weg zwischen einem Start- und einem Zielort einerseits nicht kürzer sein kann, als der Luftlinienabstand der beiden Städte, und andererseits nicht länger als irgendein uns schon bekannter Weg."

„Ja, jetzt erinnere ich mich. Der Bereich des Graphen, auf den es wirklich ankam, konnte auf eine Ellipse beschränkt werden. Kann man so was auch für das TSP machen?"

„Es gibt eine ganze Reihe von Möglichkeiten, sich von beiden Seiten einer optimalen Tour zu nähern. Mit Hilfe von Konstruktionsheuristiken erhält man schnell einige Touren als Ausgangsbasis, die mit Hilfe der Verbesserungsstrategien noch korrigiert werden können. Die Länge jeder dieser Touren ist natürlich eine *obere Schranke* für die Länge einer optimalen Tour."

„Meinst du mit 'obere Schranke', dass die Länge einer kürzesten Tour auf keinen Fall länger sein kann, also sozusagen darunter liegt?"

„Genau. Wir beschränken den Optimalwert von oben, daher obere Schranke. Dabei kann es passieren, dass wir sogar eine optimale Tour finden, ohne es zu merken."

„Na schön. Deine oberen Schranken sind aber wirklich keine Kunst. Zum 'umzingeln' des Optimums brauchen wir doch auch etwas von unten."

„Oh, die Bestimmung guter oberer Schranken *ist* eine Kunst, Jan! Aber du hast Recht, wir brauchen natürlich auch *untere Schranken*, wenn wir die Güte der besten gefundenen Lösung abschätzen wollen."

„So wie der Luftlinienabstand zwischen den Städten beim Kürzeste-Wege-Problem."

„Richtig. Was passiert also beim Kürzeste-Wege-Problem, wenn wir den Luftlinienabstand zwischen Start und Ziel messen, anstatt uns an die Längen der Straßen in unserem Verkehrsnetz zu halten?"

„Na, wir schummeln!"

„Geschummelt ist das doch nicht, wenn wir damit eine untere Schranke finden, Jan!"

„Oh, ich finde 'schummeln' gar nicht so schlecht. Ich formuliere es mal so: Wir 'lockern' ein wenig die 'Spielregeln' unseres Kürzeste-Wege-Problems, damit wir es schneller lösen können. Gestern bei eurem Spieleabend wäre das wohl als 'Schummeln' bezeichnet worden. In der Mathematik nennt man es *Relaxation*."

„Relaxation? Soll man sich relaxed zurücklehnen, wenn der Mitspieler mogelt?"

„Deine Interpretation ist gar nicht so abwegig. In 'Relaxation' steckt 'relax' und damit meint man das 'Auflockern' der Bedingungen, die das zu lösende mathematische Problem beschreiben."

„Wie wäre es denn, wenn wir als untere Schranke für das Rundreiseproblem den Luftlinienabstand zwischen zwei möglichst weit von einander entfernten Knoten wählen und dann verdoppeln. Da wir hin und auch wieder zurück müssen, kann doch keine Tour kürzer sein."

„'Luftlinienabstand' macht bei allgemeineren Graphen wenig Sinn."

„Stimmt, die Gewichte brauchen mit Luftlinienabständen ja gar nichts zu tun zu haben."

„Aber du hast trotzdem Recht: Da wir von jedem Knoten zu jedem anderen und auch wieder zurück gelangen müssen, können wir natürlich immer das Gewicht einer längsten Kante verdoppeln und als untere Schranke für eine minimale Tour hernehmen. Aber schau' dir noch mal unser Bohrlöcherproblem an. Da haben wir Luftlinienabstände und trotzdem ist der doppelte Abstand zwischen den zwei am weitesten voneinander entfernten Knoten enorm viel kürzer als die minimale Bohrertour."

„Müsste man noch mehr Bohrlöcher in dieselbe Platine bohren, wäre es sogar noch schlimmer."

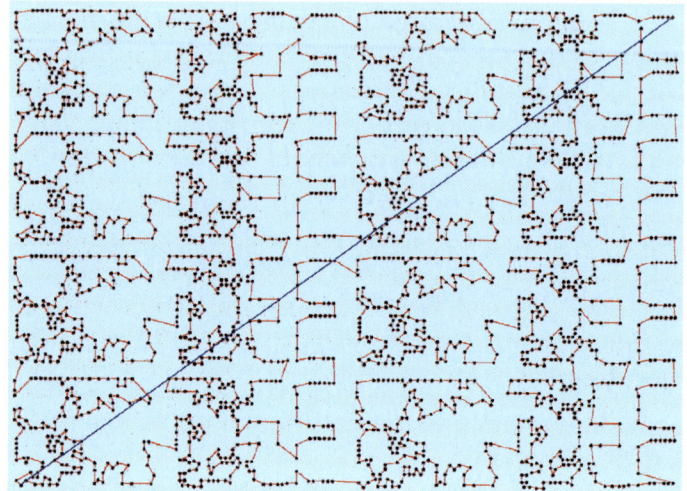

„Stimmt! Bei zusätzlichen Löchern würde ja nur die rote Tour länger werden."

„Wir können allerdings bessere untere Schranken für das TSP finden. Hat Ruth dir über die Spannbäume berichtet, Jan?"

„Ja. Das waren doch die minimalen Kantenmengen, um einen Graphen aufzuspannen."

„Genau. Stellt euch vor, dass wir bereits irgendeine Rundreise in unserem Beispiel konstruiert haben, von mir aus wieder die Nächste-Nachbar-Tour von gestern. Nun entfernen wir aus dieser Tour einen beliebigen Knoten. Ich habe hier wieder den Knoten ganz rechts gewählt und die beiden von ihm ausgehenden Kanten der Tour. Die restlichen Kanten bilden einen Spannbaum für die übrigen Knoten:"

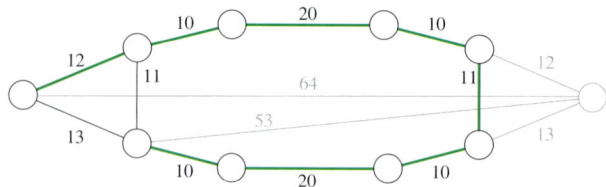

„Na ja, eigentlich ist es ja ein Weg."

„Richtig, sogar ein Hamiltonweg. Aber jeder Hamiltonweg ist auch ein Spannbaum."

„Okay. Allerdings ein sehr spezieller!"

„Das genügt uns aber. Da nämlich jede Rundreise durch Entfernen eines Knotens in einen Hamiltonweg überführt wird, der auch ein Spannbaum ist, suchen wir nun anstelle eines solchen Hamiltonwegs einfach einen minimalen Spannbaum. Das können wir mit Hilfe des Greedy-Algorithmus ziemlich schnell erledigen. Danach nehmen wir den zuvor entfernten Knoten wieder hinzu und binden ihn zusammen mit den beiden kürzesten von ihm ausgehenden Kanten an den gefundenen Spannbaum an. Fügt man einem Spannbaum einen weiteren Knoten mit *zwei* seiner Kanten hinzu, erhält man einen so genannten *1-Baum*. Die '1' steht für den nachträglich an den Baum angeschlossenen Knoten."

„Wie wäre es mit *Extraknoten*, wenn er doch eine 'Extrawurst' spielt."

„Von mir aus."

„Irgendwie muss ich bei unserem Beispiel-Graphen schon die ganze Zeit an Boote denken. Und jetzt kommst du mit einem *Einbaum*."

„Stimmt, der Graph sieht wirklich wie ein Segelboot aus oder wie ein Kanu aus der Vogelperspektive."

„Dass Menschen Schäfchen sehen, wenn sie in die Wolken schauen, kennt man ja, aber dass meine Graphen wie kleine Schiffchen aussehen ... Allerdings sind es 'Eins-Bäume' und keine 'Einbäume'. Hier habe ich den minimalen 1-Baum für unser 'Bötchen' eingezeichnet. Der Extraknoten ist gelb markiert und mit einer 1 versehen. Die roten Kanten sind die beiden kürzesten, die von ihm ausgehen. Die grünen Kanten schließlich bilden einen minimalen Spannbaum für die restlichen Knoten."

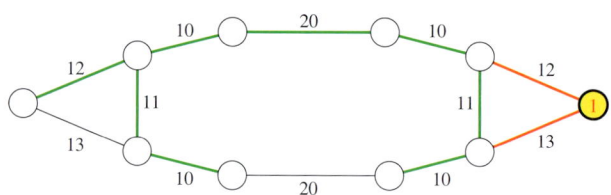

„Das ist doch dann keine Rundreise mehr!"

„Stimmt. Eine Tour erhalten wir so nur selten, aber das ist gerade unsere Relaxation. Wir lassen eine größere Menge von Lösungen zu, vereinfachen dadurch das Problem und erhalten eine untere Schranke. In unserem Beispiel ist die Länge des minimalen 1-Baums 119."

„Eine größere Menge von Lösungen?"

„Jeder Hamiltonweg ist auch ein Spannbaum für seine Knoten, und jeder geschlossene Hamiltonweg, also jede Rundreise, ist ein 1-Baum."

„Verstehe. Da jede Rundreise ein 1-Baum ist, aber nicht jeder 1-Baum eine Rundreise, umfasst die Menge der 1-Bäume die der Rundreisen."

„Genau. Die Menge der 1-Bäume enthält alle TSP-Touren. Damit kann eine minimale Rundreise in einem gewichteten Graphen nicht kürzer als ein minimaler 1-Baum sein. Da die minimalen 1-Bäume jedoch nicht unbedingt schon eine Rundreise sind, wie auch unser Beispiel zeigt, erhalten wir nur eine untere Schranke für die Länge der minimalen Touren."

„Raffiniert. Weil eine minimale Rundreise immer auch ein 1-Baum ist, kann die Länge eines minimalen 1-Baums höchstens noch kürzer sein."

„Wir 'relaxen' also die Spielregeln des TSP-Problems. Dadurch erhalten wir zwar meistens keine Rundreise mehr, aber eine untere Schranke für das Minimum ihrer Längen. Und falls wir doch eine Tour erhalten, wissen wir sofort, dass sie optimal ist."

„Ist es denn wirklich so einfach, einen minimalen 1-Baum zu bestimmen?"

„Minimale 1-Bäume kann man genauso schnell bestimmen wie minimale Spannbäume – zum Beispiel mit dem Greedy-Algorithmus."

„Eigenartig! Wenn jede Rundreise auch ein 1-Baum ist, aber natürlich nicht jeder 1-Baum eine Rundreise, dann gibt es doch viel mehr 1-Bäume als Rundreisen. Trotzdem ist es einfacher, einen minimalen 1-Baum zu bestimmen als eine kürzeste Rundreise."

„Ja, die Anzahl der 1-Bäume ist sogar erheblich größer als die Anzahl der TSP-Touren. Bezeichnet n wieder die Anzahl der Knoten des Graphen und ist n mindestens 3, so gibt es in einem vollständigen Graphen $\frac{1}{2}(n-1)!$ Hamiltonkreise und für einen fest gewählten Extraknoten $\frac{1}{2}(n-2)(n-1)^{n-2}$ 1-Bäume. In dieser Tabelle habe ich für n einfach die Zahlen von 3 bis 10 eingesetzt:"

Knoten	Rundreisen	1-Bäume
n	$\frac{1}{2}(n-1)!$	$\frac{1}{2}(n-2)(n-1)^{n-2}$
3	1	1
4	3	9
5	12	96
6	60	1.250
7	360	19.440
8	2.520	352.947
9	20.160	7.340.032
10	181.440	172.186.884

„Uff! Die Anzahl der Rundreisen wächst ja schon extrem schnell, aber das Wachstum der Anzahl der 1-Bäume übertrifft das locker!"

„Trotzdem ist es einfacher, einen minimalen 1-Baum zu finden, oder vielleicht gerade deshalb."

„Gerade deshalb?"

„Ja. Das Rundreiseproblem stellt so hohe Anforderungen an die Lösung, dass der Greedy-Algorithmus versagt. Lassen wir aber neben den Touren auch noch alle Objekte zu, die der Greedy-Algorithmus mit einer einfachen Auswahlregel erzeugen kann, nämlich die 1-Bäume, dann erhalten wir zwar selten eine Tour, aber der Greedy-Algorithmus funktioniert."

„Du meinst, dass ich durch zufälliges Herausgreifen die berühmte Stecknadel im Heuhaufen wohl kaum finden werde, mit dem gleichen Verfahren allerdings sicher einen Strohhalm oder eine Nadel."

„Der Vergleich gefällt mir. Durch eine Erweiterung der Menge der gesuchten Objekte von 'Nadel' auf 'Nadel oder Strohhalm' funktioniert deine Suchstrategie plötzlich sehr effizient."

„Nach dem Strohhalm zu greifen, wenn wir eigentlich die Stecknadel suchen, klingt ziemlich bescheiden."

„Dafür muss man nicht so lange suchen."

„Für die Praxis kommt es darauf an, dass die Rechenzeit nicht zu groß und natürlich, dass der Abstand zwischen unterer und oberer Schranke möglichst klein wird. Da die Länge der optimalen Rundreisen innerhalb der Schranken liegen muss, können wir auf diese Weise angeben, wie weit eine heuristisch gefundene Tour maximal von der Optimalität entfernt ist. In unserem Beispiel war die Länge des 1-Baums 119. Wenn wir die Länge der optimalen Tour nicht kennen würden, wüssten wir trotzdem, dass die 220 Einheiten lange Nächste-Nachbar-Tour höchstens 101 Einheiten vom Optimum entfernt ist. Das bedeutet, dass wir im Extremfall, wenn also die uns unbekannte optimale Länge auch nur 119 Einheiten wäre, mit der Nächsten-Nachbar-Heuristik einen Fehler von etwa 85 Prozent begehen."

„Na ja, mit der Knotenverschiebung hatten wir dann ja die optimale Tour der Länge 130 gefunden."

„Richtig. Das war allerdings ein Glückstreffer. Diese Verbesserungsheuristik liefert normalerweise noch keine optimale Lösung. Hätten wir den Graphen nicht extra so konstruiert, dass wir die optimale Tour ausnahmsweise schon kennen, würden wir auch gar nicht wissen, dass wir das Optimum zufällig schon erreicht haben."

„Aber wir wüssten immerhin, dass die optimale Tour nicht kürzer als unsere untere Schranke von 119 und nicht länger als die von uns gefundene Tour der Länge 130 sein kann."

„Das stimmt. Der maximale Fehler wäre schon auf etwa 9 Prozent gesunken. Konstruieren wir den 1-Baum mit einem der Knoten, die zu einer der 20er Kanten gehören, als Extraknoten, dann erhalten wir sogar einen minimalen 1-Baum der Länge 126, also noch mal eine bessere untere Schranke. Der Fehler der 130er Tour könnte dann höchstens noch 3 Prozent betragen."

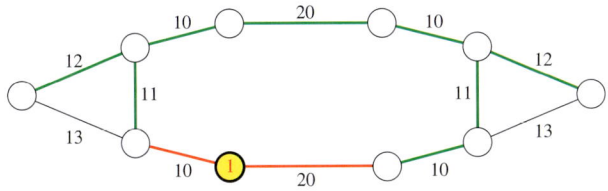

„Na, damit sind wir jetzt zufrieden, oder? Vor allem, da wir wissen, dass wir keinen Fehler mehr gemacht haben."

„Mit unseren Heuristiken kann es uns bei anderen Beispielen allerdings immer noch passieren, dass wir nicht wirklich nahe ans Optimum herankommen. Besser wäre es, wenn wir schon im voraus garantieren könnten, dass wir nicht allzu weit vom Optimum entfernt bleiben."

„Meinst du, dass wir eine untere Schranke gar nicht erst berechnen müssen, sondern vorher schon wissen, dass das Verfahren nicht weit daneben liegt?"

„Genau. Man kann für viele Heuristiken Fehlerabschätzungen angeben. Die allgemeinen Abschätzungen sind allerdings meistens nicht sehr ermutigend. Die beste Fehlerschranke für unsere vollständigen Graphen, in denen die direkte Verbindung immer kürzest möglich ist, stammt von Nicos Christofides. Der Algorithmus von Christofides konstruiert eine Tour, die höchstens 50 Prozent vom Optimum abweichen kann."

„Das ist doch viel schlechter als unsere 3 Prozent!"

„Jan, der Unterschied ist, dass wir jetzt wissen, *bevor* wir losrechnen, dass der Fehler nicht zu groß werden kann. Dass wir mit unseren Heuristiken zufällig die optimale Tour gefunden haben, war ja reines Glück!"

„Einverstanden. Dann erzähl' uns bitte, wie dieser Christofides-Algorithmus funktioniert."

„Als Erstes konstruieren wir wieder einen minimalen 1-Baum. Der kann ja höchstens so lang wie die optimale Tour selber sein."

„Hast du schon gesagt."

„Als Nächstes tun wir das, was wir schon beim Chinesischen-Postboten-Problem gemacht haben: Wir bestimmen ein minimales Matching für die Knoten, die innerhalb des 1-Baums ungeraden Grad besitzen. Seht her: Ich habe die Kanten unseres minimalen 1-Baums alle grün gefärbt und die Knoten, von denen eine ungerade Anzahl grüner

Kanten ausgehen, rot umrandet. Die roten Kanten sind ein minimales Matching dieser vier Knoten."

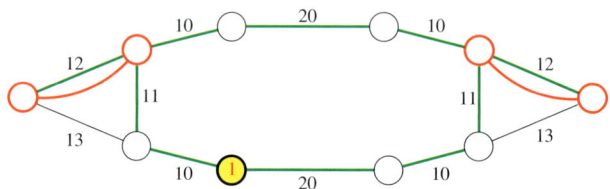

„Wieso tun wir das?"

„Aus dem gleichen Grund wie beim Chinesischen-Postbo-ten-Problem. Nehmen wir nämlich die Matchingkanten zu den Kanten des 1-Baums hinzu, dann haben alle Knoten geraden Grad. Nach dem Satz von Euler gibt es somit einen Eulerkreis durch die Kanten dieses Teilgraphen."

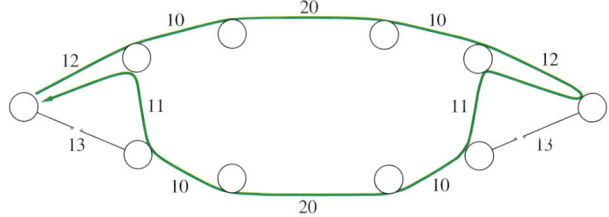

„Jetzt 'verwursten' wir wohl alles, was du uns schon vorher erzählt hast."

„Das könnt ihr ruhig so sehen."

„Aber wir suchen doch einen Kreis minimaler Länge durch alle Knoten und nicht durch alle Kanten. Wozu dann Eulerkreise?"

„Der so konstruierte Eulerkreis ist *kein* Kreis durch alle Kanten des Graphen. Wir durchlaufen nur die Kanten des 1-Baums und des Matchings. Es ist sozusagen eine mi-nimale Chinesische-Postboten-Tour durch die Kanten des 1-Baums. Da der 1-Baum alle Knoten des Graphen ver-bindet, durchläuft man mit dem so erzeugten Eulerkreis alle Knoten. Die Länge dieses Eulerkreises ist dabei höchstens um 50 Prozent größer als die Länge der kürzesten Rundreise."

„Das ist bestimmt schwer nachzuweisen, oder?"

„Nein, gar nicht! Wir wissen doch, dass die Kanten des 1-Baums insgesamt höchstens so lang sind, wie die der minimalen TSP-Tour."

„Ja, deshalb war der minimale 1-Baum eine untere Schranke fürs TSP."

„Da der Eulerkreis gerade aus diesem 1-Baum und den Kanten des Matchings besteht, müssen wir nur noch zeigen, dass die Kanten minimaler Matchings insgesamt höchstens halb so lang sein können wie die minimale Rundreise."

„Verstehe. Der minimale 1-Baum kann höchstens so lang wie die Tour sein und das Matching höchstens halb so lang. Zusammen ist der Eulerkreis also höchstens eineinhalbmal so lang wie die optimale Tour."

„Exakt. Das minimale Matching kann aber deswegen nicht länger als 50 Prozent einer optimalen Rundreise sein, weil wir aus jeder TSP-Tour, also auch aus einer minimalen, zwei Matchings der Knoten ungeraden Grads *des minimalen 1-Baums* erzeugen können. Hier habe ich diese Knoten noch mal rot umrandet und dann die optimale Tour in einen grünen und einen gelben Teil zerlegt. Dabei wechselt die Farbe der Tour immer zwischen gelb und grün, wenn man einen der roten Knoten durchläuft. Das sind ja die, die wir 'paaren' wollen:"

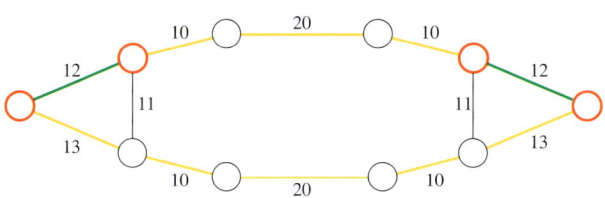

„Aber die gelben Kanten bilden doch gar kein Matching."

„Nein, aber wir erhalten eins, indem wir die beiden gelben Wege durch die direkten Verbindungskanten ihrer Endknoten ersetzen:"

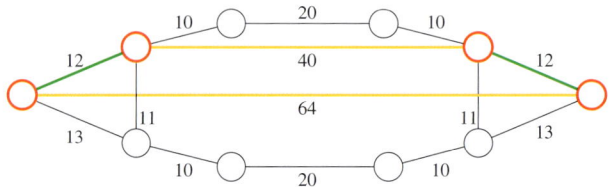

„Wenn der Graph allerdings eine ungerade Anzahl von Knoten hat, geht diese Aufteilung in zwei Matchings doch nicht auf."

„Die Knotenzahl des Graphen spielt hierbei keine Rolle. Die zu matchenden Knoten sind doch gerade die Knoten ungeraden Grads des 1-Baums ... "

„ ... und die Anzahl der Knoten ungeraden Grads ist immer gerade."

„Ach ja, unser Induktionsbeweis. Woher wissen wir denn, dass das minimale Matching höchstens halb so lang wie die minimale Tour ist?"

„Wir haben zwei Matchings konstruiert: Die grünen Kanten sind eines und die gelben ein anderes. Beide zusammen sind höchstens so lang wie die optimale Tour, da sie durch 'Abkürzen' aus dieser entstanden sind. Wenn aber beide zusammen nicht länger als die optimale Tour sind, dann kann das kürzere Matching, das ist bei uns das grüne, nicht länger als die Hälfte der Tour sein."

„Klar! Sonst wären beide Matchings länger als die halbe Tour, und somit zusammen länger als die gesamte Tour."

„Wenn nun aber das kürzere dieser beiden Matchings schon nicht länger als 50 Prozent einer minimalen TSP-Tour sein kann, dann kann natürlich auch kein minimales Matching länger sein."

„Logisch, sonst wäre es nicht minimal."

„In unserem Beispiel ist das grüne Matching bereits selber optimal."

„Die Kanten des 1-Baums sind also insgesamt höchstens so lang wie eine optimale Tour, und die Kanten des Matchings sind höchstens halb so lang. Dann ist der Eulerkreis durch diese Kantenmenge insgesamt also höchstens 1,5-mal so lang wie die optimale Tour."

„Genau. Wir machen also höchstens einen Fehler von 50 Prozent. In unserem Beispiel sind es tatsächlich nur etwas mehr als 15 Prozent, also viel weniger."

„Können wir nicht dort, wo der Eulerkreis einen Knoten mehrmals besucht, über die direkte Verbindung der Knoten den Weg abkürzen?"

„Sehr gute Idee, Ruth! Das ist der letzte Schritt des Algorithmus von Christofides. Da die direkten Verbindungen zwischen zwei Knoten immer die kürzesten sind, brauchen wir keinen Knoten mehr als einmal zu besuchen. In unserem Graphen können wir den konstruierten Eulerkreis durch die beiden roten Pfeile verkürzen … "

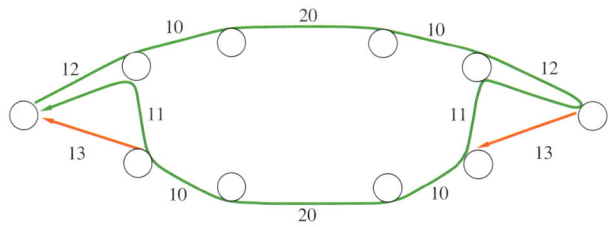

„ … und erhalten dann sogar die optimale Tour! Der Algorithmus funktioniert also viel besser als garantiert."

„Ja, hier schon, aber es gibt Graphen, für die der Fehler annähernd bei 50 Prozent liegt. Wenn ihr wollt, zeige ich euch so einen Graphen. Zur Übersicht ist hier erst mal der vollständige Algorithmus:"

Input: Vollständiger Graph $G = (V, E)$, mit Kantengewichten, so
          dass die direkte Verbindung zwischen zwei Knoten
          immer minimal ist.

Output: Rundreise, die maximal 1,5 mal so lang wie die optimale
          TSP-Tour ist.

1. Schritt: Bestimme einen minimalen 1-Baum B in G
2. Schritt: Bestimme ein optimales Matching M der Knoten
          ungeraden Grads in B
3. Schritt: Bestimme einen Eulerkreis durch die Kanten von B
          und M
4. Schritt: Wird ein Knoten beim Durchlaufen eines Eulerkreises
          erneut besucht, dann ersetze die hinein- und die heraus-
          laufende Kante durch die direkte Verbindung der zuge-
          hörigen Knoten.
          Wiederhole dieses so lange wie möglich.

„Den drucke ich mir gleich aus. Und nun zu deinem 150 Prozent Beispiel."

„Seht euch diesen Graphen hier an."

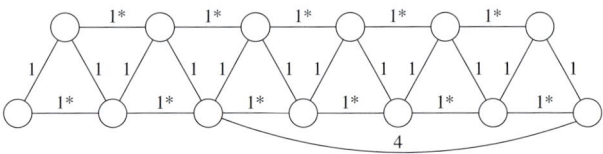

„Sieht fast aus wie eine Eisenbahnbrücke. Was bedeuten denn die Sternchen an den Einsen der waagerechten Kanten?"

„Die sollen bedeuten, dass das Gewicht dieser Kanten ein ganz klein wenig größer als 1 ist. So wenig wie ihr wollt. Die optimale Tour führt wieder außen herum; ihre Länge ist $2 + 11 \cdot 1^*$. Da 1^* ja ungefähr 1 ist, sind das also ungefähr 13 Einheiten."

„Okay, und was passiert, wenn wir den Christofides-Algorithmus anwenden?"

„Wir konstruieren zunächst einen minimalen 1-Baum. Dazu müssen wir als Erstes einen Extraknoten wählen. Ich habe mich für den zweiten von links in der oberen Reihe entschieden. Diesen Knoten müssen wir mit samt der Kanten, die von ihm ausgehen, vorübergehend aus dem Graphen streichen. Für den Restgraphen bestimmen wir einen minimalen Spannbaum. Da 1* größer als 1 ist, wählen wir Kanten der Länge 1* nur, wenn keine mit Gewicht 1 mehr verfügbar ist. Fügen wir am Ende den Extraknoten wieder ein und verbinden ihn über zwei kürzeste Kanten mit dem minimalen Spannbaum, so erhalten wir einen minimalen 1-Baum der Länge $12 + 1^*$. Der minimale 1-Baum hat also selber schon eine Länge von ungefähr 13."

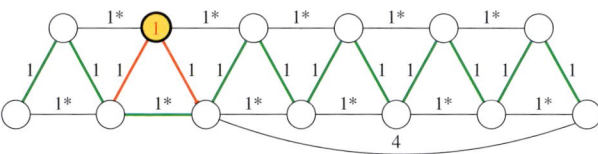

„Und wenn wir einen anderen Knoten zum Extraknoten machen …"

„… erhalten wir trotzdem einen minimalen 1-Baum der ungefähr 13 Einheiten lang ist."

„Als Nächstes kommt dann das Matching der Knoten ungeraden Grads hinzu, oder?"

„Genau. Die Knoten ungeraden Grads sind in unserem 1-Baum die ersten drei und der letzte in der unteren Reihe. Das minimale Matching dieser Knoten hat Länge $4 + 1^*$:"

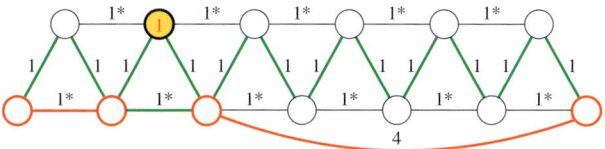

„Macht insgesamt für 1-Baum und Matching zusammen $16 + 2 \cdot 1^*$, also ungefähr 18."

„Wir können im letzten Schritt des Algorithmus aber noch nach Abkürzungen für die mehrfach besuchten Knoten suchen."

„Richtig. Wir erhalten schließlich eine Tour der Länge $12 + 4 \cdot 1^*$:"

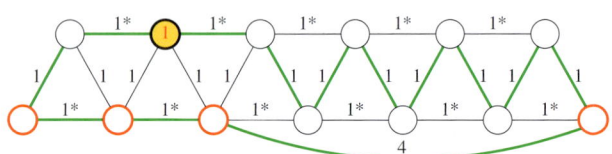

„Dann ist die optimale Tour also ungefähr 13 und die nach Christofides ungefähr 16 Einheiten lang. $1,5 \cdot 13$ ist aber 19,5 und nicht 16. Die Christofides-Tour ist wieder nicht 1,5 mal so lang wie die optimale."

„Du hast Recht, aber ich sagte ja schon, dass die 150 Prozent nur annähernd erreicht werden. Stellt euch vor, dass wir den gleichen Graphen noch einmal konstruieren, nur mit $n + 1$ Knoten in der unteren Reihe und mit n Knoten in der oberen:"

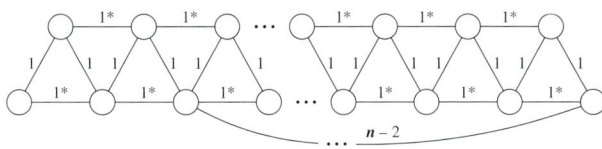

„Und dann ... "

„ ... führen wir den Christofides-Algorithmus durch und erhalten diese Tour:"

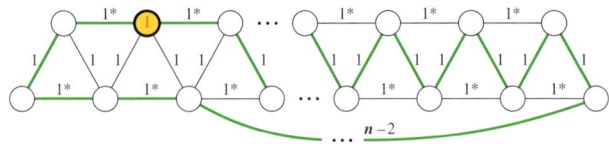

„Jetzt ist das Verhältnis 1,5?"

„Überprüfen wir's gleich. Die optimale Tour, außen herum, hat eine Länge, die nur wenig größer ist als $2n + 1$. Der minimale 1-Baum ist ebenfalls ungefähr $2n + 1$ Einheiten lang und das Matching der Knoten ungeraden Grads $n - 1$ Einheiten. Am Ende können wir wieder durch Abkürzen knapp 2 Einheiten einsparen. Insgesamt hat die Christofides-Tour also eine Länge von etwa $3n - 2$. Je größer nun die Anzahl n der Knoten wird, umso näher kommt das Verhältnis der Zahlen $3n - 2$ und $2n + 1$ dem Wert 1,5. Für $n = 10$ ist es etwa 1,333, für $n = 100$ schon etwa 1,483 und für $n = 1000$ circa 1,498."

„Aber wirklich erreicht werden die 150 Prozent nie?"

„Nein, aber man kommt beliebig nahe an sie heran."

„Gibt es denn keine Algorithmen, für die ein kleinerer Fehler garantiert ist?"

„Nein, der Christofides-Algorithmus ist der beste bekannte. Nur wenn man weitere Voraussetzungen an die Kantengewichte stellt, gibt es effiziente Algorithmen mit besseren Vorab-Gütegarantien."

„Schön, damit ist meine Frage nach den Gütegarantien beantwortet. Das passt gut, weil ich jetzt nach Hause muss; Lukas wartet bestimmt schon."

Nachdem Jan gegangen war, beeilte sich Ruth, einen Kuchen für das Sommerfest zu backen. Sie war zwar keine begeisterte 'Bäckerin', aber die anderen Mädchen des so genannten Organisationsteams hatten leider keinerlei Einspruch erhoben, als es hieß, das sei Frauensache. Da der Erlös aus dem Verkauf der Kuchen jedoch in die Leihbibliothek der Schule fließen sollte, hatte Ruth sich nicht lange aufgeregt.

Beim Essen unterhielten sie sich über die geplanten Urlaubsaktivitäten. Ruth freute sich auf Frankreich, obwohl sie Jan jetzt schon vermisste. Während ihre Mutter Nachrichten sah, verschwand Ruth in ihrem Zimmer und begann zu überlegen, was sie alles mitnehmen wollte. Am liebsten hätte sie auch Vim eingepackt, aber ihren Computer würde sie nicht ohne weiteres ins Auto schmuggeln können.

Ruth hätte beinahe verschlafen, weil sie vergessen hatte, ihren Wecker zu stellen. Zum Glück war Mama rechtzeitig aufgestanden.

Papa hatte am Abend noch angerufen. Er würde am Samstag gegen Mittag zurückkommen, so dass sie erst am Sonntag nach Frankreich aufbrechen würden. Dadurch ging zwar ein Tag verloren, aber so konnte Papa gleich mitkommen. Ruth hatte gegen diese Verzögerung nichts einzuwenden, denn so blieb ihr ein Tag mehr mit Jan. Hoffentlich hatte der für Samstag nichts geplant.

Der Unterricht war noch lockerer als in den letzten Tagen. Sogar Herr Laurig war gut gelaunt und stellte nur noch einige wenige Denksportaufgaben.

Um zwei Uhr begann das Sommerfest. Ruth und Jan hatten nach dem Unterricht noch bei den letzten Vorbereitungen geholfen. Während des Fests selbst waren sie für je eine Stunde an verschiedenen Ständen eingeteilt worden. Als Ruth ihre Schicht fast hinter sich hatte, kam Jan mit einem nagelneuen Fußball unterm Arm zu ihr. Den hatte er beim Torwandschießen gewonnen und war ziemlich stolz. Ruth schmunzelte. Was für ein Held!

Kurz danach ging ein heftiger Wolkenbruch nieder, der das Sommerfest ziemlich abrupt beendete. Die meisten gingen sofort nach Hause. Nur wenige blieben, darunter Jan, um beim Aufräumen zu helfen. Ruth musste gleich zum Schwimmtraining. Sie hatte zwar daran gedacht, das Training sausen zu lassen, um nichts vom Sommerfest zu verpassen, allerdings war sie schon letzte Woche nicht beim Training gewesen.

Am Freitag gab es Zeugnisse. Ruth war zufrieden mit ihrem. Dass sie nicht überall spitze war, hatte sie schon vorher gewusst.

Als um kurz nach zehn das Schuljahr zu Ende war, ging Jan schnell nach Hause, um seinen Eltern das Zeugnis zu zeigen. Anschließend radelte er zu Ruth, die gerade Vim gestartet hatte.

„Hallo Jan! Wie war euer Sommerfest?"

„Bis zum großen Regen ganz nett. Aber dann sind alle geflüchtet."

„Sag' mal, Vim, was tut man denn beim Rundreiseproblem, wenn man mit den gefundenen Schranken nicht zufrieden ist? Wir haben doch gestern selbst für kleinere Graphen nur mit Hilfe der 1-Bäume und der Heuristiken nicht sicher sagen können, ob die gefundenen Touren optimal waren. Andererseits hast du uns aber für das relativ große Bohrer-Problem eine optimale Tour gezeigt. Da muss man bestimmt ganz andere Verfahren anwenden, oder?"

„Tja, wenn wir mit effizienten Verfahren nicht mehr weiter kommen, müssen wir uns auf das 'glatte Parkett' der explosiven Algorithmen einlassen und hoffen, dass wir eine optimale oder zumindest eine befriedigende Lösung finden, bevor uns die Au's der kombinatorischen Explosion um die Ohren fliegen."

„Verstehe ich nicht."

„Lasst uns mal dieses Beispiel zu Hilfe nehmen:"

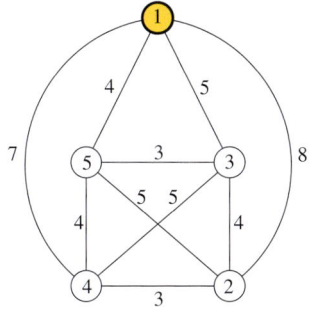

„Der Graph sieht ja fast aus wie das Haus vom Nikolaus."

„Okay, nennen wir ihn einfach den Nikographen. Unser Nikograph ist ein vollständiger Graph mit 5 Knoten. Diese habe ich von 1 bis 5 durchnummeriert."

„Ach so. Ich dachte schon, das wären Abstandsmarken oder Knotengrade in den Knoten. Aber die wären ja total falsch gewesen."

„Die Zahlen an den Kanten sind wieder Gewichte. Wie wir aus unserer Tabelle von gestern wissen, gibt es in diesem Graphen $\frac{1}{2}(5-1)!$, also 12 Rundreisen. Diese 12 Touren wollen wir nun systematisch aufzählen. Dafür gibt es viele verschiedene Möglichkeiten. Sehen wir uns eine mal an. Wir beginnen beim Knoten 1. Bei einer Tour ist es ja egal, wo man anfängt. Wie könnte es weiter gehen?"

„Entweder wir gehen von 1 nach 2 oder nach 3, 4 oder 5."

„Richtig. Stellen wir das so dar:"

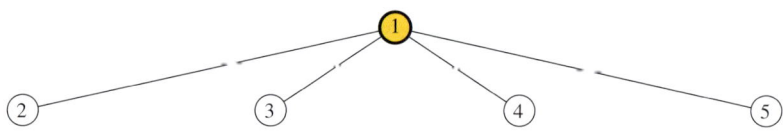

„Von Knoten 2 könnten wir dann weiter zu Knoten 3, 4, oder 5; nur noch nicht zurück zu 1."

„Genauso geht das auch weiter, wenn wir von Knoten 1 zuerst zu einem der anderen Knoten gelaufen sind. Tragen wir das alles in unsere Abbildung ein, so entwickelt sich langsam ein Baum:"

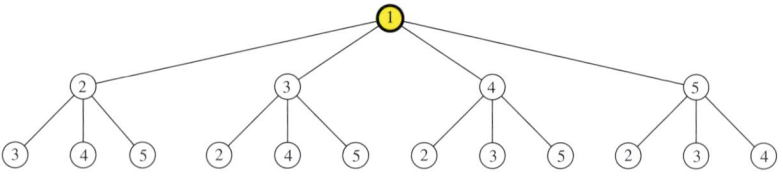

„Und wozu soll das gut sein?"

„Nun können wir etwa ganz links in unserem Baum wieder unterscheiden, ob wir von Knoten 3 weiter zu Knoten 4 oder zu Knoten 5 laufen. Danach bleibt dann jeweils nur noch der andere dieser beiden Knoten übrig. Den besuchen wir zuletzt, bevor wir zurück zu Knoten 1 laufen. Führen wir die letzte Fallunterscheidung überall durch, erhalten wir diesen Baum, der nun alle möglichen Touren enthält:"

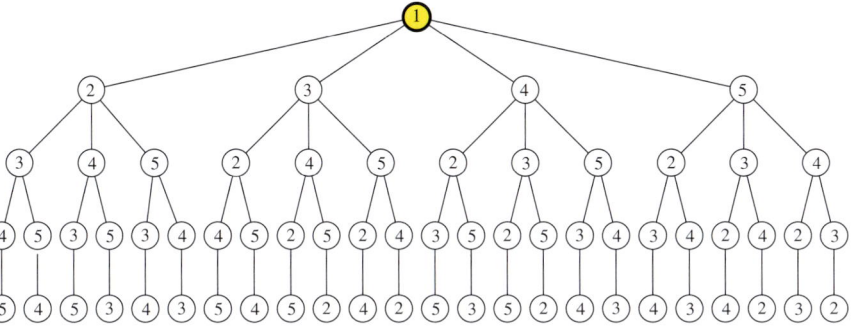

„Die Touren im Nikographen entsprechen also den Wegen von Knoten 1 bis in die unterste Schicht des Baumes."

„Ja, ein Weg von der Wurzel 1 in eins der Blätter entspricht gerade allen Kanten einer Rundreise; nur die letzte zurück zu Knoten 1 ist nicht eingetragen."

„Die Wurzel oben und die Blätter unten? Soll das 'ne Hängepflanze sein?"

„Wenn es dir lieber ist, kannst du den Baum auch andersherum zeichnen; darauf kommt es nicht an."

„Also gut. Mit deiner Fallunterscheidung listest du nach und nach alle Touren auf. Aber hier sind es doch 24 und nicht 12."

„Weil wir alle Touren doppelt haben! Zum Beispiel die Rundreise ganz links, 1, 2, 3, 4, 5 und zurück nach 1, ist ja die gleiche wie die ganz rechts, 1, 5, 4, 3, 2, und zurück nach 1; bloß mit entgegengesetztem Umlaufsinn."

„Du hast wirklich einen scharfen Blick. Jetzt erkenne ich es auch."

„Bei unserer Auflistung haben wir nicht darauf geachtet, dass zum Beispiel jede Tour, die die Kante von 1 nach 5 enthält auch eine weitere Kante von 1 zu einem der Knoten 2, 3 oder 4 enthalten muss. Der ganze rechte Ast mit dem Knoten 5 an der Spitze ist also nur eine Wiederholung von Touren, die wir schon hatten. Löscht man alle doppelten Touren, erhält man einen kleineren Baum mit lediglich 12 Blättern. Dieser Baum wird übrigens auch als *Branching* bezeichnet."

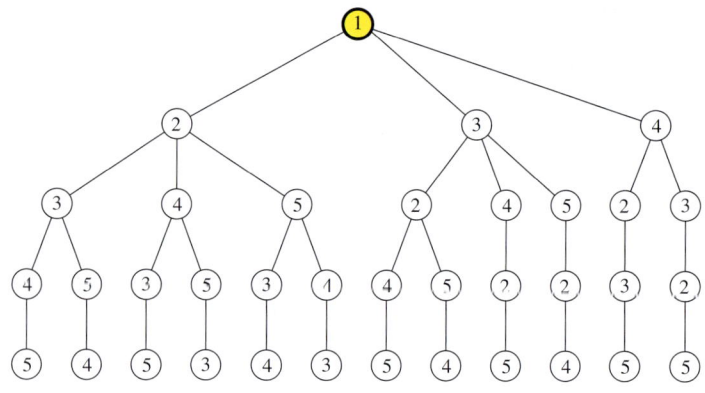

„Lass mich raten: aus dem Englischen?"

„Ja, 'to branch', bedeutet 'verzweigen'."

„Du willst doch nicht wirklich alle Touren der Reihe nach durchgehen, um zu testen, welche am kürzesten ist! Für größere Graphen schaffen das nicht einmal die besten Computer der Welt; hast du uns selbst erklärt. Da kann es doch keine Rolle spielen, in welcher Weise wir die Touren auflisten, oder?"

„Nicht unbedingt, denn jetzt kommen unsere Schranken wieder ins Spiel. Stell' dir vor, wir hätten bereits irgendeine Tour gefunden, sagen wir, damit es schnell geht, mit der Nächsten-Nachbar-Heuristik, eine der Länge 21:"

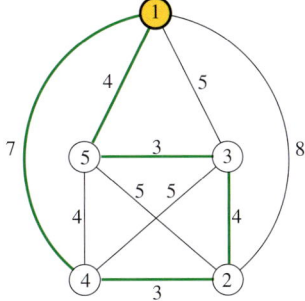

„Wozu? Auch diese Tour muss doch in unserem Branching vorkommen, und dann erreichen wir sie sowieso irgendwann."

„'Schaun mer mal', wie Kaiser Franz sagen würde. Zunächst bestimmen wir wieder eine untere Schranke, zum Beispiel mit Hilfe eines minimalen 1-Baums. Ich hatte den Extraknoten in weiser Voraussicht schon eingefärbt:"

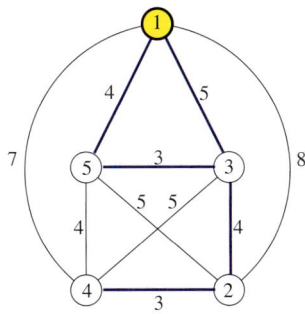

„Uff, noch mehr Vorarbeit!"

„Ja, lohnt sich aber! Dieser minimale 1-Baum hat Gesamtlänge 19. Hätte er Länge 21, wüssten wir sofort, dass unsere Nächste-Nachbar-Tour optimal ist und wären bereits fertig."

„Klar! Wenn die untere Schranke gleich der oberen ist, haben wir das Optimum gefunden. Allzu oft dürfte das allerdings kaum vorkommen."

„Einverstanden. Daher starten wir jetzt unser Branching. Untersuchen wir zunächst alle Touren, die die Kante von Knoten 1 nach Knoten 2 enthalten, so ergeben sich genau die Rundreisen im linken Zweig des Branchings:"

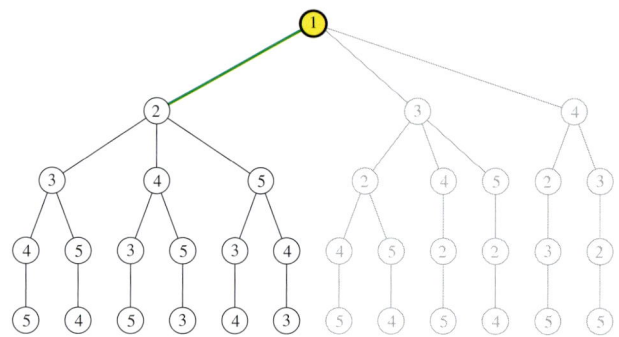

„Okay. Das sind die Touren, für die die Kante von 1 nach 2 fest vorgeschrieben ist."

„Für alle diese Touren können wir erneut einen minimalen 1-Baum bestimmen, in dem aber die Kante von 1 nach 2 fixiert ist. Wir erhalten den Wert 22:"

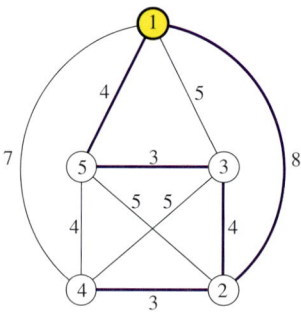

„Der ist aber länger als die Nächste-Nachbar-Tour!"

„Stimmt. Da uns der minimale 1-Baum untere Schranken für die Längen aller Touren in diesem Ast liefert, wissen wir also, dass jede Rundreise, die die Kante zwischen Knoten 1 und 2 enthält, mindestens 22 Einheiten lang sein muss. Wir kennen aber bereits eine Tour der Länge 21. Also brauchen wir in diesem Ast des Branchings nicht weiter nach einer kürzesten Tour zu suchen."

„Das heißt, wir können alles 'löschen', was unterhalb des Knotens 2 im linken Teil deines Branchings liegt? Das ist ja super, der Baum wird viel kleiner."

„Genau. Wenn man jetzt in jedem Teil des Branchings so vorgeht, sieht's folgendermaßen aus:"

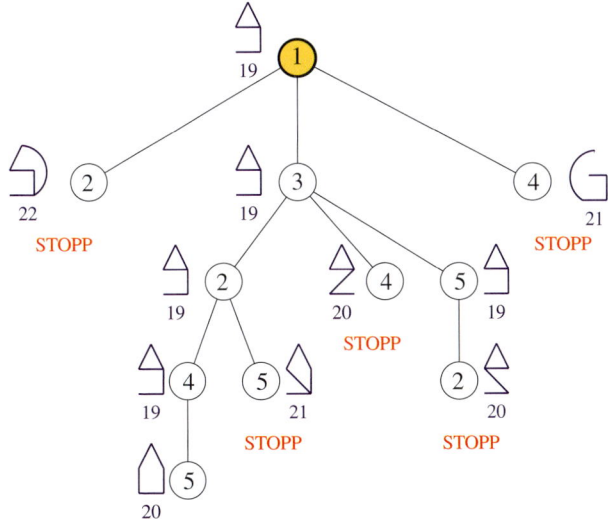

„Die kleinen Nikographen sind ja putzig. Lukas würde sie mögen. Was bedeuten sie denn?"

„Das sind jeweils minimale 1-Bäume. Ganz oben, bei Knoten 1, haben wir noch keine Bedingung an unsere Tour gestellt. Skizziert ist daher der minimale 1-Baum des Nikographen ohne jede Einschränkung. Danach sind wir zunächst in den linken Zweig des Branchings gegangen und stellten fest, dass der minimale 1-Baum mit vorgeschriebener Kante von 1 nach 2 Länge 22 hat. Diesen 1-Baum habe ich neben den Knoten 2 gezeichnet."

„Immer wieder andere 1-Bäume?"

„Ja, und zwar minimale, die alle Bedingungen einhalten, die zu dem Zweig des Baums gehören, in dem sie sich befinden."

„Und da der 1-Baum ganz links schon länger als die Nächste-Nachbar-Tour ist, können wir hier direkt aufhören."

„Deswegen das 'STOPP'!"

„Genau. Hier brauchen wir nicht weiter zu suchen. Stattdessen können wir direkt in den zweiten Zweig übergehen. Der gibt alle Touren an, die die Kante von 1 nach 3, aber nicht die von 1 nach 2 enthalten. In seinem ganzen linken Pfad erhält man bis zum vorletzten Knoten allerdings immer wieder den 1-Baum der Länge 19, auch nach weiteren Einschränkungen, etwa dass die Kante von 3 nach 2 dazu gehören muss. Daher können wir nirgends abschneiden und müssen bis ganz nach unten laufen. Der vollständige Pfad entspricht der Rundreise 1, 3, 2, 4, 5 und zurück nach 1, und die hat Länge 20."

„Und ist damit besser als die Nächste-Nachbar-Tour."

„Richtig. Wir wissen jetzt, dass die kürzeste Rundreise höchstens 20 Einheiten lang ist. Daher können wir im restlichen Branching ab jetzt auch dann stoppen, wenn wir keinen minimalen 1-Baum erhalten, der kürzer als diese 20 Einheiten ist."

„Wie uns die vielen 'STOPPs' im restlichen Branching zeigen, ist die 20er Rundreise optimal. Geht ja ziemlich flott."

„Allerdings kann es auch schlechter laufen, schließlich ist das Problem NP-schwer. Es kommt entscheidend auf die unteren und oberen Schranken an. Nur wenn die gut sind, kann man das Branching genügend beschneiden. Dieses Verfahren nennt man *Branch-and-Bound*. Man überlegt sich also zunächst eine vernünftige Branching-Regel und versucht dann, mit guten 'Bounds' das Branching so weit wie möglich zu beschneiden, um möglichst wenig berechnen zu müssen. Dabei kann man sich natürlich auch andere Regeln für die Verzweigung einfallen lassen."

„Andere Regeln? Unsere war doch gar nicht schlecht."

„In der Praxis benutzt man meist Branching-Strategien, die erst während der Algorithmus läuft, entscheiden, wie sie weiter verzweigen. Wenn man minimale 1-Bäume als untere Schranken verwendet, bietet es sich an, einen Knoten des 1-Baums vom Grad 3 oder größer zum Verzweigen zu benutzen."

„Meinst du, der Algorithmus schaut erst, wie der minimale 1-Baum aussieht, und entscheidet dann, wie er die Verzweigung wählt?"

„Genau. In einer Rundreise darf es ja keinen Knoten mit Grad 3 oder größer geben. Die Idee der Branching-Regel ist, dass keiner der Zweige den vorher gefundenen minimalen 1-Baum mehr enthält, falls dieser nicht bereits eine Tour ist. Gleichzeitig darf natürlich keine Rundreise verloren gehen. So kann man hoffen, immer bessere untere Schranken zu bekommen. Am besten sehen wir uns das an unserem Beispiel an. Hier ist noch mal der minimale 1-Baum des Nikographen. Knoten 3 hat als einziger Grad 3; mit ihm werden wir unser Branching bestimmen. Den Rest des Graphen habe ich daher etwas schwächer gezeichnet."

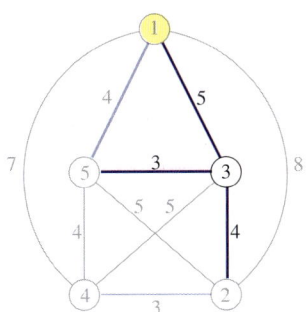

„Jetzt wollen wir so verzweigen, dass dieser 1-Baum nicht mehr vorkommen kann?"

„In Knoten 3 münden die Kanten von den Knoten 1, 2 und 5. In jeder Rundreise können aber nur zwei Kanten durch diesen Knoten laufen. Wir 'branchen' daher etwa nach diesen drei Fällen. Fall 1: Die Kante von 1 nach 3 ist nicht enthalten; Fall 2: Diese Kante gehört fest dazu, aber nicht die Kante von 5 nach 3; Fall 3: Sowohl die Kante von 1 nach 3 als auch die von 5 nach 3 sind in der Rundreise enthalten. Im letzten Fall kann natürlich in keiner Tour eine weitere Kante von Knoten 3 ausgehen. Zeichnen wir die Kanten, die fest vorgeschrieben sind, grün, und die, die nicht mehr enthalten sein dürfen, rot, dann erhalten wir dies hier:"

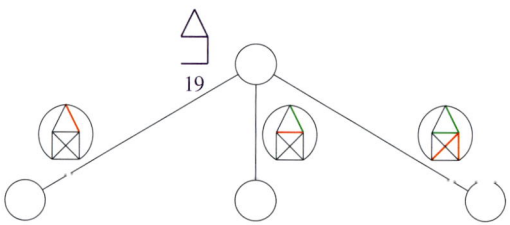

„Aha. Der minimale 1-Baum kann in keinem der drei Zweige enthalten sein. Eine der drei Kanten, die vom Knoten 3 ausgingen, ist ja immer verboten. Sind denn wirklich noch alle Touren möglich?"

„Alle! Sucht euch eine aus, und ich zeige euch in welchem Zweig sie ist."

„Wie wäre es mit der Tour durch 1, 3, 2, 4, 5 und zurück nach 1?"

„Die enthält die Kante von 1 nach 3, aber nicht die von 5 nach 3, liegt also im mittleren Zweig."

„Und 1, 2, 3, 4, 5 und zurück nach 1?"

„Da fehlt die Kante von 1 nach 3. Die Tour gehört zum ersten Zweig."

„Okay. Du hast gewonnen. Und wie geht's weiter?"

„Jetzt bestimmen wir die minimalen 1-Bäume in jedem der drei Äste … "

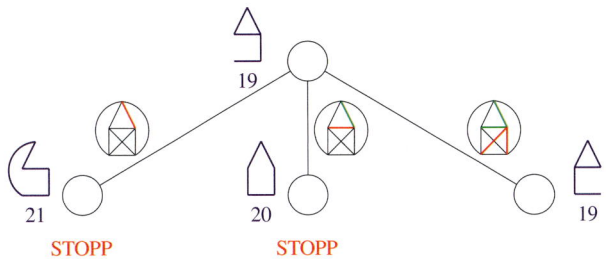

„ … die sich alle von unserem alten minimalen 1-Baum unterscheiden müssen."

„Richtig. Wir haben unsere Branching-Strategie ja extra so gewählt. Im linken Ast ergibt sich jetzt ein minimaler 1-Baum der Länge 21, der auch eine Rundreise ist. Wir haben also für diesen Zweig eine optimale Tour gefunden, das heißt unter der Nebenbedingung, dass die rote Kante von 1 nach 3 verboten ist."

„Wieso?"

„Da die Rundreise in diesem Zweig ein minimaler 1-Baum ist, stellt sie eine untere Schranke dar … "

„ … und da jede Tour automatisch eine obere Schranke ist, stimmen obere und untere Schranke überein … "

„ … und daher ist die Tour für diesen Zweig optimal. Kapiert!"

„Wir können hier also stoppen und zum nächsten Ast wechseln. Dort erhält man ebenfalls eine Tour, diesmal der Länge 20. Auch hier kann man sofort aufhören. Bleibt nur noch der rechte Zweig, in dem sich leider wieder ein minimaler 1-Baum der Länge 19 ergibt, aber ein anderer!"

„Dann müssen wir also noch mal branchen."

„Ja, diesmal ist Knoten 5 vom Grad 3. Daher habe ich ihn in der Skizze hervorgehoben:"

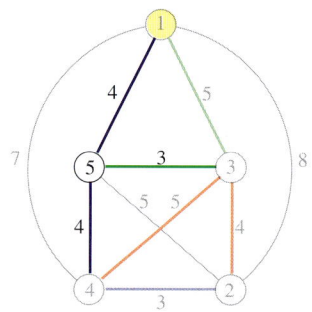

„Ganz schön bunt! Wenn ich's richtig verstanden habe, besteht der 1-Baum aus den beiden grünen und den drei blauen Kanten. Die grünen müssen ja in jeder Rundreise dieses Branching-Asts dabei sein."

„Genau. Da also die grüne Kante von 3 nach 5 bereits fest vorgeschrieben ist, müssen wir nur noch dafür sorgen, dass die beiden blauen Kanten von 1 nach 5 und von 4 nach 5 nicht gleichzeitig gewählt werden."

„Klar! Damit schließen wir wieder den gerade gefundenen 1-Baum für das weitere Branching aus, verlieren aber keine einzige Tour dieses Zweigs."

„Wir können also danach verzweigen, ob die Kante von 4 nach 5 enthalten ist oder nicht. Falls sie enthalten ist, schließen wir jede weitere Kante bei Knoten 5 aus, außer der von 3 nach 5. Der Rest des Branchings sieht dann so aus:"

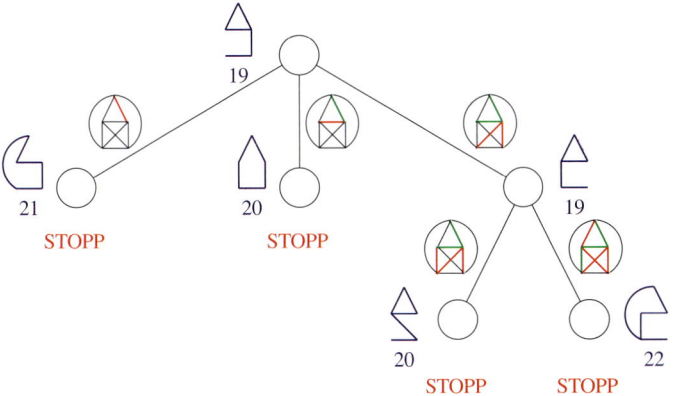

„Ah, verstehe. In beiden Zweigen erhält man nun minimale 1-Bäume, die nicht kürzer als unsere gefundene Tour sind, und damit können wir in beiden Fällen abbrechen."

„Erhält man mit Hilfe der 1-Bäume und der Nächsten-Nachbar-Heuristik immer Schranken, die gut genug sind?"

„Nein. Für die richtig großen Probleme muss man wesentlich bessere Methoden entwickeln. Man kann mit verschiedenen Heuristiken experimentieren, um eine gute Startlösung zu bekommen, und natürlich würde man nicht nur gute Konstruktions- sondern auch gute Verbesserungsheuristiken benutzen. Genauso wichtig sind allerdings die unteren Schranken. Die Klasse der 1-Bäume ist da im Allgemeinen etwas zu groß, und man versucht, mit mehr Aufwand bessere Schranken zu generieren. Das führt dann in die *polyedrische Kombinatorik*."

„Polyedrische Kombinatorik? Hört sich abgefahren an! Hm, irgendwie riecht es hier plötzlich so gut!"

„Stimmt, ich glaube, das Mittagessen ist fertig. Sollen wir schon mal runter gehen?"

„Ja komm, wir helfen beim Tischdecken."

„Nach dem Essen erzählst du uns dann was über diese polyedrische Kombinatorik, ja? Klingt unheimlich gebildet!"

Der feine Duft kam tatsächlich aus der Küche, genauer gesagt aus dem Backofen. Ruths Mutter hatte einen Auflauf vorbereitet und wie immer mit besonders viel Käse überbacken. Jan liebte Käse, und den Auflauf fand er köstlich. Ruths Mutter freute das, denn sie hatte nichts von Jans Vorliebe gewusst. Ruth wiederum war glücklich, dass Mama und Jan sich so gut verstanden.

Nach dem Essen saßen sie noch eine Weile zusammen und unterhielten sich über das vergangene Schuljahr und die Sommerferien. Ruth überlegte laut, ob Jan und sie nicht am Tag vor ihrer Abreise noch einen kleinen Ausflug machen könnten. Morgen kam allerdings Papa zurück, und packen musste sie auch noch. Ihre Sachen könnte sie schon heute Abend zusammen suchen, meinte ihre Mutter. Außerdem würde Papa nach seiner Ankunft sowieso erst mal erschöpft ins Bett fallen.

Also planten sie einen Fahrradtrip zum Starnberger See. Schwimmen, flanieren, vielleicht ein bisschen Bootfahren, schlug Ruth vor und fand die Vorstellung, dass Jan sie über den See rudern könnte, sehr romantisch.

„Wann musst du denn mit dem Packen anfangen? Kann ich dir helfen oder störe ich?"

„Wir haben noch genug Zeit! Auch für diese polyedrische Kombinatorik."

„Dann lass uns gleich weiter machen."

„Hallo Vim, wir sind wieder da."

„Schön. Hat's geschmeckt?"

„Toll! Ruths Mutter kocht hervorragend."

„Jan und ich machen Morgen einen Ausflug an den Starnberger See, und danach fahre ich für drei Wochen in die Ferien. Viel Zeit bleibt uns für den Handlungsreisenden leider nicht mehr! Aber das mit der polyedrischen Kombinatorik musst du uns auf alle Fälle noch erzählen."

„Erinnert euch: Die Frage nach der Existenz einer Rundreise hat Hamilton zuerst für die Ecken eines Dodekaeders gestellt. Nun helfen uns in der polyedrischen Kombinatorik ähnliche geometrische Objekte wiederum, untere Schranken für Hamiltonkreise minimaler Länge zu bestimmen."

„Wie meinst du das?"

„Das ist nicht ganz leicht zu erklären, aber ich versuche es, so gut es geht. Schauen wir uns den vollständigen Graphen mit 3 Knoten an. Ich habe die drei Kanten mit a, b und c bezeichnet:"

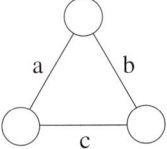

„Der ist aber langweilig!"

„Stimmt. Aber mit ihm kann ich das Prinzip am besten erläutern. Wir ordnen nämlich jeder Teilmenge der Kanten des Graphen eine Liste von Nullen und Einsen zu. Seht euch mal diese Tabelle hier an:"

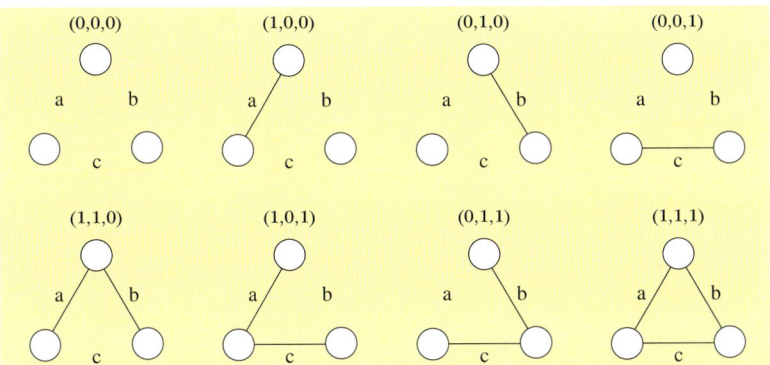

„Nett, also was sagt uns diese Tabelle?"

„Die Tabelle zeigt alle acht möglichen Teilgraphen, angefangen mit dem Graphen ohne Kanten, dann kommen
alle drei mit einer Kante, danach alle mit zwei Kanten und
schließlich der vollständige Graph selber. Jedem dieser
Teilgraphen ist eine Zahlenliste zugeordnet. Und zwar so,
dass sich der erste Eintrag der Liste immer auf Kante a
bezieht, der zweite auf Kante b und der dritte auf Kante c.
Eine 1 in der Liste bedeutet, dass die zugehörige Kante
vorhanden ist, eine 0, dass sie nicht vorhanden ist. Die
Liste (1,0,1) besagt also, dass die Kanten a und c zu diesem
Teilgraphen gehören, die Kante b aber nicht."

„Ah, und (0,1,0) ist gerade der Teilgraph, der nur die
Kante b enthält."

„Genau. Nun können wir die Zahlenlisten aber auch als
Punkte im 3-dimensionalen Raum auffassen. Dann bedeutet (1,0,1), dass man im Koordinatensystem eine Einheit
nach vorne, keine nach rechts und eine nach oben gehen
soll. Und (0,1,0) wäre der Punkt, der 0 Einheiten nach
vorne, eine Einheit nach rechts und 0 Einheiten nach
oben liegt:"

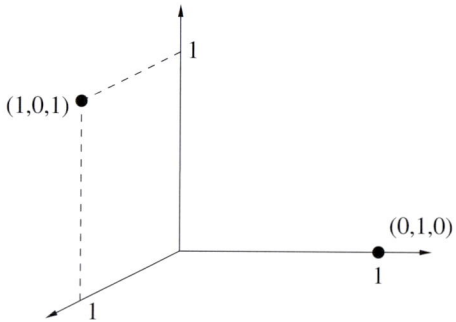

„Aha, jetzt kommen wir den geometrischen Objekten näher."

„Hier habe ich alle acht Punkte im Raum eingezeichnet.
Seht ihr, was sich ergibt?"

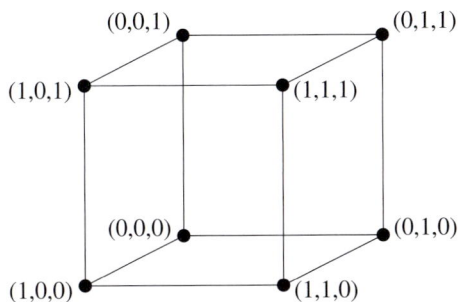

„Klar! Das wird ein Würfel."

„Genau. Verbindet man die acht Punkte in der richtigen Weise, so erhält man einen Würfel:"

„Aha, das meintest du, als du sagtest, dass wir aus Graphen geometrische Objekte machen. Das ist ja sogar ein platonischer Körper!"

„Richtig. Allerdings erhalten wir für Graphen mit 4 Kanten schon einen 4-dimensionalen 'Hyperwürfel' und bei m Kanten entsprechend einen m-dimensionalen Hyperwürfel."

„4-dimensional? m-dimensional? Hyperwürfel? Wie sieht so was denn aus? Das kann sich doch kein Mensch vorstellen!"

„'Hyper' verwendet man manchmal für hochdimensionale Pendants eines bekannten 3-dimensionalen Objekts. Mit Vorstellungskraft kommt man da allerdings nicht sehr weit. Oft kann man aber analog zum 3-dimensionalen arbeiten. Mit Hyperwürfeln beliebiger Dimension kommen Mathematiker ganz gut zurecht."

„'Hyperwürfel' klingt trotzdem schwierig."

„Jetzt verstehe ich auch, warum du mit dem langweiligen 3-Knoten-Graphen angefangen hast."

„ ... weil bei drei Kanten der Würfel in unserem Anschauungsraum liegt. Bei 100 Kanten würden wir einen 100-dimensionalen Hyperwürfel erhalten. Der ist halt weniger 'handlich'."

„100-dimensionale Räume. Echt 'space-ig'!"

„Leider interessieren uns nicht die Hyperwürfel selber, sondern nur der Teil ihrer Ecken, der zu Listen gehört, die eine Rundreise durch alle Knoten beschreiben. Bei unserem Graphen mit 3 Knoten ist das aber nur die Liste $(1,1,1)$. Das zu dieser Liste gehörende geometrische Objekt besteht damit nur aus einem einzigen Punkt. Bei einem vollständigen Graphen mit 4 Knoten entsteht immerhin schon ein Dreieck im 6-dimensionalen Raum, da die 3 Listen $(1,1,1,1,0,0)$, $(1,0,1,0,1,1)$ und $(0,1,0,1,1,1)$ alle Touren des Graphen beschreiben, wenn wir die Kanten wie folgt bezeichnen:"

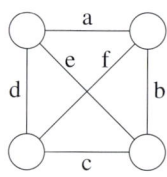

„Ah, 3 Touren ergeben 3 Listen und die wiederum 3 Punkte. Bilden denn 3 Punkte immer ein Dreieck, auch wenn sie in einem 6-dimensionalen Raum liegen?"

„Außer wenn sie alle auf einer Geraden liegen. Es wird jedoch sehr schnell komplizierter. Die 12 Touren im vollständigen Graphen mit 5 Knoten bilden bereits die Ecken eines 5-dimensionalen Objekts im 10-dimensionalen Raum."

„Ja, die Aufgabe 'finde eine kürzeste Rundreise' wird also in die Aufgabe 'finde eine minimale Ecke eines zugehörigen Polyeders' übersetzt."

„Daher kommt wohl das 'polyedrisch' in 'polyedrische Kombinatorik', aber was ist denn ein *Polyeder*?"

„Das sind Körper, die flache Seiten besitzen und keine Löcher oder Dellen haben."

„Wie die platonischen Körper?"

„Ja, aber sie müssen nicht so regelmäßig sein. Außerdem existieren sie in beliebigen Dimensionen. Das hier sind zwei mögliche Teilpolyeder des 3-dimensionalen Würfels:"

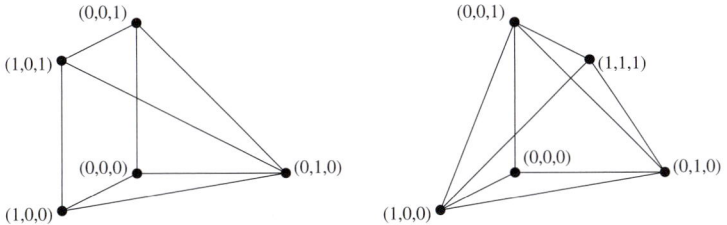

„Irgendwas stimmt da nicht. Wir wissen doch, dass für das Rundreiseproblem unheimlich viele Touren existieren können."

„$\frac{1}{2}(n-1)!$ im vollständigen Graphen mit n Knoten."

„Also können wir die Touren nicht der Reihe nach durchprobieren, weil es viel zu viele gibt."

„Richtig. Die kombinatorische Explosion lässt das nicht zu."

„Wenn wir schon nicht alle Touren angeben können, wie kannst du da allen Ernstes vorschlagen, geometrische Körper, Polyeder, zu benutzen, um das TSP zu lösen, wenn deren Ecken gerade allen Touren entsprechen? Die Polyeder sind doch mindestens genauso kompliziert."

„Stimmt.“

„Stimmt? Mehr hast du dazu nicht zu sagen?“

„Doch, viel mehr! Also, das Rundreiseproblem ist NP-schwer; und es gibt keine Tricks, darum herumzukommen. Erinnert euch daran, dass ein effizienter Algorithmus für ein NP-schweres Problem automatisch effiziente Algorithmen für alle NP-Probleme liefern würde.“

„Dann bringt uns das alles sowieso nichts.“

„Doch. Die polyedrische Kombinatorik ist sehr erfolgreich. Die besten verfügbaren Algorithmen für das Rundreiseproblem und viele andere schwere Probleme beruhen auf diesen Ansätzen. Es gibt nur keine Garantie, dass die kombinatorische Explosion einen nicht doch erwischt.“

„Wie bei einer Heuristik: Oft funktioniert die Methode sehr gut, aber halt nicht immer.“

„Die vielen Ecken der Polyeder sind aber immer noch da!“

„Richtig. Daher brauchen wir eine ‚sparsamere‘ Methode, die Polyeder anzugeben.“

„Verstehe ich nicht. Wenn es nun mal so viele Ecken sind?“

„Schaut euch den Würfel an. Er hat 8 Ecken, aber nur 6 Seiten; und das Dodekaeder hat 20 Ecken und nur 12 Seiten.“

„Du meinst, dass es ein paar weniger Seiten als Ecken sind. Ich sehe allerdings nicht, wie man den Würfel mit Hilfe der Seiten sparsamer beschreiben kann. Das sind doch alles Quadrate mit jeweils 4 Ecken. Wenn man die einzeln aufzählt, wird es ja noch aufwendiger.“

„Stellt euch vor: Ein großer Käse, einer ohne Löcher … “

„Käse? Find' ich prima."

„ ... und mit einem großen Messer wollt ihr aus dem Käse einen Würfel ausschneiden. Wie viele Schnitte braucht ihr?"

„Na, 6 natürlich!"

„Genau, denn so richtig flach ist der ja weder oben noch unten. Also muss an jeder Seite etwas abgeschnitten werden."

„Um auf diese Weise einen Würfel zu erzeugen, brauchen wir die Ecken gar nicht. Daher spielt deren Anzahl auch keine Rolle. Wichtig ist nur die Anzahl der notwendigen Schnitte; und wenn die nicht zu groß wird, ist alles okay."

„Aber 8 Ecken oder 6 Seiten macht doch keinen großen Unterschied."

„Nein, beim 3-dimensionalen Würfel bestimmt nicht. Beim 100-dimensionalen Hyperwürfel schon: Da sind es nämlich

$$2^{100} = 1.267.650.600.228.229.401.496.703.205.376$$

Ecken."

„Puh, 31 Stellen! Das kann sich ja kein Mensch vorstellen! Wie steht's denn mit der Anzahl der Seiten? Das können doch so viel weniger nicht sein, oder?"

„200."

„Nur 200? Das gibt's doch gar nicht!"

„Doch! Wir könnten den 100-dimensionalen Würfel mit 200 Schnitten aus einem 100-dimensionalen Käse herausschneiden."

„Ich liebe Käse ja über alles, aber ob 100-dimensionaler Käse noch schmeckt?"

„Vielleicht, wenn du auch einen 100-dimensionalen Magen hättest … "

„Aus einem großen Käse kann man mit geraden Schnitten alle möglichen Polyeder herausschneiden. Und eine optimale Ecke eines solchen Schnitt-Polyeders lässt sich auch effizient bestimmen."

„Das ist ja verrückt: Wir haben einen netten kleinen Graphen und dem ordnen wir ein irrsinnig hochdimensionales Stück Käse zu. Und dann bestimmen wir eine optimale Rundreise durch den Graphen, indem wir eine optimale Ecke dieses Käsestücks ausfindig machen?"

„Genau so geht es."

„Haben Polyeder denn immer weniger Seiten als Ecken?"

„Nein, erinnert ihr euch noch an das Oktaeder?"

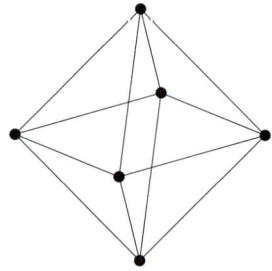

„Ja, das war doch ein anderer platonischer Körper."

„Genau. Davon gibt es auch ein 100-dimensionales Exemplar, das nur 200 Ecken hat, aber 2^{100} Seiten."

„Dann haben wir beim Rundreiseproblem also nur Glück?"

„Glück? Wie meinst du das?"

„Na ja, wenn diese polyedrische Kombinatorik beim Rundreiseproblem funktioniert, dann hat das Rundreise-Polyeder doch bestimmt nur wenige Seiten."

"Seht euch mal diese Tabelle hier an. Sie zeigt die Dimension des Raumes, in dem das Rundreise-Polyeder 'lebt', die Anzahl seiner Ecken und die seiner Seiten. Die rote Zahl ist übrigens nur die Anzahl der *bekannten* Seiten. Vielleicht sind es sogar noch mehr."

	Rundreise-Polyeder		
Knoten	Dimension	Ecken	Seiten
6	15	60	100
7	21	360	3437
8	28	2.520	194.187
9	36	20.160	42.104.442
10	45	181.440	51.043.900.866

"Da kann doch was nicht stimmen! Die Anzahl der Seiten ist hier ja noch viel größer als die der Ecken. Du hast bestimmt die Überschrift vertauscht."

"Nein, das ist völlig korrekt so!"

"Hast du nicht eben gesagt, dass das Rundreise-Polyeder deshalb weiterhilft, weil es nicht zu viele Seiten hat und es daher leicht aus dem Käse ausgeschnitten werden kann?"

"Nein, das hast du vermutet. Leider stimmt es nicht."

"Wieso dann die ganze Geschichte mit dem Würfel und dem Käse, wenn's doch sowieso nicht funktioniert?"

"Mit dem Käse wollte ich euch zeigen, dass ein Polyeder wahnsinnig viele Ecken haben kann und trotzdem nicht schwer 'zu handhaben' ist."

"Schön, aber mit dem Rundreiseproblem hat das nichts zu tun."

"Doch. Das Rundreise-Polyeder hilft uns. Es kann zwar sein, dass wir keine optimale Ecke finden können, denn dafür hat es zu viele Seiten. Um aber gute untere Schranken zu erhalten, braucht man gar nicht alle Seiten."

„Meinst du, dass wir ein paar Käseschnitte weglassen?"

„Genau."

„Aber dann ist das Käsestück doch viel zu groß!"

„Das ist gerade der springende Punkt. Wenn wir es schaffen, mit nur wenigen Schnitten ein Käsestück auszuschneiden, das 'in der Nähe' einer optimalen Ecke 'so ähnlich' aussieht wie das Rundreise-Polyeder, dann erhalten wir eine gute untere Schranke. Wenn unsere Schnitte zu grob sind, dann natürlich nicht."

„Die guten Schranken kann man dann wieder im Branch-and-Bound-Verfahren verwenden?"

„Ja. Mit solchen Methoden können heute schon sehr große Rundreiseprobleme exakt gelöst werden, und die Forschung macht ständig weitere Fortschritte."

„Also, Mathematik ist wirklich nicht leicht!"

„Nein, oft sogar ziemlich schwierig. Der Sieg mit der Schwimmstaffel ist ja auch nur dann schön, wenn die Gegner sehr gut sind."

„Beim Fußball auch!"

„Da du gerade Fußball sagst, ich wollte dir noch was zeigen. Sieh mal, was ich im Netz gefunden habe:"

„Fast so schön wie der, den ich gestern gewonnen habe."

„Also, ich mag ihn lieber so:"

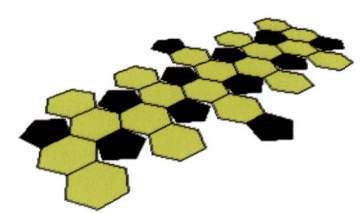

„Nein, wie platt! Vim, du bist doch sicherlich auch Fußball-
Fan, oder?"

„In letzter Zeit spiele ich eher selten, aber wenn du
willst, suche ich dir im Internet gerne etwas über deinen
Lieblingsverein!"

---> # Der Erfolg des
Handlungsreisenden

„Nein, nicht nötig, Vim. Jan weiß alles über seinen heiß geliebten FC Bayern. Erzähl' uns lieber, wer denn bloß auf die Idee gekommen ist, das Rundreiseproblem mit Hilfe von Käseschnitten zu lösen. Bestimmt war's ein Schweizer, oder?"

„Ende der vierziger Jahre wurde das Traveling-Salesman-Problem populär. Dazu trug sicherlich auch der 'nette Name' seinen Teil bei. Entscheidender war aber wohl die enge Verwandtschaft zu Problemen wie dem Zuordnungsproblem oder dem Transportproblem, für die in dieser Zeit viele Ergebnisse erzielt wurden; anders als beim TSP, das offenbar schwieriger war."

„Wie wahr!"

„Der Startschuss zur Attacke auf das TSP war der Anfang eines ganzen Teilgebiets der Mathematik, der *Kombinatorischen Optimierung*. George Dantzig, Ray Fulkerson und Selmer Johnson lösten 1954 ein Rundreiseproblem mit 49 Städten. Unter www.math.princeton.edu/tsp/history.html gibt es eine Abbildung:"

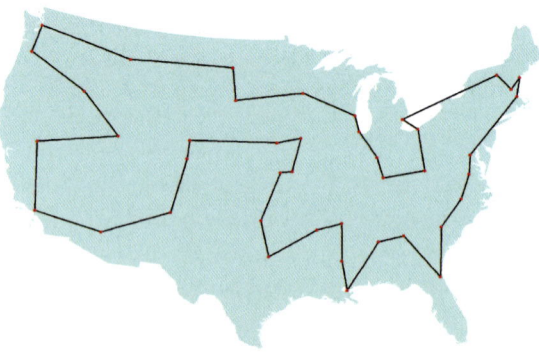

„Ja, genauer gesagt durch 48 Großstädte in den damals noch 48 Bundesstaaten der USA und durch Washington. Ratet mal, welche Methode sie dafür entwickelt haben."

„Keine Ahnung. Irgendwas, wovon du uns schon erzählt hast, nehme ich an."

„Ja, hierfür wurden 'Käseschnitte' für untere Schranken im Branch-and-Bound-Verfahren verwendet. Dantzig war es nämlich auch, der 1947 die erste schnelle Methode entwickelte, optimale Ecken der Käsepolyeder zu bestimmen. Auf seiner Homepage `www.stanford.edu/dept/eesor/ people/faculty/dantzig/` ist ein Foto von ihm:"

„Also auch ein Käseliebhaber?"

„Weiß ich nicht. Jedenfalls eine schillernde Persönlichkeit! Wollt ihr eine hübsche Anekdote über Dantzig hören?"

„Klar!"

„In einer Vorlesung, die George Dantzig während seines Studiums besuchte, schrieb der Professor immer einige Aufgaben an die Tafel, die die Studenten bis zum nächsten Mal lösen sollten. Einmal kam Dantzig etwas zu spät zum Unterricht, aber die Aufgaben standen zum Glück noch an der Tafel. Zu Hause setzte er sich gleich daran, sie zu lösen. Sie schienen ihm etwas schwieriger als üblich, aber schließlich schaffte er es doch."

„Und wo ist die Pointe?"

„Der Professor hatte ausnahmsweise gar keine Hausaufgaben angeschrieben. Es handelte sich diesmal um zwei ungelöste Probleme, an denen sich bisher einige der besten Wissenschaftler die Zähne ausgebissen hatten!"

„Das ist krass! Wahrscheinlich hätte er gar nicht versucht, die Aufgaben zu lösen, wenn er vorher gewusst hätte, wie schwer sie sind!"

„Vielleicht. Zum Glück wusste er es nicht und wurde so schon bald Doktor Dantzig. Zurück zum TSP: Bis 1962 war das Rundreiseproblem schon so populär, dass ‚Procter and Gamble', ein großes amerikanisches Unternehmen, einen TSP-Wettbewerb veranstaltete. Das Poster von damals gibt es auch noch:"

www.math.princeton.edu/tsp/car54_medium.jpg

„10.000 Dollar als erster Preis – nicht schlecht! Da wär' ich gerne dabei gewesen. Wir drei hätten garantiert die optimale Tour gefunden ... "

„49 Städte ist ja noch wenig. Dein Bohrlöcherbeispiel
hatte sehr viel mehr Knoten."

„Richtig. Es dauerte allerdings eine Weile, bis ein deutlich größeres praktisches Problem gelöst werden konnte.
1977 verbesserte Martin Grötschel den Weltrekord auf 120
Knoten, und 1987 bestimmten er und Olaf Holland eine
optimale 'World-Tour' mit 666 Knoten. Die wurde 1990
dann sogar auf einem T-Shirt verewigt:"

„Ah, in 80 Tagen um die Welt!"

„Eher in 666 Stopps um die Welt. Unser Afrika-Rätsel ist
übrigens ein Teil dieses Weltproblems."

„Die Computer sind ja auch irrsinnig viel schneller geworden!"

„Auch mit den besten Computern von heute würde einfaches Durchprobieren aller möglichen Touren nicht einmal
das 49-Städte-Problem von Dantzig, Fulkerson und Johnson lösen. Tatsächlich hat die Mathematik genauso rasante
Fortschritte gemacht, wie die Computertechnologie. So

lösten David Applegate, Robert Bixby, Vasek Chvátal und William Cook nur 4 Jahre nachdem die optimale World-Tour gefunden war, ein Problem mit 3.038 Knoten."

„Dann können mittlerweile alle Rundreiseprobleme mit einigen tausend Knoten gelöst werden."

„Vorsicht. Dass der Rekord 1991 auf 3.038 Knoten verbessert wurde, bedeutet nur, dass *ein* reales Problem mit dieser Knotenzahl gelöst wurde. Es gibt auch ein Problem mit nur 225 Städten, das erst 1995 'geknackt' werden konnte. Unter `www.cs.rutgers.edu/~chvatal/ts225.html` könnt ihr es euch samt Lösung anschauen:"

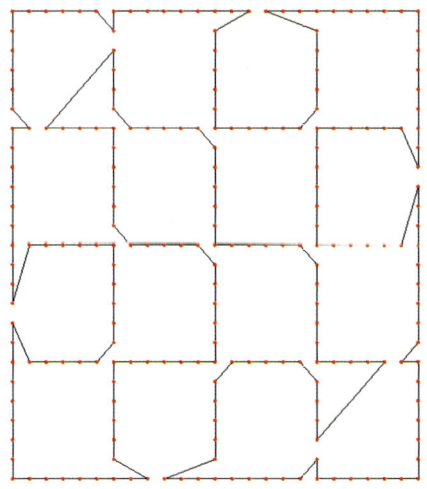

„Dabei sieht das Problem so schön einfach aus."

„Tja, die Symmetrie macht es wohl gerade erst schwierig. Da alles irgendwie gleich aussieht, können nur sehr schwer Äste im Branching abgeschnitten werden."

„Und der Weltrekord ... "

„ ... stand bis vor kurzem bei 13.509 Knoten: eine Tour durch alle Orte der USA mit mehr als 500 Einwohnern:"

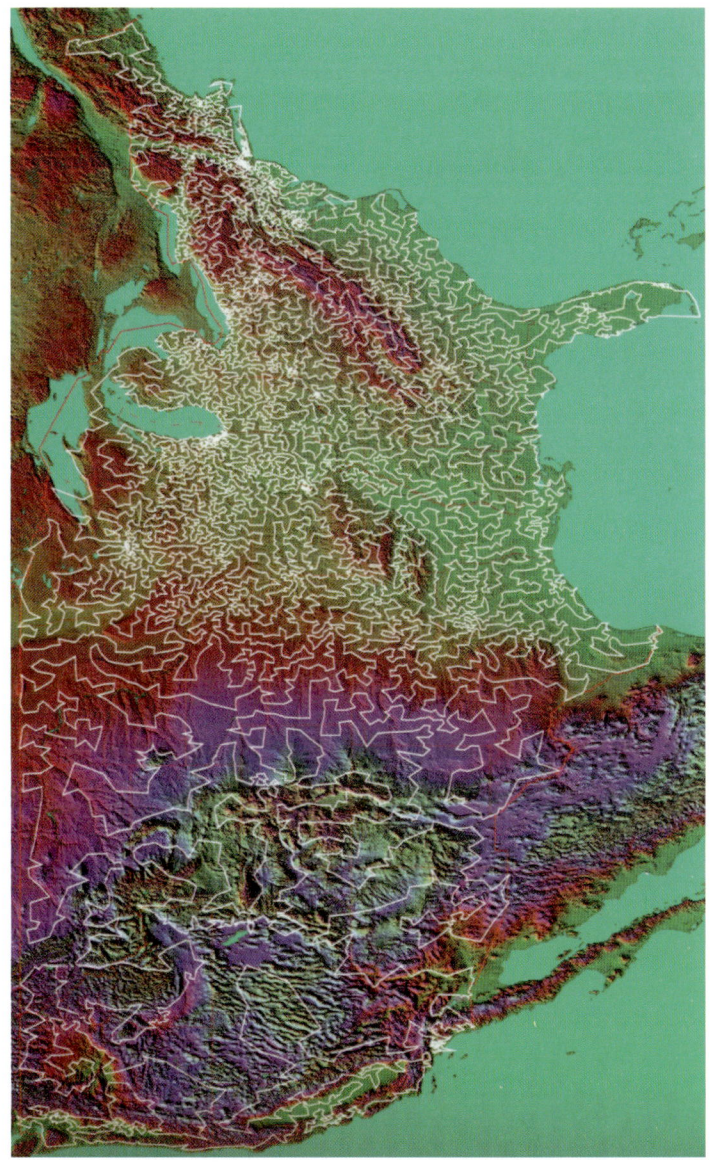

Applegate, Bixby, Chvátal, Cook 1998 http://www.math.princeton.edu/tsp/history.html

„Wow! Da muss ich Papa morgen gleich mal fragen, wie viele der 13.509 Orte er gesehen hat, und auf welcher Tour."

„Bis vor kurzem?“

„Seit Juni 2001 gibt es einen neuen Weltrekord:“

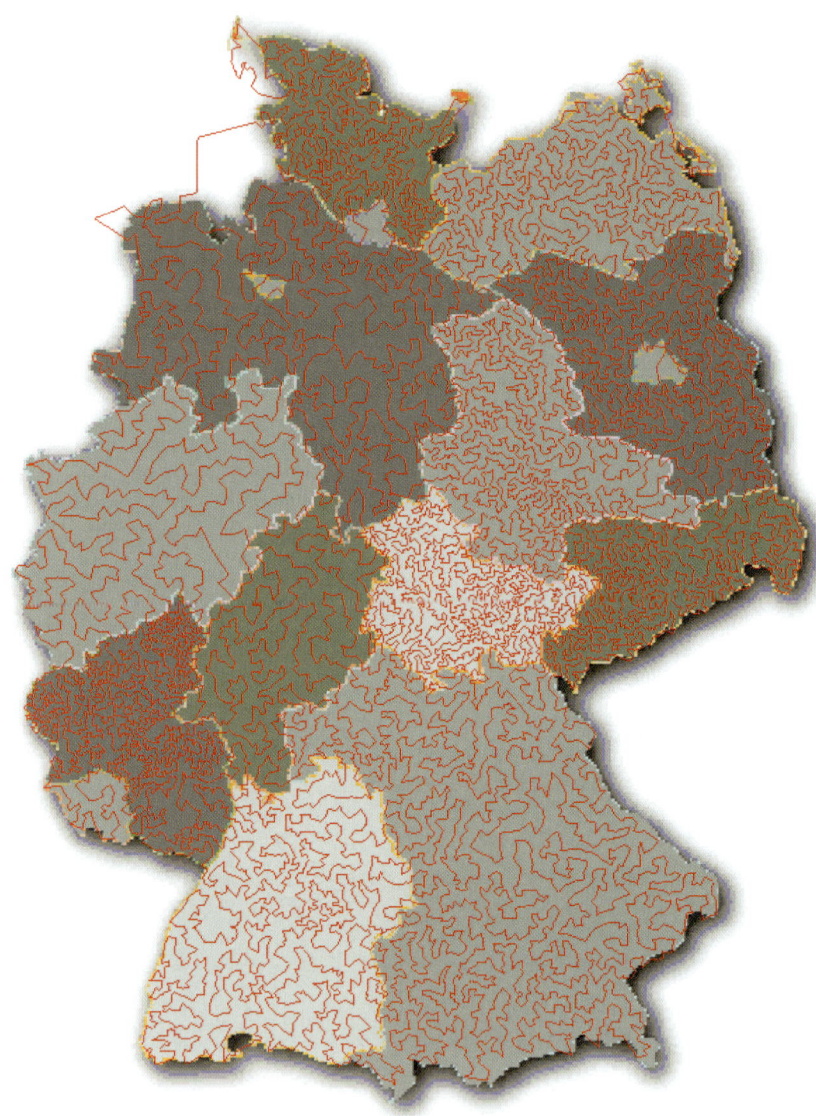

Applegate, Bixby, Chvátal, Cook 2001 http://www.math.princeton.edu/tsp/history.html

„Das ist ja eine Deutschlandreise!“

„Komisch! Wieso gibt es denn in Rheinland-Pfalz so viel mehr Gemeinden als in Nordrhein-Westfalen?"

„Gute Frage. Einwohner hat Rheinland-Pfalz nicht so viele, aber die Gemeinden sind viel kleiner. Im Ruhrgebiet gibt es dagegen viele große Städte, und die Gebietsreformen haben ein Übriges getan. Seit 1954 hat sich die Computertechnik rasant weiter entwickelt, und die kombinatorische Optimierung vielleicht noch stärker. Und trotzdem sagen die vier Rekordhalter Applegate, Bixby, Chvátal und Cook: ' . . . our computer program follows the scheme designed by George Dantzig, Ray Fulkerson, and Selmer Johnson . . .'."

„Diese Arbeit von 1954 war also ganz schön wichtig!"

„Ja. Die Techniken sind seitdem allerdings immer weiter verfeinert worden, und viele neue Methoden kamen hinzu. Auch heute sind viele Fragen offen; die Forschung geht weiter und weiter."

„Wenn ich Leiterplatten herstellen will, in die so viele Löcher gebohrt werden müssen, dass selbst die besten Mathematiker die optimale Lösung nicht finden, was dann?"

„Mit Hilfe unserer oberen und unteren Schranken können wir oft recht schnell sicher sein, eine Tour gefunden zu haben, die nahe am Optimum liegt. Welche Firma würde schon Wochen und Monate nach einer optimalen Lösung weitersuchen, wenn sie nach einiger Zeit sicher sein kann, dass das Optimum bis auf wenige Prozent erreicht ist."

„Dann ist diese Weltrekordjagd doch völlig sinnlos."

„Genauso sinnlos, wie die Weltrekordjagd beim Schwimmen oder Autorennen. Man kann das auch als Sport verstehen, bei dem die neuesten Techniken ausprobiert werden. Viel wichtiger ist allerdings, dass die gewonnenen Erfahrungen und die gefundenen Methoden bei der Lösung großer bedeutender Probleme in der Praxis helfen."

„Ruth, meinst du nicht, dass wir langsam aufhören sollten. Du musst noch packen, und morgen wollten wir doch möglichst früh los."

„Du hast Recht."

„Okay, dann fahre ich jetzt nach Hause. Soll ich dich morgen abholen? So gegen 9 Uhr?"

„Ja, prima! Ich freu' mich."

Der Ausflug zum Starnberger See wurde wunderschön. Sonne, Bootfahren, Picknick mit Musik, die von der Ufer-promenade herüberschallte; es war einfach herrlich. Gegen Nachmittag kam ein bisschen Wehmut hinzu. Drei Wochen würden die beiden sich nicht sehen. Ruth vermisste Jan schon jetzt. Vim würde ihr auch fehlen, aber das war etwas ganz anderes.

Als Ruth nach Hause kam, war ihr Vater schon wieder aufge-standen. Sie fiel ihm freudestrahlend um den Hals.

„Na meine Große, hattest du einen schönen Tag?"

„Einen wunderschönen! Und du, Weltenbummler? War wohl ganz schön anstrengend, deine Amerika-Tour, oder?"

„Das kannst du wohl sagen! Tut mir Leid, dass sich alles etwas verzögert hat. Ich habe aber auch gehört, dass du gar nicht so traurig warst, dass sich unsere Abfahrt um einen Tag verschoben hat."

Ruth errötete und grinste.

„Jan kennst du ja. Mama hat ihn mittlerweile richtig in ihr Herz geschlossen."

„Ich mach' mir da eher Gedanken um dein Herz."

„Also Papa!"

Die letzten Reisevorbereitungen waren bald erledigt. Mama ging früh ins Bett, aber Papa war nach seinem Nachmittags-schläfchen noch nicht wieder müde. Auch Ruth lag einige

Zeit wach. Tausend Dinge gingen ihr durch den Kopf. Ir- gendwann schlief sie endlich ein.

Am Morgen begann die große Fahrt. Das hieß: Viel Zeit, über die Ferien, Papas Amerikareise und natürlich über Jan zu reden.

„Was macht eigentlich dein Computer? Kommst du gut damit zurecht?"

„Prima! Das war das absolute Supergeschenk!"

„Und wie geht's Vim?"

„Vim? Woher ... Ach, hab' ich's mir doch gedacht! Du steckst also doch dahinter!"

Papas breites Grinsen zeigte Ruth, dass sie Recht hatte.

„Dann hast du damals am Telefon ja ganz schön geflunkert. Und ich habe die ganze Zeit befürchtet, Vim wäre versehentlich bei mir gelandet, und ich müsste ihn wieder abgeben."

„Nein, du darfst ihn natürlich behalten. Ein Versehen war's auch nicht. Du warst meine 'Testperson'."

„Wie bitte? Versuchskaninchen? Warum hast du mir nicht wenigstens Bescheid gesagt?"

„Das ging leider nicht. Es sollte doch ein objektiver Test werden. Wenn du gewusst hättest, dass ich dahinter stecke, hättest du dich bestimmt nicht so auf Vim eingelassen. Du musst mir ganz genau erzählen, wie das alles mit ihm war."

„Zeit haben wir im Urlaub ja genug!"

Ruth war nicht wirklich verärgert, eher sogar ein wenig stolz, dass ihr Vater so viel auf ihre Meinung gab.

„Wer ist denn Vim nun ganz genau?"

„Vim war ursprünglich eine Abkürzung für 'Virtual Intelligence Module', inzwischen nennen ihn alle nur noch Vim."

„Und deine Dienstreise in die USA . . . "

„ . . . war eine Werbetour für Vim, sogar eine äußerst erfolgreiche. Zuerst wollte ich ja abwarten, wie du mit Vim zurechtkommst. Aber unsere Geschäftspartner in Amerika haben so gedrängt, dass ich letzte Woche Hals über Kopf aufbrechen musste."

„Mich brauchst du dann doch gar nicht mehr, oder?"

„Doch, doch. Vim ist ja nur ein Prototyp. Da gibt es sicherlich noch einiges zu verbessern."

Ein wirklich netter Prototyp, ging es Ruth durch den Kopf. So würde Vim sie doch in die Ferien begleiten . . .

Last but not least

Wir danken allen, die uns bei unserem mathematischen Abenteuer unterstützt und ermutigt haben, unseren Familien und Freunden, Kolleginnen und Kollegen, den Mitarbeitern des Springer-Verlags, und vielen anderen. Unser herzlicher Dank gilt auch den vielen Lesern der ersten Auflage des Buches, deren zum Teil enthusiastische E-Mails, Briefe und Anrufe zeigen, dass sie dem Geheimnis des kürzesten Weges auf die Spur gekommen sind. Schließlich danken wir allen die uns die Erlaubnis zum Abdruck Ihrer Website gegeben haben. Die entsprechenden URLs und Textnachweise sind jeweils direkt im Text angegeben. Darüberhinaus weisen wir noch mit Dank auf folgende Urheber hin:

S. 20, 76, 243   © 2001 Netscape Communications Corporation. Screenshots used with permission.

S. 74   Blaupunkt GmbH

S. 112   NETWORK! Werbeagentur GmbH

S. 279   Microsoft Coporation. Nachdruck der Screenshots mit freundlicher Erlaubnis

S. 344   Procter & Gamble Inc.

-> Index

Weitere Informationen finden Sie unter
http://www-m9.ma.tum.de/ruth/

Inhalt